高等职业教育系列教材

虚拟化与云计算平台构建

主编　李晨光　朱晓彦　芮坤坤
参编　潘登科

机械工业出版社

本书以使读者熟练掌握常见的虚拟化系统和云计算系统的部署与运维为目标，采用 VMware vSphere 5.5 和 VMware Horizon 6.1.1 虚拟化平台，以及 CecOS 1.4 和 OpenStack 云计算平台，介绍当前主流的虚拟化和云计算系统的部署与运维。

本书包含 6 个项目，分别为"使用 VMware ESXi 5.5 搭建 VMware 虚拟化平台""使用 VMware vCenter Server 搭建高可用 VMware 虚拟化平台""使用 VMware Horizon View 搭建 VMware 云桌面服务""使用 CentOS 搭建企业级虚拟化平台""使用 RDO 快速部署 OpenStack 云计算系统"和"使用 CentOS 搭建和运维 OpenStack 多节点云计算系统"。

本书不仅可作为高职院校计算机网络技术、云计算技术专业的学生教材，还可以作为对 VMware 虚拟化和 OpenStack 云计算技术感兴趣的读者的技术参考书。

本书配有授课 PPT、实验指导书和软件资源，需要的教师可访问链接 http://pan.baidu.com/s/1gfG5p4Z（密码：fj9x）下载；也可以登录 http://www.cmpedu.com 免费注册、审核通过后下载，或联系编辑索取（QQ：1239258369，电话：010-88379739）。

图书在版编目（CIP）数据

虚拟化与云计算平台构建 / 李晨光，朱晓彦，芮坤坤主编. —北京：机械工业出版社，2016.8（2022.1 重印）
高等职业教育系列教材
ISBN 978-7-111-54705-1

Ⅰ. ①虚…　Ⅱ. ①李…②朱…③芮…　Ⅲ. ①数字化-高等职业教育-教材②计算机网络-高等职业教育-教材　Ⅳ. ①TP3

中国版本图书馆 CIP 数据核字（2016）第 206095 号

机械工业出版社（北京市百万庄大街 22 号　邮政编码 100037）
策划编辑：鹿　征　责任编辑：鹿　征
责任校对：张艳霞　责任印制：李　昂
北京富博印刷有限公司印刷
2022 年 1 月第 1 版·第 9 次印刷
184mm×260mm·18.75 印张·456 千字
标准书号：ISBN 978-7-111-54705-1
定价：45.00 元

电话服务　　　　　　　　　　　网络服务

客服电话：010-88361066　　　机 工 官 网：www.cmpbook.com
　　　　　010-88379833　　　机 工 官 博：weibo.com/cmp1952
　　　　　010-68326294　　　金 书 网：www.golden-book.com
封底无防伪标均为盗版　　　　机工教育服务网：www.cmpedu.com

高等职业教育系列教材
计算机专业编委会成员名单

出 版 说 明

《国家职业教育改革实施方案》（又称"职教20条"）指出：到2022年，职业院校教学条件基本达标，一大批普通本科高等学校向应用型转变，建设50所高水平高等职业学校和150个骨干专业（群）；建成覆盖大部分行业领域、具有国际先进水平的中国职业教育标准体系；从2019年开始，在职业院校、应用型本科高校启动"学历证书+若干职业技能等级证书"制度试点（即1+X证书制度试点）工作。在此背景下，机械工业出版社组织国内80余所职业院校（其中大部分院校入选"双高"计划）的院校领导和骨干教师展开专业和课程建设研讨，以适应新时代职业教育发展要求和教学需求为目标，规划并出版了"高等职业教育系列教材"丛书。

该系列教材以岗位需求为导向，涵盖计算机、电子、自动化和机电等专业，由院校和企业合作开发，多由具有丰富教学经验和实践经验的"双师型"教师编写，并邀请专家审定大纲和审读书稿，致力于打造充分适应新时代职业教育教学模式、满足职业院校教学改革和专业建设需求、体现工学结合特点的精品化教材。

归纳起来，本系列教材具有以下特点：

1）充分体现规划性和系统性。系列教材由机械工业出版社发起，定期组织相关领域专家、院校领导、骨干教师和企业代表开展编委会年会和专业研讨会，在研究专业和课程建设的基础上，规划教材选题，审定教材大纲，组织人员编写，并经专家审核后出版。整个教材开发过程以质量为先，严谨高效，为建立高质量、高水平的专业教材体系奠定了基础。

2）工学结合，围绕学生职业技能设计教材内容和编写形式。基础课程教材在保持扎实理论基础的同时，增加实训、习题、知识拓展以及立体化配套资源；专业课程教材突出理论和实践相统一，注重以企业真实生产项目、典型工作任务、案例等为载体组织教学单元，采用项目导向、任务驱动等编写模式，强调实践性。

3）教材内容科学先进，教材编排展现力强。系列教材紧随技术和经济的发展而更新，及时将新知识、新技术、新工艺和新案例等引入教材；同时注重吸收最新的教学理念，并积极支持新专业的教材建设。教材编排注重图、文、表并茂，生动活泼，形式新颖；名称、名词、术语等均符合国家有关技术质量标准和规范。

4）注重立体化资源建设。系列教材针对部分课程特点，力求通过随书二维码等形式，将教学视频、仿真动画、案例拓展、习题试卷及解答等教学资源融入到教材中，使学生学习课上课下相结合，为高素质技能型人才的培养提供更多的教学手段。

由于我国高等职业教育改革和发展的速度很快，加之我们的水平和经验有限，因此在教材的编写和出版过程中难免出现疏漏。恳请使用本系列教材的师生及时向我们反馈相关信息，以利于我们今后不断提高教材的出版质量，为广大师生提供更多、更适用的教材。

机械工业出版社

前　言

　　服务器虚拟化、网络虚拟化、存储虚拟化在近几年趋于成熟，这些虚拟化技术已经在多个领域得到应用，并且开始支持企业级应用。当前，服务器虚拟化市场的竞争日趋激烈，VMware、Microsoft、Red Hat、Citrix、Oracle、华为等公司的虚拟化产品不断发展，各有优势。云计算是一种基于互联网的 IT 服务交付和使用模式，其实质上是通过互联网访问应用和服务，而这些应用和服务通常不是运行在自己的服务器上，而是由第三方提供平台。目前国内云计算还处于起步阶段，但是已经有多家公司推出了各种云计算产品，如阿里云、青云等 IaaS（基础设施即服务）产品，新浪 SAE 等 PaaS（平台即服务）产品，金蝶云 ERP 等 SaaS（软件即服务）产品。本书主要介绍服务器虚拟化平台和 IaaS 云计算平台的部署和运维，内容覆盖 VMware vSphere 虚拟化平台、VMware Horizon 桌面虚拟化平台、CecOS 虚拟化平台、OpenStack 云计算平台等。

　　本书包含"部署 VMware 虚拟化和云桌面系统"和"部署 KVM 虚拟化和 OpenStack 云计算系统"两个模块，以企业虚拟化和云计算典型案例为背景划分为 6 个项目，每个项目包含多个任务。本书理论内容以够用为原则，突出项目实战，在实践中加深对理论知识的理解。本书内容接轨全国职业院校技能大赛高职组"云计算技术与应用"项目中"IaaS 云计算平台部署和运维"模块，以及全国职业院校技能大赛中职组"网络搭建与应用"项目中"服务器虚拟化与存储"模块。

　　本书还在每个项目最后提供了练习题和综合实战题，以巩固学生对虚拟化与云计算知识和技能的掌握。建议实行教学做一体化教学，课堂教学 96 学时，实训教学 1 周。

　　本书项目 1、2 由山东电子职业技术学院李晨光编写，项目 3 由湖北青年职业学院潘登科编写，项目 4、5 由安徽工业经济职业技术学院朱晓彦编写，项目 6 由安徽商贸职业技术学院芮坤坤编写，全书由李晨光统稿。

　　由于编者水平有限，书中难免存在不妥和错误之处，敬请广大读者批评指正。

编　者

目　　录

项目 1　使用 VMware ESXi 5.5 搭建 VMware 虚拟化平台

项目导入

　　某职业院校有 30 余台服务器支撑着全校所有信息化系统的运行，这些服务器经过了 8 年运行，大部分已经到了正常使用年限，经常因为硬件故障导致服务无法访问，急需进行升级更新。如果按照原先的方式，仍然为每一个部门、每一个信息化子系统购置独立服务器，将面临严重的经费、管理及安全问题。如果采用虚拟化技术建立云计算平台，则仅需一次投资，即可方便地为现有及未来的每一个需求建立相应的虚拟服务器，避免硬件采购的无序和浪费，保证数字化校园的稳定、高效运行。

　　经过企业调研，该职业院校网络中心决定采购若干台高性能服务器，采用 VMware vSphere 5.5 作为虚拟化平台建设学院信息化系统。由于工作人员刚接触虚拟化技术，打算首先使用 VMware ESXi 搭建测试环境。先将一部分网络服务迁移到虚拟化系统中，熟悉一段时间后，再进行全面迁移。

项目目标

- 了解什么是虚拟化、云计算技术
- 安装 VMware ESXi
- 使用 vSphere Client 管理虚拟机
- 配置和优化 VMware vSphere 虚拟网络
- 配置 iSCSI 目标服务器
- 配置 VMware ESXi 使用 iSCSI 共享存储

项目设计

　　网络中心管理员设计了一个简单的服务器虚拟化测试环境，如图 1-1 所示。该环境的拓扑结构由 3 个网络组成，分别为管理网络、虚拟机网络和存储网络。VMware ESXi 服务器安装了 3 块网卡，分别连接到这 3 个网络。管理员的计算机中安装 VMware vSphere Client，通过专用的管理网络对 VMware ESXi 进行管理。VMware ESXi 中的虚拟机数据流量通过专用的虚拟机网络传输到外部网络，保证虚拟机网络具有足够的带宽。使用一台服务器安装 iSCSI 目标服务器作为网络存储，VMware ESXi 通过专用的高速存储网络连接到 iSCSI 共享存储。

　　对于网络带宽的选择，原则上速度越高越好。从成本及性能两方面综合考虑，推荐带宽为管理网络 1 Gbit/s、虚拟机网络 1 Gbit/s、存储网络 10 Gbit/s。为了让读者能够在自己的计算机上完成实验，在本项目中将使用 VMware Workstation 来搭建拓扑结构，实验拓扑结构设计如图 1-2 所示。

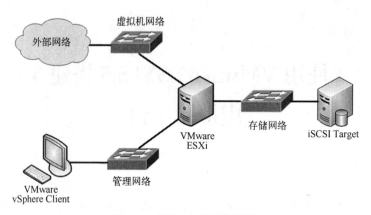

图 1-1　项目 1 拓扑结构设计

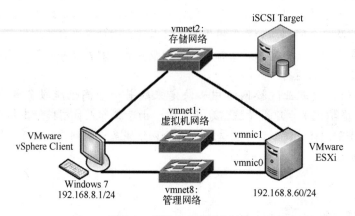

图 1-2　项目 1 实验拓扑结构

在本项目中，使用 VMware Workstation 运行一台 VMware ESXi 5.5 服务器，并使用 Starwind 6.0 搭建 iSCSI 目标服务器，通过 VMware vSphere Client 对 VMware ESXi 进行管理。本项目需要使用 vmnet1 和 vmnet8 虚拟网络分别作为虚拟机网络和管理网络，另外，需要使用虚拟网络编辑器创建 vmnet2 虚拟网络作为存储网络。

项目所需软件列表：

- VMware Workstation 12.0
- VMware ESXi 5.5 U2
- VMware vSphere Client 5.5 U2
- Starwind iSCSI SAN & NAS 6.0
- Windows 7

任务 1.1　认识虚拟化与云计算

1.1.1　什么是服务器虚拟化

目前，企业使用的物理服务器一般运行单个操作系统，随着服务器整体性能的大幅度提升，服务器的 CPU、内存等硬件资源的利用率越来越低。另外，服务器操作系统难以移动和复制，硬件故障会造成服务器停机，无法对外提供服务，导致物理服务器维护工作的难度很大。物理服务器的体系结构如图1-3所示。

使用服务器虚拟化，可以在一台服务器上运行多个虚拟机，多个虚拟机共享同一台物理服务器的硬件资源。每个虚拟机都是相互隔离的，这样可以在同一台物理服务器上运行多个操作系统以及多个应用程序。服务器虚拟化体系结构如图1-4所示。

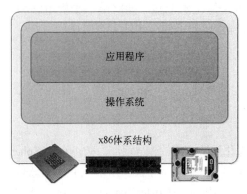

图1-3　物理体系结构

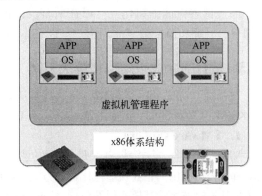

图1-4　虚拟体系结构

虚拟化的工作原理是直接在物理服务器的硬件或主机操作系统上面运行一个称为虚拟机管理程序（Hypervisor）的虚拟化系统。通过虚拟机管理程序，多个操作系统可以同时运行在单台物理服务器上，共享服务器的硬件资源。

虚拟机管理程序一般分为两类：类型1和类型2。类型1虚拟机管理程序直接运行在硬件之上，也称为裸金属架构（Bare Metal Architecture）。类型2虚拟机管理程序则需要主机安装有操作系统，由主机操作系统负责提供I/O设备支持和内存管理，也称为寄居架构（Hosted Architecture）。常见的类型1虚拟机管理程序包括VMware ESXi、微软Hyper-V、开源的KVM（Linux内核的一部分）和Xen等，常见的类型2虚拟机管理程序包括VMware Workstation、Oracle VM Virtualbox和QEMU等。

1.1.2　为什么使用服务器虚拟化

使用服务器虚拟化，可以降低IT成本，提高服务器的利用率和灵活性。使用服务器虚拟化的原因包含以下几个方面。

（1）提高服务器硬件资源利用率

通过服务器虚拟化，可以使一台服务器同时运行多个虚拟机，每个虚拟机运行一个操作系统。这样，一台服务器可以同时对外提供多种服务。服务器虚拟化可以充分利用服务器的CPU、内存等硬件资源。

（2）降低运营成本

使用服务器虚拟化，一台服务器可以提供原先几台物理服务器所能够提供的服务，明显减少了服务器的数量。服务器硬件设备的减少，可以减少占地空间，电力和散热成本也会大幅度降低，从而降低了运营成本。

（3）方便服务器运维

虚拟机封装在文件中，不依赖于物理硬件，使得虚拟机操作系统易于移动和复制。一个虚拟机与其他虚拟机相互隔离，不受硬件变化的影响，方便服务器运维。

（4）提高服务可用性

在虚拟化架构中，管理员可以安全地备份和迁移整个架构，不会出现服务中断的情况。使用虚拟机在线迁移可以消除计划内停机，使用 HA（High Available，高可用性集群）等高级特性可以从计划外故障中快速恢复虚拟机。

（5）提高桌面的可管理性和安全性

通过部署桌面虚拟化，可以在所有台式计算机、笔记本电脑、瘦终端、平板电脑和手机上部署、管理和监控云桌面，用户可以在本地或远程访问自己的一个或多个云桌面。

1.1.3 流行的企业级虚拟化解决方案

目前流行的企业级虚拟化厂商及其解决方案包括 VMware vSphere、微软 Hyper-V、Red Hat KVM、Citrix XenApp 等。

1．VMware vSphere

VMware（中文名"威睿"）是全球数据中心虚拟化解决方案的领导厂商。VMware vSphere 是 VMware 公司推出的企业级虚拟化解决方案，vSphere 不是一个单一的软件，而是由多个软件组成的虚拟化解决方案，其核心组件包括 VMware ESXi、VMware vCenter Server 等。除了 VMware vSphere，VMware 公司还有很多其他产品，包括云计算基础架构产品 VMware vCloud Suite、桌面与应用虚拟化产品 VMware Horizon View、个人桌面级虚拟机 VMware Workstation 等。

2．微软 Hyper-V

Hyper-V 是微软公司推出的企业级虚拟化解决方案，微软在企业级虚拟化领域的地位仅次于 VMware。微软从 Windows Server 2008 开始集成了 Hyper-V 虚拟化解决方案，到 Windows Server 2012 的 Hyper-V 已经是第三代，Hyper-V 是 Windows Server 中的一个服务器角色。微软还推出了免费的 Hyper-V Server，实际上是仅具备 Hyper-V 服务器角色的 Server Core 版本服务器。微软在 Windows 8 之后的桌面操作系统中也集成了 Hyper-V，仅限专业版和企业版。

3．Red Hat KVM

KVM（Kernel-based Virtual Machine，基于内核的虚拟机）最初是由以色列公司 Qumranet 开发的，在 2006 年，KVM 模块的源代码被正式接纳进入 Linux Kernel，成为 Linux 内核源代码的一部分。作为开源 Linux 系统领军者的 Red Hat 公司，也没有忽略企业级虚拟化市场。2008 年，Red Hat 收购了 Qumranet 公司，从而拥有了自己的虚拟化解决方案。Red Hat 在 Red Hat Enterprise Linux 6、7 中集成了 KVM，另外，Red Hat 还发布了基于 KVM 的 RHEV（Red Hat Enterprise Virtualization）服务器虚拟化平台。

4．Citrix XenApp

Xen 是一个开源虚拟机管理程序，于 2003 年公开发布，由剑桥大学在开展"XenoServer 范围的计算项目"时开发。依托于 XenoServer 项目，一家名为 XenSource 的公司得以创立，该公司致力于开发基于 Xen 的商用产品。2007 年，XenSource 被 Citrix 收购。Citrix 即美国思杰公司，是一家致力于移动、虚拟化、网络和云服务领域的企业，其产品包括 Citrix XenApp（应用虚拟化）、Citrix XenDesktop（桌面虚拟化）、XenServer（服务器虚拟化）等。目前，Citrix 公司的桌面和应用虚拟化产品在市场中占有比较重要的地位。

1.1.4 云计算变革

从 20 世纪 80 年代起，IT 产业经历了 3 次变革：个人计算机变革、互联网变革、云计算

变革，如图 1-5 所示。个人计算机变革从 20 世纪 80 年代到整个 20 世纪 90 年代，互联网变革
发生在 20 世纪 90 年代到 21 世纪最近十年，云计算变革正在发生。

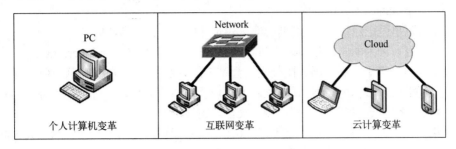

图 1-5　IT 产业的三次变革

个人计算机（PC）变革将昂贵的、只在特殊行业使用的大型主机发展成为每个人都能负
担得起、每个人都会使用的个人计算机。PC 变革提高了个人的工作效率和企业的生产效率。

互联网变革将数亿计的单个信息孤岛汇集成庞大的信息网络，方便了信息的发布、收
集、检索和共享，极大提高了人类沟通、共享和协作的效率，提高了社会生产力，丰富了人类
的社交和娱乐。可以说，当前绝大多数企业、学校的日常工作都依赖于互联网。

什么是云计算呢？这里先不说云计算的定义，而是从日常生活说起。现在我们每天都在
使用自来水、电和天然气，有没有想过这些资源使用起来为什么这么方便呢？不需要自己去挖
井、发电，也不用自己搬蜂窝煤烧炉子。这些资源都是按需收费的，用多少，付多少费用。有
专门的企业负责产生、输送和维护这些资源，用户只需要使用就可以了。

如果把计算机、存储、网络这些 IT 基础设施与水电气等资源作比较的话，IT 基础设施还
远远没有达到水电气那样的高效利用。就目前来说，无论是企业还是个人，都是自己购置这些
IT 基础设施，但使用率相当低，大部分 IT 基础资源没有得到高效利用。产生这种情况的原因
在于 IT 基础设施的可流通性不像水电气那样成熟。

科学技术的飞速发展，网络带宽、硬件性能的不断提升，为 IT 基础设施的流通创造了条
件。假如有一个公司，其业务是提供和维护企业和个人所需要的计算、存储、网络等 IT 基础
资源，而这些 IT 基础资源可以通过互联网传送到最终用户。这样，用户不需要采购昂贵的 IT
基础设施，而是租用计算、存储和网络资源，这些资源可以通过手机、平板电脑和瘦客户端等
设备来访问。这种将 IT 基础设施像水电气一样传输给用户、按需付费的服务就是狭义的云计
算。如果将所提供的服务从 IT 基础设施扩展到软件服务、开发服务，甚至所有 IT 服务，就是
广义的云计算。

云计算是基于 Web 的服务，以互联网为中心。从 2008 年开始，云计算的概念逐渐流行起
来，云计算在近几年受到了学术界、商界甚至政府的热捧，一时间云计算这个词语无处不在，
让处于同时代的其他 IT 技术自叹不如。云计算被视为"革命性的计算模型"，囊括了开发、架
构、负载平衡和商业模式等。

云计算的简要发展大事件如下。

2006 年 3 月，亚马逊推出弹性计算云（Elastic Compute Cloud）服务。

2006 年 8 月，谷歌首席执行官埃里克·施密特在搜索引擎大会上首次提出"云计算"
（Cloud Computing）的概念。

2008 年 2 月，IBM 宣布将在中国无锡太湖新城科教产业园为中国的软件公司建立全球第

一个云计算中心（Cloud Computing Center）。

2010 年 7 月，美国国家航空航天局（NASA）与 Rackspace、AMD、Intel、戴尔等支持厂商共同宣布"OpenStack"开源计划。

2010 年，阿里巴巴旗下的 "阿里云"正式对外提供云计算商业服务。

2013 年 9 月，华为面向企业和运营商客户推出云操作系统 FusionSphere 3.0。

2015 年 3 月，第十二届全国人民代表大会第三次会议中提出制定"互联网+"行动计划，推动移动互联网、云计算、大数据、物联网等与现代制造业结合，促进电子商务、工业互联网和互联网金融健康发展，引导互联网企业拓展国际市场。

2015 年 5 月，国务院公布"中国制造 2025"战略规划，提出工业互联网、大数据、云计算、生产制造、销售服务等全流程和产业链的综合集成应用。

1.1.5　云计算兴起的推动力

云计算技术兴起的推动力包含以下几个方面。

1．虚拟化技术的成熟

云计算的基础是虚拟化。服务器虚拟化、网络虚拟化、存储虚拟化在近几年已经趋于成熟，这些虚拟化技术已经在多个领域得到应用，并且开始支持企业级应用。虚拟化市场的竞争日趋激烈，VMware、微软、Red Hat、Citrix、Oracle、华为等公司的虚拟化产品不断发展，各有优势。

虚拟化技术早在 20 世纪 60 年代就已经出现，但只能在高端系统上使用。在 Intel x86 架构方面，VMware 在 1998 年推出了 VMware Workstation，这是第一个能在 x86 架构上运行的虚拟机产品。随后，VMware ESX Server、Virtual PC、Xen、KVM、Hyper-V 等产品的推出，以及 Intel、AMD 在 CPU 中对硬件辅助虚拟化的支持，使得 x86 体系的虚拟化技术越来越成熟。

2．网络带宽的提升

随着网络技术的不断发展，互联网骨干带宽和用户接入互联网的带宽快速提升。2013 年，国家印发"宽带中国"战略及实施方案，工信部、三大运营商均将"宽带中国"列为通信业发展的重中之重。

中国普通家庭的 Internet 接入带宽已经从十几年前的几十 kbit/s 发展到现在的 4 M～10 Mbit/s。世界上宽带建设领先国家的家庭宽带速度已经达到 100Mbit/s 甚至 1000Mbit/s，基本实现光纤到户。不得不说，要充分享受云计算服务带来的好处，国内的宽带速度必须进一步提升，并降低费用，让高速 Internet 进入千家万户。

3．Web 应用开发技术的进步

Web 应用开发技术的进步，大大提高了用户使用互联网应用的体验，也方便了互联网应用的开发。这些技术使得越来越多的以前必须在 PC 桌面环境使用的软件功能变得可以在互联网上通过 Web 来使用，比如 Office 办公软件，甚至绘图软件。

4．移动互联网和智能终端的兴起

随着智能手机、平板电脑、可穿戴设备、智能家电的出现，移动互联网和智能终端快速兴起。由于这些设备的本地计算资源和存储资源都十分有限，而用户对其能力的要求却是无限的，所以很多移动 App 都依赖于服务器端的资源。而移动应用的生命周期比传统应用更短，对服务架构和基础设施架构提出了更高的要求，从而推动了云计算服务需求的上升。

5．大数据问题和需求

在互联网时代，人们产生、积累了大量的数据，简单地通过搜索引擎获取数据已经不能满足多种多样的应用需求。怎样从海量的数据中高效地获取有用数据，有效地处理并最终得到感兴趣的结果，这就是"大数据"所要解决的问题。大数据由于其数据规模巨大，所需要的计算和存储资源极为庞大，将其交给专业的云计算服务商进行处理是一个可行的方案。

1.1.6 云计算的定义

云计算（Cloud Computing）从狭义上是指 IT 基础设施的交付和使用模式，即通过网络以按需、易扩展的方式获得所需的 IT 基础设施资源。广义云计算是指各种 IT 服务的交付和使用模式，指通过网络以按需、易扩展的方式获得所需要的各种 IT 服务。

1.1.7 云计算的三大服务模式

1．IaaS（Infrastructure as a Service，基础设施即服务）

IaaS 提供给用户的是计算、存储、网络等 IT 基础设施资源。用户能够部署一台或多台云主机，在其上运行操作系统和应用程序。用户不需要管理和控制底层的硬件设备，但能控制操作系统和应用程序。云主机可以运行 Windows 操作系统，也可以运行 Linux 操作系统，在用户看来，它与一台真实的物理主机没有区别。目前最具代表性的 IaaS 产品包括国外的亚马逊 EC2 云主机、S3 云存储，国内的阿里云、盛大云、百度云等。

2．PaaS（Platform as a Service，平台即服务）

PaaS 提供给用户的是应用程序的开发和运营环境，实现应用程序的部署和运行。PaaS 主要面向软件开发者，使开发者能够将精力专注于应用程序的开发，极大地提高了应用程序的开发效率。目前最具代表性的 PaaS 产品包括国外的 Google App Engine、微软 Windows Azure，国内的新浪 SAE 等。

3．SaaS（Software as a Service，软件即服务）

SaaS 提供给用户的是具有特定功能的应用程序，应用程序可以在各种客户端设备上通过浏览器或瘦客户端界面访问。SaaS 主要面向使用软件的最终用户，用户只需要关心软件的使用方法，不需要关注后台服务器和硬件环境。目前最具代表性的 SaaS 产品包括国外的 Salesforce 在线客户关系管理（CRM），国内的金蝶 ERP 云服务、八百客在线 CRM 等。

1.1.8 云计算的部署模式

云计算的部署模式可以分为 3 种：公有云、私有云和混合云。

1．公有云

公有云是由云计算服务提供商为客户提供的云，它所有的服务都是通过互联网提供给用户使用的，如图 1-6 所示。对于使用者而言，公有云的优点在于所有的硬件资源、操作系统、程序和数据都存放在公有云服务提供商处，自己不需要进行相应的投资和建设，成本比较低。但是缺点在于由于数据都不存放在自己的服务器中，用户会对数据私密性、安全性和不可控性有所顾虑。典型的公有云服务提供商有亚马逊 AWS（Amazon Web Services）、微软 Windows Azure、阿里云、盛大云等。

2．私有云

私有云是由企业自己建设的云，它所有的服务只供公司内部部门或分公司使用，如图 1-7 所示。私有云的初期建设成本比较高，比较适合有众多分支机构的大型企业或政府。可用于私有云建设的云计算系统包括 OpenStack、VMware vCloud 等。

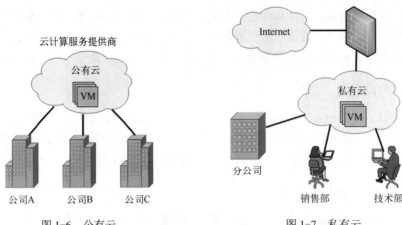

图 1-6　公有云　　　　　　　　　　　图 1-7　私有云

另外，私有云也可以部署在云计算服务提供商上，基于网络隔离等技术，通过 VPN 专线来访问。这种私有云也称为 VPC（Virtual Private Cloud）。

3．混合云

很多企业出于安全考虑，更愿意将数据存放在私有云中，但是同时又希望获得公有云的计算资源，因此这些企业同时使用私有云和公有云，这就是混合云模式。另外，如果企业建设的云既可以给公司内部使用，也可以给外部用户使用，也称为混合云。

任务 1.2　安装 ESXi 服务器

了解了虚拟化和云计算的基本概念后，在本任务中，我们将在 VMware Workstation 中安装 VMware ESXi 5.5 U2，任务拓扑设计如图 1-8 所示。在实验环境中，ESXi 虚拟机使用的网络类型是 NAT，对应的 vmnet8 虚拟网络的网络地址为 192.168.8.0/24。ESXi 主机的 IP 地址为 192.168.8.60，本机（运行 VMware Workstation 的宿主机）安装 VMware vSphere Client 5.5U2，IP 地址为 192.168.8.1。

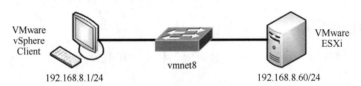

图 1-8　安装 ESXi 服务器实验拓扑

由于 VMware ESXi 5.5 要求主机的内存至少为 4GB，所以需要一台内存至少为 8GB 的计算机。如果读者的计算机内存为 4GB，可以阅读与本书配套的电子版实验指导书，在实验指导书中的 VMware vSphere 版本为 5.1，VMware ESXi 5.1 要求主机的内存至少为 2GB。

1.2.1　VMware vSphere 虚拟化架构

1．VMware vSphere 虚拟化架构介绍

VMware vSphere 5.5 是 VMware 公司的企业级虚拟化解决方案，如图 1-9 所示为 vSphere 虚拟化架构的构成，下面将对 VMware vSphere 虚拟化架构进行介绍。

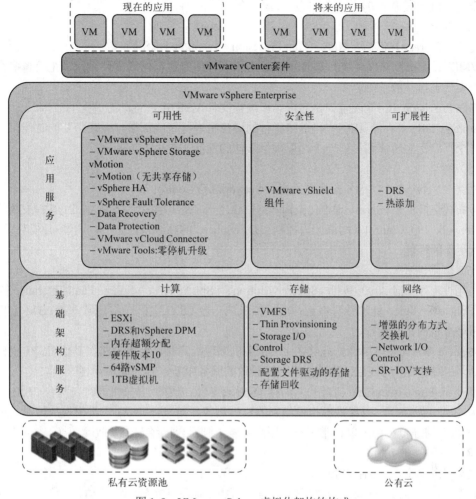

图 1-9　VMware vSphere 虚拟化架构的构成

（1）私有云资源池

私有云资源池由服务器、存储设备、网络设备等硬件资源组成，通过 vSphere 进行管理。

（2）公有云

公有云是私有云的延伸，可以对外提供云计算服务。

（3）计算

计算（Compute）包括 ESXi、DRS 和虚拟机等。

VMware ESXi 是在物理服务器上安装的虚拟化管理程序，用于管理底层硬件资源。安装 ESXi 的物理服务器称为 ESXi 主机，ESXi 主机是虚拟化架构的基础和核心，ESXi 可以在一台物理服务器上运行多个操作系统。

DRS（分布式资源调度）是 vSphere 的高级特性之一，能够动态调配虚拟机运行的 ESXi 主机，充分利用物理服务器的硬件资源。

虚拟机在 ESXi 上运行，每个虚拟机运行独立的操作系统。虚拟机对于用户来说就像一台物理机，同样具有 CPU、内存、硬盘、网卡等硬件资源。虚拟机安装操作系统和应用程序后与物理服务器提供的服务完全一样。VMware vSphere 5.5 支持的最高虚拟机版本为 10，支持为一个虚拟机配置最多 64 个 vCPU 和 1TB 内存。

（4）存储

存储（Storage）包括 VMFS、Thin Provision 和 Storage DRS 等。

VMFS（虚拟机文件系统）是 vSphere 用于管理所有块存储的文件系统，是跨越多个物理服务器实现虚拟化的基础。

Thin Provision（精简配置）是对虚拟机硬盘文件 VMDK 进行动态调配的技术。

Storage DRS（存储 DRS）可以将运行的虚拟机进行智能部署，并在必要的时候将工作负载从一个存储资源转移到另外一个，以确保最佳的性能，避免 I/O 瓶颈。

（5）网络

网络（Network）包括分布式交换机、Network I/O Control 等。

分布式交换机是 vSphere 虚拟化架构网络核心之一，是跨越多台 ESXi 主机的虚拟交换机。

Network I/O Control（网络读写控制）是 vSphere 的高级特性之一，通过对网络读写的控制达到更佳的性能。

（6）可用性

可用性（Availability）包括 vSphere vMotion、vSphere HA、vSphere Fault Tolerance 等。

vSphere vMotion 能够让正在运行的虚拟机从一台 ESXi 主机迁移到另一台 ESXi 主机，而不中断虚拟机的正常运行。

vSphere HA（高可用性）能够在 ESXi 主机出现故障时，使虚拟机在其他 ESXi 主机上重新启动，尽量避免由于 ESXi 物理主机故障导致的服务中断，实现高可用性。

vSphere Fault Tolerance（容错），简称 vSphere FT，能够让虚拟机同时在两台 ESXi 主机上以主/从方式并发运行，也就是虚拟机级别的双机热备。当一台 ESXi 主机出现故障时，另一台 ESXi 主机中的虚拟机仍可以正常工作，用户感觉不到后台已经发生了故障切换。

（7）安全

安全（Security）包括 VMware vShield 组件等。

VMware vShield 是一种安全性虚拟工具，可用于显示和实施网络活动。

（8）可扩展性

可扩展性（Scalability）包括 DRS、热添加等。

热添加能够使虚拟机在不关机的情况下增加 CPU、内存、硬盘等硬件资源。

（9）VMware vCenter 套件

VMware vCenter Server 提供基础架构中所有 ESXi 主机的集中化管理，vSphere 虚拟化架构的所有高级特性都必须依靠 vCenter Server 才能实现。vCenter Server 需要数据库服务器的支持，如 SQL Server、Oracle 等。

2．VMware vSphere 基本管理架构

VMware vSphere 虚拟化架构的核心组件是 VMware ESXi 和 VMware vCenter Server，其基本管理架构如图 1-10 所示。

（1）vSphere Client

VMware vSphere Client 是一个在 Windows 上运行的应用程序，可以创建、管理和监控虚拟机，以及管理 ESXi 主机的配置。管理员可以通过 vSphere Client 直接连接到一台 ESXi 主机上进行管理，也可以通过 vSphere Client 连接到 vCenter Server，对多台 ESXi 主机进行集中化管理。

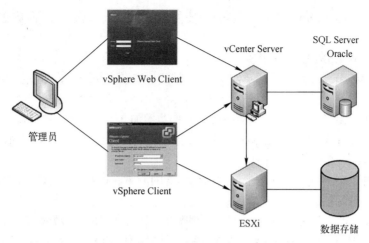

图 1-10   VMware vSphere 基本管理架构

（2）vSphere Web Client

VMware vSphere Web Client 是 VMware vCenter Server 的一个组件，可以通过浏览器管理 vSphere 虚拟化架构。vSphere Web Client 的 Web 界面是通过 Adobe Flex 开发的，客户端浏览器需要安装 Adobe Flash Player 插件。

（3）数据存储

ESXi 将虚拟机等文件存放在数据存储中，vSphere 的数据存储既可以是 ESXi 主机的本地存储，也可以是 FC SAN、iSCSI SAN 等网络存储。

1.2.2   ESXi 主机硬件要求

1．VMware ESXi 5.5 主机的硬件要求

与传统操作系统（如 Windows 和 Linux）相比，ESXi 有着更为严格的硬件限制。ESXi 不一定支持所有的存储控制器和网卡，使用 VMware 网站上的兼容性指南（网址为 www.vmware.com/ resources/compatibility）可以检查服务器是否可以安装 VMware ESXi。

VMware ESXi 5.5 的硬件要求如下。

- ESXi 5.5 仅能在安装有 64 位 x86 CPU 的服务器上安装和运行。
- ESXi 5.5 要求主机至少具有两个内核。
- ESXi 5.5 仅支持 LAHF 和 SAHF CPU 指令。
- ESXi 5.5 需要在 BIOS 中针对 CPU 启用 NX/XD 位。
- ESXi 5.5 需要至少 4GB 物理内存。建议至少使用 8GB 内存，以便能够充分利用 ESXi 的功能，并在典型生产环境下运行虚拟机。
- 要支持 64 位虚拟机，CPU 必须能够支持硬件虚拟化（Intel VT-x 或 AMD RVI）。
- 一个或多个 1Gbit/s 或 10Gbit/s 以太网控制器。
- 一个或多个以下控制器的任意组合：
  - ➢ 基本 SCSI 控制器。Adaptec Ultra-160 或 Ultra-320、LSI Logic Fusion-MPT。
  - ➢ RAID 控制器。Dell PERC（Adaptec RAID 或 LSI MegaRAID）、HP Smart Array RAID 或 IBM（Adaptec） ServeRAID 控制器。
- SCSI 磁盘或包含未分区空间用于虚拟机的本地（非网络）RAID LUN。

- 对于串行 ATA（SATA），有一个通过支持的 SAS 控制器或支持的板载 SATA 控制器连接的磁盘。

2．为 VMware ESXi 主机安装多块网卡

对于运行 VMware ESXi 的服务器主机，通常建议安装多块网卡，以支持 8～10 个网络接口，原因如下。

- ESXi 管理网络至少需要 1 个网络接口，推荐增加 1 个冗余网络接口。在后面的项目 2 中，如果没有为 ESXi 主机的管理网络提供冗余网络连接，一些 vSphere 高级特性（如 vSphere HA）会给出警告信息。
- 至少要用 2 个网络接口处理来自虚拟机本身的流量，推荐使用 1Gbit/s 以上速度的链路传输虚拟机流量。
- 在使用 iSCSI 的部署环境中，至少需要增加 1 个网络接口，最好是 2 个。必须为 iSCSI 流量配置 1Gbit/s 或 10Gbit/s 的以太网络，否则会影响虚拟机和 ESXi 主机的性能。
- vSphere vMotion 需要使用 1 个网络接口，同样推荐增加 1 个冗余网络接口，这些网络接口至少应该使用 1Gbit/s 的以太网。
- 如果使用 vSphere FT 特性，那么至少需要 1 个网络接口，同样推荐增加 1 个冗余网络接口，这些网络接口的速度应为 1Gbit/s 或 10Gbit/s。

1.2.3 在 VMware Workstation 中创建 VMware ESXi 虚拟机

下面将在 VMware Workstation 中创建用于运行 VMware ESXi 的虚拟机。

1）在 VMware Workstation 12.0 中创建新的虚拟机，选择"自定义"配置，如图 1-11 所示。

2）选择虚拟机硬件兼容性，使用默认的最高版本，如图 1-12 所示。

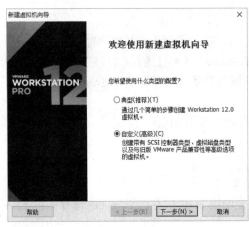

图 1-11　新建虚拟机

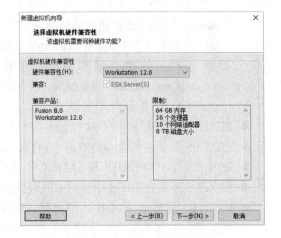

图 1-12　选择虚拟机硬件兼容性

3）选择客户机操作系统安装来源，选择"安装程序光盘映像文件（ISO）"，浏览找到 VMware ESXi 5.5U2 的安装光盘 ISO 映像文件 VMware-VMvisor-Installer-201501001-2403361.x86_64.iso，如图 1-13 所示。

4）命名虚拟机并配置虚拟机的保存位置，如图 1-14 所示。

5）为虚拟机配置虚拟处理器，VMware ESXi 5.5 至少需要 2 个处理器内核，这里处理器数量配置为 2 个，每个处理器的核心数量为 1 个，如图 1-15 所示。

6）配置虚拟机的内存，VMware ESXi 5.5 至少需要 4GB 内存，这里配置为 4GB，如图 1-16 所示。

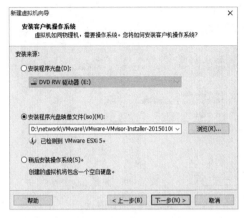

图 1-13　选择客户机操作系统安装来源

图 1-14　命名虚拟机并配置虚拟机的保存位置

图 1-15　处理器配置

图 1-16　配置虚拟机内存

7）配置虚拟机网络类型，这里选择"使用网络地址转换（NAT）"，如图 1-17 所示。

8）选择 I/O 控制器类型，这里使用推荐的"LSI Logic"，如图 1-18 所示。

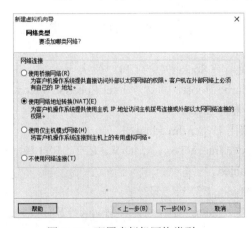

图 1-17　配置虚拟机网络类型

图 1-18　选择 I/O 控制器类型

9）选择虚拟磁盘类型，这里使用推荐的"SCSI"，如图 1-19 所示。

10）选择"创建新虚拟磁盘"，如图 1-20 所示。

图 1-19　选择虚拟磁盘类型

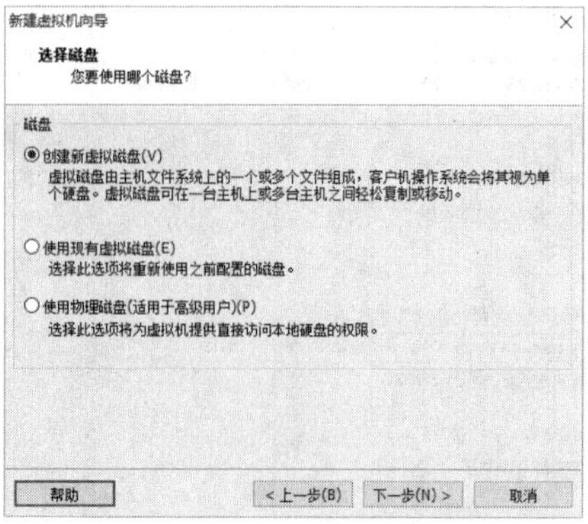

图 1-20　选择磁盘

11）指定磁盘容量，这里将虚拟机的磁盘大小设置为 100GB，并把虚拟磁盘存储为单个文件，如图 1-21 所示。

12）完成创建 VMware ESXi 5.5 虚拟机，如图 1-22 所示。

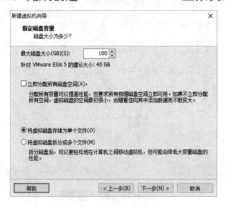

图 1-21　指定磁盘容量

图 1-22　完成创建虚拟机

1.2.4　安装 VMware ESXi

如果在物理服务器上安装 VMware ESXi，需要确保服务器硬件型号能够兼容所安装的 VMware ESXi 版本，并在 BIOS 中执行以下设置。

- 在 BIOS 中设置启用所有的 CPU Socket，以及所有 Socket 中的 CPU 核心。
- 如果 CPU 支持 Turbo Boost，应设置为启用 Turbo Boost，将选项 Intel SpeedStep tech、Intel TurboMode tech 和 Intel C-STATE tech 设置为 Enabled。
- 如果处理器支持 Hyper-threading，应设置为启用 Hyper-threading。
- 在 BIOS 中打开硬件增强虚拟化的相关属性，如 Intel VT-x、AMD-V、EPT、RVI 等。
- 在 BIOS 中将 CPU 的 NX/XD 标志设置为 Enabled。

下面将在 VMware Workstation 虚拟机中安装 VMware ESXi 5.5 U2。

1）启动 VMware ESXi 虚拟机，在启动菜单处按〈Enter〉键，进入 VMware ESXi 5.5 的安装程序，如图 1-23 所示。

2）经过较长时间的系统加载过程，出现安装界面，按〈Enter〉键开始安装 VMware ESXi 5.5，如图 1-24 所示。

图 1-23　ESXi 5.5 启动菜单

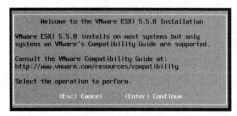

图 1-24　开始安装 VMware ESXi 5.5

3）按〈F11〉键接受授权协议，如图 1-25 所示。

4）VMware ESXi 检测到本地硬盘，按〈Enter〉键选择在这块硬盘中安装 ESXi，如图 1-26 所示。

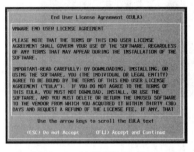

图 1-25　接受授权协议

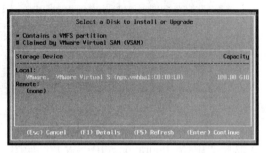

图 1-26　选择安装 ESXi 的设备

5）选择键盘布局，按〈Enter〉键选择默认的美国英语键盘，如图 1-27 所示。

6）输入 root 用户的密码，密码至少应包含 7 个字符，如图 1-28 所示。

图 1-27　选择键盘布局

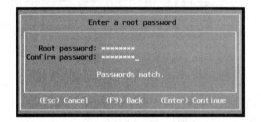

图 1-28　输入 root 用户的密码

7）按〈F11〉键确认安装 VMware ESXi，选择的硬盘将被重新分区，如图 1-29 所示。

8）VMware ESXi 安装完成后，按〈Enter〉键重新启动，如图 1-30 所示。

图 1-29　确认安装 VMware ESXi

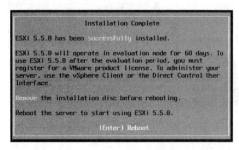

图 1-30　VMware ESXi 安装完成

1.2.5　VMware ESXi 安装后的基本设置

VMware ESXi 安装完成后，需要为 ESXi 主机配置一个管理 IP 地址，用于管理 ESXi 主机，配置过程如下。

1）VMware ESXi 启动完成后，在主界面按〈F2〉键进行初始配置，输入安装 VMware ESXi 时配置的 root 用户的密码，如图 1-31 所示。

2）选择"Configure Management Network（配置管理网络）"，如图 1-32 所示。

图 1-31　输入 root 用户密码开始配置 ESXi

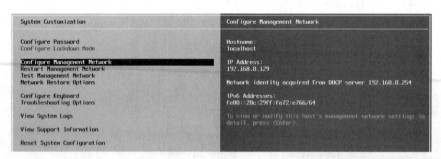

图 1-32　选择配置管理网络

3）选择"IP Configuration（IP 配置）"，如图 1-33 所示。

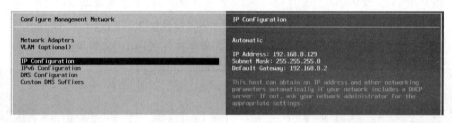

图 1-33　选择 IP 配置

4）按空格键选中"Set static IP address and network Configuration（设置静态 IP 地址和网络配置）"，配置 IP 地址为 192.168.8.60，子网掩码为 255.255.255.0，默认网关为 192.168.8.2，如图 1-34 所示。

5）按〈Esc〉键返回主配置界面时，按〈Y〉键确认管理网络配置，如图 1-35 所示。

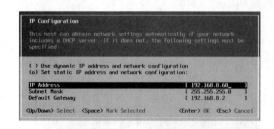

图 1-34　配置 ESXi 的 IP 地址

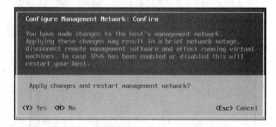

图 1-35　确认管理网络配置

6）按〈Esc〉键返回主界面，可以看到用于管理 VMware ESXi 的 IP 地址，如图 1-36 所示。

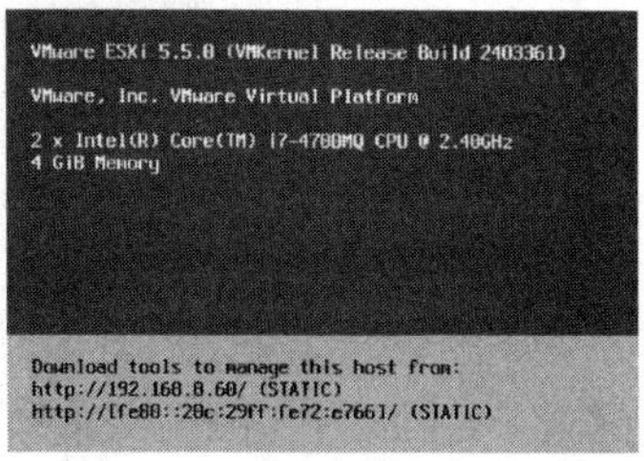

图 1-36　查看 ESXi 的管理 IP 地址

任务 1.3　使用 vSphere Client 管理虚拟机

安装好 VMware ESXi 后，在任务 3 中，我们将使用 VMware vSphere Client 连接到 VMware ESXi 主机，创建虚拟机，为虚拟机安装操作系统和 VMware Tools，为虚拟机创建快照，配置虚拟机跟随 ESXi 主机自动启动。任务 1.3 的拓扑图与任务 1.2 的拓扑图相同。

1.3.1　使用 VMware vSphere Client 连接到 VMware ESXi

1）打开 VMware vSphere Client，输入 ESXi 服务器的 IP 地址，用户名为 root，密码为安装 VMware ESXi 时配置的 root 用户密码，单击"登录"按钮，如图 1-37 所示。

2）出现证书警告，选中"安装此证书并且不显示针对 192.168.8.60 的任何安全警告"，单击"忽略"按钮，如图 1-38 所示。

图 1-37　登录 ESXi 主机

图 1-38　忽略证书警告

3）出现 VMware 评估通知，如图 1-39 所示。VMware ESXi 的试用期为 60 天，在试用期内功能没有任何限制。

4）当使用 VMware vSphere Client 初次登录 VMware ESXi 时，默认会显示主页。单击"清单"，可以进入 ESXi 主机管理界面，如图 1-40 所示。

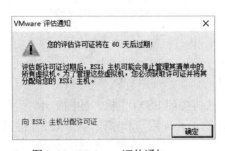

图 1-39　VMware 评估通知

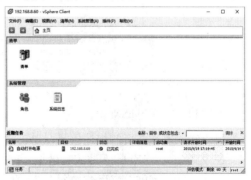

图 1-40　vSphere Client 主界面

5）在 ESXi 主机的"摘要"栏中可以查看 VMware ESXi 主机的摘要信息，在"常规"栏可以查看主机制造商、型号、处理器、许可证、vSphere 基本配置等信息，在"资源"栏可以查看 ESXi 主机的 CPU、内存使用情况，在"网络"栏可以查看虚拟机端口组，如图 1-41 所示。

图 1-41　ESXi 主机摘要信息

6）当需要关闭 ESXi 主机时，可以在 VMware vSphere Client 中选中 ESXi 主机，右击选择快捷菜单中的"关机"命令，如图 1-42 所示。

7）提示 ESXi 主机未处于维护模式，单击"是"按钮确认关闭，如图 1-43 所示。

☞提示：当执行特定任务时（如升级系统、配置核心服务等），需要将 ESXi 主机设置为维护模式。在生产环境中，建议将 ESXi 主机设置为维护模式后，再执行关机操作。

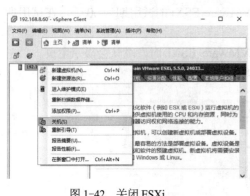

图 1-42　关闭 ESXi

图 1-43　确认关机

8）可以输入本次关机的描述信息，单击"确定"按钮关闭 ESXi 主机，如图 1-44 所示。

9）在 VMware ESXi 的本地控制台按〈F12〉键，输入 root 用户和密码，按〈F2〉键也可以关机，按〈F11〉键可以重启，如图 1-45 所示。

图 1-44　输入关机原因　　　　　　　　　　　　图 1-45　在 ESXi 控制台关机

1.3.2　将安装光盘 ISO 上传到 ESXi 存储

在 VMware ESXi 中创建虚拟机之前，建议将操作系统安装光盘的 ISO 镜像文件上传到存储中，方便随时调用。

1）在存储器 datastore1 处右键选择"浏览数据存储"命令，如图 1-46 所示。

2）单击工具栏中的"创建新的文件夹"，输入文件夹名称"ISO"，如图 1-47 所示。

图 1-46　浏览数据存储　　　　　　　　　　　　图 1-47　创建目录

3）进入 ISO 目录，单击工具栏中的"将文件上载到此数据存储"，选择"上载文件"命令，如图 1-48 所示。

4）浏览找到 CentOS 6.6 x86_64_minimal 的安装光盘 ISO 文件，如图 1-49 所示。

图 1-48　上载文件　　　　　　　　　　　　图 1-49　选择 ISO 镜像文件

5）出现上载/下载操作警告，在这里需要确认上传的文件或文件夹是否与目标位置中已经存在的文件或文件夹同名。如果同名，它将会被替换，如图 1-50 所示。

6）等待文件上传完成，如图 1-51 所示。

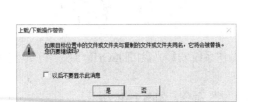

图 1-50　上传操作警告　　　　　　　　　图 1-51　正在上传

1.3.3　在 VMware ESXi 中创建虚拟机

1．什么是虚拟机

虚拟机（Virtual Machine，VM）是一个可在其上运行受支持的客户操作系统和应用程序的虚拟硬件集，它由一组离散的文件组成。

虚拟机由虚拟硬件和客户操作系统组成。虚拟硬件由虚拟 CPU（vCPU）、内存、虚拟磁盘、虚拟网卡等组件组成。客户操作系统是安装在虚拟机上的操作系统。虚拟机封装在一系列文件中，这些文件包含了虚拟机中运行的所有硬件和软件的状态。

2．组成虚拟机的文件

组成虚拟机的文件主要包括以下几种。

（1）配置文件（虚拟机名称.vmx）

虚拟机配置文件是一个纯文本文件，包含虚拟机的所有配置信息和参数，如 vCPU 个数、内存大小、硬盘大小、网卡信息和 MAC 地址等。

（2）磁盘描述文件（虚拟机名称.vmdk）

虚拟磁盘描述文件是一个元数据文件，提供指向虚拟磁盘数据（.flat-vmdk）文件的链接。

（3）磁盘数据文件（虚拟机名称.flat-vmdk）

这是最重要的文件，虚拟磁盘数据文件是虚拟机的虚拟硬盘，包含虚拟机的操作系统、应用程序等。

（4）BIOS 文件（虚拟机名称.nvram）

BIOS 文件包含虚拟机 BIOS 的状态。

（5）交换文件（虚拟机名称.vswp）

内存交换文件在虚拟机启动的时候会自动创建，该文件作为虚拟机的内存交换。

（6）快照数据文件（虚拟机名称.vmsd）

快照数据文件是一个纯文本文件。为虚拟机创建快照时，会产生快照数据文件，用于描述快照的基本信息。

（7）快照状态文件（虚拟机名称.vmsn）

如果虚拟机的快照包含内存状态，就会产生快照状态文件。

（8）快照磁盘文件（虚拟机名称-delta.vmdk）

使用虚拟机快照时，原虚拟磁盘文件会保持原状态不变，同时产生快照磁盘文件，所有对虚拟机的后续硬盘操作都是在快照磁盘文件上进行。

（9）日志文件（vmware.log）

虚拟机的日志文件，用于跟踪虚拟机的活动。一个虚拟机包含多个日志文件，它们对于诊断问题很有用。

3．虚拟机版本

在创建虚拟机时，首先需要确定使用哪个虚拟机版本。VMware 每次发布新版本的 vSphere，都会同时发布新的虚拟机版本，比如 vSphere 4.x 使用虚拟机版本 7，vSphere 5.0 使用虚拟机版本 8，vSphere 5.1 使用虚拟机版本 9，vSphere 5.5 使用虚拟机版本 10 等。

4．虚拟机硬件组成

默认情况下，VMware ESXi 为虚拟机提供了以下通用硬件。

- Phoenix BIOS；
- Intel 主板；
- Intel PCI IDE 控制器；
- IDE CDROM 驱动器；
- BusLogic 并行 SCSI、LSI 逻辑并行 SCSI 或 LSI 逻辑串行 SAS 控制器；
- Intel 或 AMD 的 CPU（与物理硬件对应）；
- Intel E1000 或 AMD PCNet32 网卡；
- 标准 VGA 显卡。

5．虚拟网卡

在虚拟机中可以使用以下虚拟网卡。

- vlance：模拟 AMD PCNet32 10Mbit/s 网卡，适合 32 位虚拟机操作系统。在虚拟机安装了 VMware Tools 后，这个网卡会变成 100Mbit/s 的 vmxnet 网卡。
- E1000：模拟 Intel 82545EM 千兆以太网卡，适合 64 位虚拟机操作系统。
- E1000e：模拟 Intel 82574L 千兆以太网卡，是 E1000 网卡的改进。
- vmxnet、vmxnet2、vmxnet3：分别为 100Mbit/s、1000Mbit/s、10Gbit/s 的网卡，性能最好，支持超长帧。这些网卡只在虚拟机安装了 VMware Tools 之后才可以使用。

> ✑提示：在生产环境中，尽量采用 vmxnet3 虚拟网卡，以达到最佳网络性能。

6．虚拟磁盘格式

虚拟磁盘（VMDK 文件）是虚拟机封装磁盘设备的方法。虚拟磁盘有 3 种格式：精简配置、厚置备延迟置零、厚置备提前置零。

（1）精简配置

在这种格式下，数据存储中的 VMDK 文件的大小和虚拟机（在某个时刻）使用的大小相同。例如，如果创建了一个 300GB 的虚拟磁盘，然后在其中保存 100GB 数据，那么 VMDK 文件的大小就是 100GB，如图 1-52 中上方所示。

当虚拟机发生磁盘 I/O 时，系统会在存储中整理出所需的空间，在 VMDK 文件中增加相同的大小。然后，在虚拟机提交 I/O 之前，系统把要写入的空间置为 0，最后再进行写入。

精简配置磁盘格式适合 I/O 压力低的服务器，如 DNS、DHCP 服务器等。在测试环境和实验环境中，为了节省磁盘空间，建议采用精简配置磁盘格式。

（2）厚置备延迟置零

在这种格式下，数据存储的 VMDK 文件大小就是创建的虚拟磁盘大小，但是在 VMDK 文件中没有提前置零。例如，如果创建一个 300GB 的虚拟磁盘，然后在其中保存 100GB 数据，那么 VMDK 文件的大小就是 300GB，如图 1-52 中间所示。

当虚拟机发生磁盘 I/O 时，系统会在虚拟机 I/O 提交之前把要写入的空间置为 0，然后再进行写入。

厚置备延迟置零磁盘格式适合 I/O 压力中等的服务器，如 Web、E-mail 服务器等。在生产环境中，对于普通用途的服务器建议都采用厚置备延迟置零磁盘格式，这也是默认的磁盘格式。

（3）厚置备提前置零

在这种格式下，数据存储的 VMDK 文件大小就是创建的虚拟磁盘大小，而且文件所占空间是预先置零的，这种虚拟磁盘格式是真正的厚置备磁盘。例如，如果创建一个 300GB 的虚拟磁盘，然后在其中保存 100GB 数据，那么 VMDK 文件的大小就是 300GB，包含 100GB 的数据和 200GB 的置零空间，如图 1-52 中下方所示。

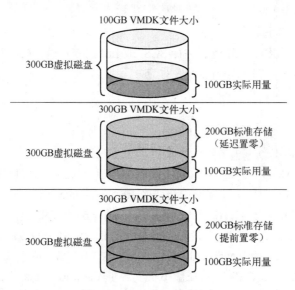

图 1-52　3 种虚拟磁盘格式

当虚拟机发生磁盘 I/O 时，系统不需要在 I/O 提交之前置零空间。厚置备提前置零可以稍微降低 I/O 的延迟，但是在创建虚拟机时会有较长时间的后台存储 I/O 操作。

厚置备提前置零磁盘格式适合 I/O 压力高的服务器，如数据库、FTP 服务器等。如果准备使用 vSphere FT，则必须使用厚置备提前置零磁盘格式。

7. 在 VMware ESXi 中创建虚拟机

1）在 vSphere Client 中，选中 ESXi 主机 "192.168.8.60"，切换到 "虚拟机" 栏，可以查看 ESXi 主机中的虚拟机。目前 ESXi 主机中没有虚拟机，右键选择 "新建虚拟机" 命令来创建新的虚拟机，如图 1-53 所示。

图 1-53　新建虚拟机

2）选择"自定义"配置，如图 1-54 所示。

3）输入虚拟机的名称，在这里将在虚拟机中安装 CentOS 6.6 操作系统，如图 1-55 所示。

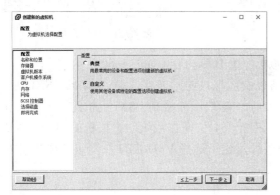

图 1-54　自定义配置

图 1-55　输入虚拟机名称

4）选择虚拟机的存储位置，在这里将虚拟机存储在 ESXi 主机的内置存储 datastore1 中，如图 1-56 所示。

5）选择虚拟机版本，在这里选择版本 8，如图 1-57 所示。

图 1-56　选择目标存储

图 1-57　选择虚拟机版本

6）选择客户机操作系统为 CentOS 4/5/6（64 位），如图 1-58 所示。

7）为虚拟机配置 CPU，这里为虚拟机配置 1 个 CPU，每个 CPU 的内核数为 1 个，如图 1-59 所示。

图 1-58　选择客户机操作系统　　　　　　　　　图 1-59　配置虚拟 CPU 数量

8）配置虚拟机的内存大小，在这里为虚拟机配置 1GB 内存，如图 1-60 所示。

9）为虚拟机配置将要连接到的虚拟网络以及虚拟机的网卡类型。VMware ESXi 默认创建一个名称为 VM Network 的虚拟机端口组，该端口组连接到 ESXi 主机的第一个虚拟交换机，进而连接到 ESXi 主机的物理网卡。对于 64 位操作系统，虚拟机的网卡可以选择 E1000、VMXNET 2 和 VMXNET 3 三种型号，这里选择 VMXNET 3 网卡，如图 1-61 所示。

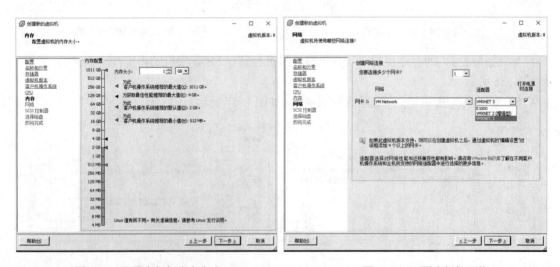

图 1-60　配置虚拟机内存大小　　　　　　　　　图 1-61　配置虚拟机网络

10）选择 SCSI 控制器的型号，这里选择默认的"LSI Logic 并行"，如图 1-62 所示。

11）选择磁盘，既可以创建新的虚拟磁盘，也可以使用现有的虚拟磁盘。在这里，由于是第一次创建虚拟机，没有现成的虚拟硬盘，所以选择"创建新的虚拟磁盘"，如图 1-63 所示。

图 1-62　选择 SCSI 控制器型号

图 1-63　选择磁盘

12）选择虚拟硬盘的大小和置备策略。磁盘大小配置为 16GB，磁盘置备方式有 3 种，其中厚置备延迟置零和厚置备提前置零会立刻在 ESXi 主机存储中创建一个 16GB 的虚拟硬盘文件，而 Thin Provision（精简配置）的虚拟硬盘文件大小为虚拟机硬盘的实际占用大小。

在生产环境中，对于普通用途服务器可以选择厚置备延迟置零格式，对于数据库服务器等 I/O 压力高的服务器建议选择厚置备提前置零格式。在实验环境中，建议选择 Thin Provision（精简配置）以节省磁盘空间占用。在这里选择"Thin Provision"，如图 1-64 所示。

13）指定虚拟磁盘的高级选项，通常不需要更改这些选项，如图 1-65 所示。

图 1-64　选择磁盘大小和置备

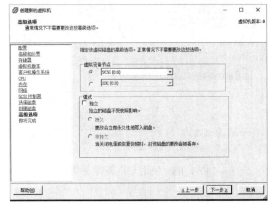

图 1-65　虚拟磁盘高级选项

14）完成前检查虚拟机配置，选中"完成前编辑虚拟机设置"更改虚拟机的配置，如图 1-66 所示。

15）也可以在创建好虚拟机后，右击虚拟机名称，选择"编辑设置"命令，如图 1-67 所示。

图 1-66　完成前编辑虚拟机设置　　　　　　　　图 1-67　编辑设置

16）选中"新的软盘"，单击"移除"按钮。在"新的 CD/DVD"处，设备类型选择数据存储 ISO 文件，浏览找到 ESXi 主机内置存储 datastore1 的 ISO 目录中 CentOS 6.6 的安装光盘 ISO 文件，如图 1-68 所示。

17）选中"打开电源时连接"，默认是没有选中的，如图 1-69 所示。

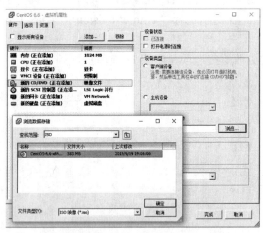

图 1-68　使用 ISO 镜像文件　　　　　　　　图 1-69　选中打开电源时连接

1.3.4　安装虚拟机操作系统和 VMware Tools

1. 安装 CentOS 虚拟机操作系统

1）右击虚拟机 CentOS 6.6，选择"电源"→"打开电源"命令，然后选择"打开控制台"命令，如图 1-70 所示。

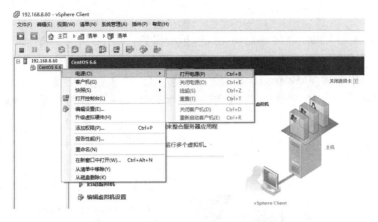

图 1-70　打开虚拟机电源

2）在虚拟机控制台内部单击可以进入虚拟机。要使鼠标回到本机，需要按〈Ctrl + Alt〉组合键，如图 1-71 所示。

3）在虚拟机中安装操作系统的过程与在真实主机上一样，如图 1-72 所示。

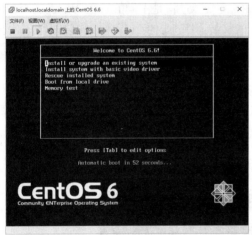

图 1-71　进入虚拟机控制台　　　　　　　图 1-72　安装虚拟机操作系统

2. 介绍 VMware Tools

虚拟机操作系统安装完毕后，建议安装 VMware Tools，以增强虚拟机的性能。VMware Tools 有以下功能。

- 设备驱动程序：
  - ➢ 增强的显卡和鼠标驱动程序；
  - ➢ 经过优化的网卡（vmxnet、vmxnet2、vmxnet3）驱动程序；
  - ➢ 经过优化的 SCSI 驱动程序；
  - ➢ 用于将 I/O 置于静默状态的同步驱动程序。
- 虚拟机心跳信号。
- 时间同步。
- 增强的内存管理。

VMware Tools 还有助于优化和自动化虚拟机的聚焦管理，安装了 VMware Tools 之后，可以随意地在虚拟机控制台和本机之间切换，而不需要反复按〈Ctrl+Alt〉组合键。

3．在虚拟机中安装 VMware Tools

1）在虚拟机控制台中，选择"虚拟机"→"客户机"→"安装/升级 VMware Tools"，如图 1-73 所示。

2）单击"确定"按钮，开始安装 VMware Tools，如图 1-74 所示。

图 1-73 安装 VMware Tools - 1   图 1-74 安装 VMware Tools - 2

3）在不同的虚拟机操作系统中，VMware Tools 的安装过程是不同的。在 Windows 操作系统中，只需要运行光盘驱动器中 VMware Tools 的安装程序，一步一步完成安装即可。对于 Linux 操作系统，安装过程稍微复杂一些。Linux 版的 VMware Tools 需要 perl 的支持，在安装 VMware Tools 之前，需要先安装 perl。

如图 1-75 所示为 CentOS 6.6 中 VMware Tools 的安装过程，其中 vmware-install.pl 为 VMware Tools 的安装脚本，对 vmware-install.pl 的所有提示按〈Enter〉键确认，安装完成后输入"shutdown -r now"重新启动系统。

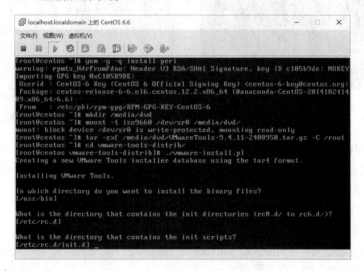

图 1-75 安装 VMware Tools - 3

4）在虚拟机的"摘要"栏中可以看到 VMware Tools 已经安装好，如图 1-76 所示。

5）安装好 VMware Tools 后，在"虚拟机"→"电源"中，"关闭客户机"和"重新启动客户机"变为可选状态，如图 1-77 所示。

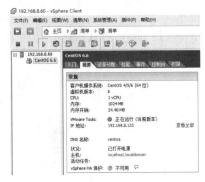

图 1-76　已经安装 VMware Tools

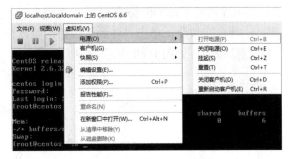

图 1-77　虚拟机电源菜单

以下为虚拟机电源菜单的详细解释。

- "关闭电源"为直接断开虚拟机的电源，即强制关机。注意，这样做可能造成虚拟机的数据丢失。
- "挂起"为保存虚拟机的硬盘以及内存等硬件资源的状态，将虚拟机关机。挂起功能有点类似于 Windows 的"休眠"功能，用户可以随时恢复被挂起的虚拟机。
- "重置"为强制重启虚拟机，相当于为虚拟机按"Reset"键。注意，这样做也可能造成虚拟机的数据丢失。
- "关闭客户机"和"重新启动客户机"这两个选项只有在安装了 VMware Tools 后才会出现。其作用相当于在虚拟机中输入关机或重启命令，正常关闭或重启虚拟机。

1.3.5　为虚拟机创建快照

快照允许管理员创建虚拟机的即时检查点。快照可以捕捉特定时刻的虚拟机状态，管理员可以在虚拟机出现问题时恢复到前一个快照状态，恢复虚拟机的正常工作状态。

快照功能有很多用处，假设要为虚拟机中运行的服务器程序（如 Exchange、SQL Server 等）安装最新的补丁，希望在补丁安装出现问题时能够恢复原来的状态，则可以在安装补丁之前创建快照，然后就可以在补丁安装出现问题时恢复到快照时的状态。

用户可在虚拟机处于开启、关闭或挂起状态时拍摄快照。快照可捕获虚拟机的状态，包括内存状态、设置状态和磁盘状态。注意，快照不是备份，要对虚拟机进行备份，需要使用其他备份工具，而不能依赖快照备份虚拟机。

1）在实验环境中，建议将虚拟机正常关机后再创建快照，这样快照执行的速度很快，占用的磁盘空间也很小。右击虚拟机 CentOS 6.6，选择"快照"→"执行快照"命令，如图 1-78 所示。

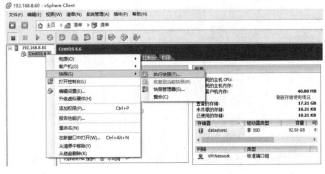

图 1-78　创建快照

2）输入快照名称和描述，如图1-79所示。

3）右击虚拟机 CentOS 6.6，选择"快照"→"快照管理器"命令，可以看到虚拟机的所有快照。选择一个快照，单击"转到"按钮，可以恢复虚拟机快照时的状态；单击"删除"按钮，可以删除快照，如图1-80所示。

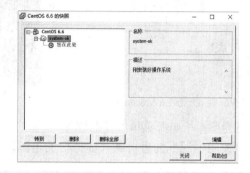

图1-79　输入快照名称和描述　　　　　　　　　　图1-80　快照管理器

1.3.6　配置虚拟机跟随 ESXi 主机自动启动

ESXi 主机中的虚拟机默认不能跟随 ESXi 主机自动启动。在生产环境中，通常需要让虚拟机跟随 ESXi 主机自动启动，配置步骤如下。

1）在 ESXi 主机的"配置"栏中选择"软件"→"虚拟机启动/关机"，单击右上方的"属性"，如图1-81所示。

图1-81　虚拟机启动/关机

2）在图1-82中，选中"允许虚拟机与系统一起自动启动和停止"，将虚拟机 CentOS 6.6上移到"自动启动"列表中。对于每个设置为自动启动的虚拟机，可以在启动延迟和关机延迟中配置延迟时间，从而实现按顺序启动或关闭每个虚拟机。"关机操作"建议选择"客户机关机"，前提是每个虚拟机都要安装 VMware Tools。

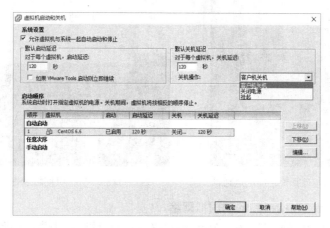

图 1-82　配置虚拟机自动启动/关机

任务 1.4　配置 vSphere 虚拟网络

在本任务中，我们将在理解 vSphere 虚拟网络基本概念的基础上创建虚拟机端口组，创建 vSphere 标准交换机，将虚拟机网络流量与管理网络流量分开。

1.4.1　理解 vSphere 虚拟网络

1. 测试 CentOS 虚拟机的网络连通性

在任务 1.3 中，已经在 ESXi 主机中创建了一台 CentOS 虚拟机，首先测试一下这台虚拟机与外部网络之间的连通性。打开 CentOS 虚拟机的本地控制台，输入 ifconfig 查看 IP 地址。在这里，CentOS 的 IP 地址为 192.168.8.133，如图 1-83 所示。

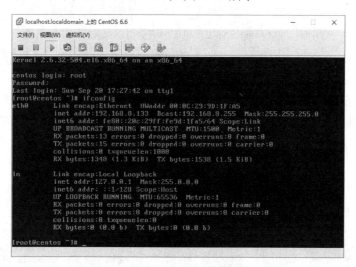

图 1-83　查看 CentOS 虚拟机的 IP 地址

在本机打开命令行，ping 虚拟机的 IP 地址，发现是可以 ping 通的，如图 1-84 所示。使用工具 Xshell 也可以通过 SSH 协议连接到 CentOS 虚拟机，如图 1-85 所示。

图 1-84　从本机测试与虚拟机之间的连通性　　　　图 1-85　从本机使用 SSH 连接到虚拟机

2. 理解 VMware Workstation 的虚拟网络

在 VMware Workstation 中查看 VMware ESXi 虚拟机的网络类型，如图 1-86 所示。在这里，VMware ESXi 虚拟机的网络类型是 NAT 模式。在 VMware Workstation 中，NAT 模式对应的虚拟网络为 vmnet8，仅主机模式对应的虚拟网络为 vmnet1，桥接模式对应的虚拟网络为 vmnet0。在 VMware Workstation 的"虚拟网络编辑器"中，可以看到这 3 个虚拟网络以及每个虚拟网络的网络地址。在这里，vmnet8 虚拟网络的网络地址为 192.168.8.0/24。

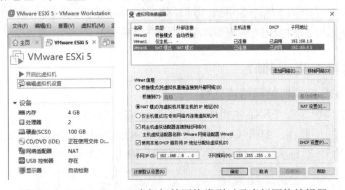

图 1-86　VMware ESXi 虚拟机的网络类型以及虚拟网络编辑器

网络类型为 NAT 模式的虚拟机，其网卡连接到虚拟交换机 vmnet8，而该虚拟交换机是通过 VMware Network Adapter VMnet8 虚拟网卡连接本机的，如图 1-87 所示。

在本机的"控制面板"→"网络和 Internet"→"网络连接"中查看 VMware Network Adapter VMnet8 虚拟网卡的 IP 地址，在这里，其 IP 地址为 192.168.8.1/24，如图 1-88 所示。

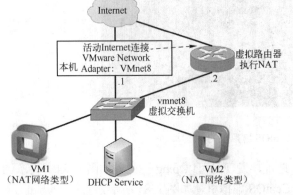

图 1-87　vmnet8 虚拟交换机

图 1-88　虚拟网卡的 IP 地址

由此可见，当在本机上使用 vSphere Client 管理 ESXi 虚拟机时，本机是通过 VMware Network Adapter VMnet8 虚拟网卡连接到了 VMware ESXi 虚拟机的 IP 地址 192.168.8.60。本机与 VMware ESXi 虚拟机之间是通过 vmnet8 虚拟网络连接起来的。

3．初探 VMware vSphere 的虚拟网络

打开 vSphere Client 中 ESXi 主机的"配置"→"硬件"→"网络"，查看 VMware ESXi 主机的虚拟网络拓扑图，如图 1-89 所示。

图 1-89　ESXi 主机的虚拟网络拓扑图

其中 vmnic0 为 ESXi 主机的物理网卡，该网卡以 NAT 模式连接到 vmnet8 虚拟交换机，进而通过 VMware Network Adapter VMnet8 与本机相连。

VMkernel 端口 Management Network 为管理端口，管理员通过此端口对 ESXi 主机进行管理，其 IP 地址为 192.168.8.60。

虚拟机端口组 VM Network 用于连接 ESXi 主机中的虚拟机，这个端口组是在安装 ESXi 时自动创建的。虚拟机 CentOS 6.6 连接到了虚拟机端口组 VM Network。

标准交换机 vSwitch0 为 vSphere 的虚拟交换机，该虚拟交换机也是在安装 ESXi 时自动创建的。在这里，ESXi 主机只有一个物理网卡，来自 Management Network 的管理流量和来自 VM Network 的虚拟机流量都是通过 vSwitch0 虚拟交换机从 ESXi 主机的物理网卡 vmnic0 到达外部网络的。

VMware ESXi 主机、虚拟机、虚拟机网卡、虚拟交换机、虚拟机端口组与 ESXi 主机物理网卡的连接对应关系如图 1-90 所示。

目前，ESXi 主机只有一块物理网卡 vmnic0、一个虚拟交换机 vSwitch0，端口组 VM Network 对应到 vSwitch0 虚拟交换机。虚拟机 CentOS 6.6 的网卡连接到 VM Network 端口组，通过 vSwitch0 虚拟交换机连接到 ESXi 主机的物理网卡 vmnic0，最终连接到外部物理网络。因此从外部网络，也就是本机的 vmnet8 虚拟网络是可以访问虚拟机的。

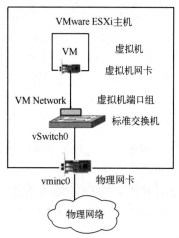

图 1-90　VMware vSphere 虚拟网络

1.4.2 理解 vSphere 网络术语

1．vSphere 网络术语

（1）虚拟交换机

虚拟交换机用来实现 ESXi 主机、虚拟机和外部网络的通信，其功能类似于真实的二层交换机。虚拟交换机在二层网络运行，能够保存 MAC 地址表，基于 MAC 地址转发数据帧，虚拟交换机支持 VLAN 配置，支持 IEEE 802.1Q 中继。但是虚拟交换机没有真实交换机所提供的高级特性，例如，不能远程登录（telnet）到虚拟交换机上，虚拟交换机没有命令行接口（CLI），也不支持生成树协议（STP）等。

虚拟交换机支持的连接类型包括虚拟机端口组、VMkernel 端口和上行链路端口，如图 1-91 所示。

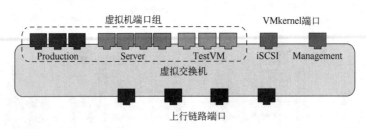

图 1-91　vSphere 虚拟交换机

vSphere 虚拟交换机分为两种：标准交换机和分布式交换机。

（2）标准交换机

标准交换机（vSphere Standard Switch，vSS）是由 ESXi 主机虚拟出来的交换机。ESXi 在安装之后会自动创建一个标准交换机 vSwitch0。标准交换机只在一台 ESXi 主机内部工作，因此必须在每台 ESXi 上独立管理每个 vSphere 标准交换机，ESXi 管理流量、虚拟机流量等数据通过标准交换机传送到外部网络。当 ESXi 主机的数量较少时，使用标准交换机较为合适。因为每次配置修改都需要在每台 ESXi 主机上复制，所以在大规模的环境中使用标准交换机会增加管理员的工作负担。

（3）分布式交换机

分布式交换机（vSphere Distributed Switch，简称 vDS）是以 vCenter Server 为中心创建的虚拟交换机。分布式交换机可以跨越多台 ESXi 主机，即多台 ESXi 主机上存在同一台分布式交换机。当 ESXi 主机的数量较多时，使用分布式交换机可以大幅度提高管理员的工作效率。除了 vSphere 的软件分布式交换机之外，还可以选择更强大的第三方硬件级虚拟交换机，如 Cisco Nexus 1000V、华为 CloudEngine 1800V 等。

> ☞提示：当数据中心部署的 ESXi 主机数量少于 10 台时，可以只使用标准交换机，不需要使用分布式交换机。当数据中心部署的 ESXi 主机数量多于 10 台少于 50 台时，建议使用分布式交换机，合理的配置会为网络管理带来更高的效率。当数据中心部署的 ESXi 主机数量多于 50 台时，建议使用硬件级分布式交换机，不仅能简化网络的管理，还能带来性能的提升。

（4）端口和端口组

端口和端口组是虚拟交换机上的逻辑对象，用来为 ESXi 主机或虚拟机提供特定的服务。

用来为 ESXi 主机提供服务的端口称为 VMkernel 端口，用来为虚拟机提供服务的端口组称为虚拟机端口组。一个虚拟交换机上可以包含一个或多个 VMkernel 端口和虚拟机端口组，也可以在一台 ESXi 主机上创建多个虚拟交换机，每个虚拟交换机包含一个端口或端口组。如图 1-92 所示，Management、vMotion、iSCSI 为 VMkernel 端口，Production、TestDev 为虚拟机端口组，它们既可以位于同一台虚拟交换机上，也可以分别位于多台虚拟交换机上。

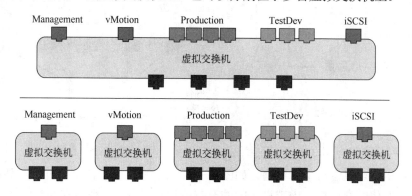

图 1-92 端口和端口组

（5）VMkernel 端口

VMkernel 端口是一种特定的虚拟交换机端口类型，用来支持 ESXi 管理访问、vMotion 虚拟机迁移、iSCSI 存储访问、vSphere FT 容错等特性，需要为 VMkernel 端口配置 IP 地址。VMkernel 端口也被叫作 vmknic。

（6）虚拟机端口组

虚拟机端口组是在虚拟交换机上的具有相同配置的端口组。虚拟机端口组不需要配置 IP 地址，一个虚拟机端口组可以连接多个虚拟机。虚拟机端口组允许虚拟机之间的互相访问，还能够允许虚拟机访问外部网络，虚拟机端口组上还能配置 VLAN、安全、流量调整、网卡绑定等高级特性。一个虚拟交换机上可以包含多个虚拟机端口组，一台 ESXi 主机也可以创建多个虚拟交换机，每个虚拟交换机上有各自的虚拟机端口组。在图 1-93 中，ESXi 主机中创建了第 2 个虚拟交换机 vSwitch1，该虚拟交换机包含虚拟机端口组 ForVM，有两台虚拟机连接到了端口组 ForVM，通过 vmnic1 物理网卡连接到外部网络。

> ☞提示：VMkernel 端口是 ESXi 主机自己使用的端口，需要配置 IP 地址，工作在第三层，严格来说应该叫作"接口"。虚拟机端口组是连接虚拟机的端口，不需要配置 IP 地址，工作在第 2 层。

（7）上行链路端口

虽然虚拟交换机可以为虚拟机提供通信链路，但是它必须通过上行链路与物理网络通信。虚拟交换机必须连接作为上行链路的 ESXi 主机的物理网络适配器（NIC），才能与物理网络中的其他设备通信。一个虚拟交换机可以绑定一个物理 NIC，也可以绑定多个物理 NIC，成为一个 NIC 组（NIC Team）。将多个物理 NIC 绑定到一个虚拟交换机上，可以实现冗余和负载均衡等优点。在图 1-94 中的第 3 个虚拟交换机绑定到了两个物理 NIC 上，形成 NIC Team。

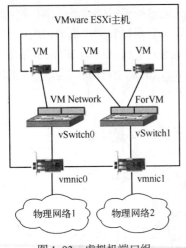

图 1-93　虚拟机端口组

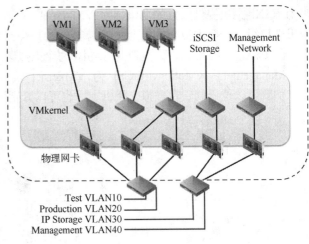

图 1-94　标准交换机组网

虚拟交换机也可以没有上行链路，如图 1-94 中的第 2 个虚拟交换机，这种虚拟交换机是只支持内部通信的交换机。虚拟机之间的有些流量不需要发送到外部网络，通过仅支持内部通信的虚拟交换机的虚拟机通信都发生在软件层面，其通信速度仅取决于 ESXi 主机的处理速度。

2．将 vSphere 网络术语与实际环境对应起来

在图 1-95 中，Management Network 是一个 VMkernel 端口，用来为 ESXi 主机提供管理访问。VM Network 是一个虚拟机端口组，CentOS 6.6 虚拟机连接到这个端口组。Management Network 端口和 VM Network 端口组都在标准交换机 vSwitch0 上。

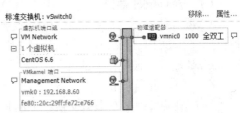

图 1-95　将 vSphere 网络术语与实际环境对应起来

1.4.3　将 ESXi 主机的管理流量与虚拟机数据流量分开

管理流量用来对 ESXi 主机进行管理，想要管理 ESXi 主机，管理流量必须畅通。必须配置和运行一个管理网络，才能够通过网络管理 ESXi 主机，因此 ESXi 安装程序会自动创建一个用于管理的 VMkernel 端口 Management Network。在图 1-8 中，ESXi 主机管理流量与虚拟机的数据流量都通过虚拟交换机 vSwitch0 从 ESXi 主机的 vmnic0 网卡发送到外部物理网络。当虚拟机的流量过大时，可能会影响管理员管理 ESXi 主机。为了保证管理流量的畅通，管理流量最好与虚拟机产生的网络流量物理分离。

下面将在 VMware Workstation 中为 ESXi 主机添加一块仅主机模式的网卡，如图 1-96 所示。在 ESXi 主机中创建新的虚拟机端口组，同时创建新的虚拟交换机。新虚拟交换机通过 ESXi 主机的物理网卡 vmnic1 连接到外部物理网络，最后将虚拟机 CentOS 的虚拟网络连接更改到新的虚拟机端口组。

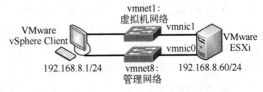

图 1-96　配置 VMware 虚拟网络

1）关闭 ESXi 主机，为 ESXi 主机添加一块仅主机模式的网卡，如图 1-97 所示。

2）开启 ESXi 主机，使用 vSphere Client 连接到 ESXi 主机。选中 ESXi 主机 192.168.8.60，切换到"配置"栏，单击"硬件"→"网络适配器"，可以看到 ESXi 主机识别出了两块网卡 vmnic0、vmnic1，如图 1-98 所示。

图 1-97　为 ESXi 主机添加一块仅主机模式的网卡　　　　图 1-98　ESXi 网络适配器

3）单击"硬件"→"网络"，单击右上方的"添加网络"，如图 1-99 所示。

4）选择连接类型为"虚拟机"，如图 1-100 所示。

图 1-99　添加网络　　　　　　　　　　图 1-100　添加虚拟机端口组

5）选择"创建 vSphere 标准交换机"，选中 vmnic1 网卡，如图 1-101 所示。

6）配置端口组的网络标签，在这里配置为"ForVM"，如图 1-102 所示。

图 1-101　创建 vSphere 标准交换机　　　　图 1-102　配置端口组的网络标签

7）完成添加网络向导，如图 1-103 所示。

8）此时可以看到 ESXi 创建了一个新的标准交换机 vSwitch1，该虚拟交换机包含虚拟机端口组 ForVM，上行链路端口为 vmnic1，如图 1-104 所示。

图 1-103　完成添加网络向导

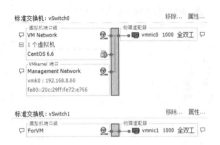

图 1-104　添加完成后的虚拟网络

9）打开虚拟机 CentOS 的"编辑虚拟机设置"，在"网络适配器 1"处，网络标签选择"ForVM"，如图 1-105 所示。

10）在 ESXi 主机的"配置"→"网络"中可以看到虚拟机 CentOS 6.6 连接到了虚拟机端口组 ForVM，如图 1-106 所示。

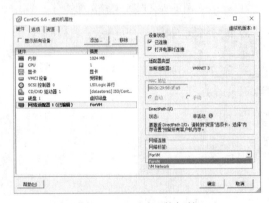

图 1-105　更改网络标签

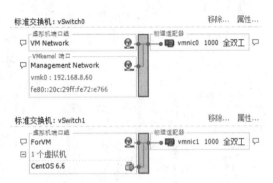

图 1-106　虚拟机连接到 ForVM 端口组

11）将虚拟机 CentOS 的 IP 地址配置为 VMware Workstation 的 VMnet1 虚拟网络所在地址段 192.168.1.0/24 中的 IP 地址。如果 CentOS 的 IP 地址配置为自动获取，则重新启动网络服务即可，如图 1-107 所示。

12）从本机 ping 虚拟机 CentOS 的 IP 地址，这时可以 ping 通，如图 1-108 所示。

图 1-107　重新配置虚拟机的 IP 地址

图 1-108　测试连通性

13）从本机到虚拟机 CentOS 的 SSH 连接也没有问题，如图 1-109 所示。

14）在本机执行"netstat –an"命令，如图 1-110 中第 1 行所示，本机与虚拟机的 SSH 连接信息为"TCP 192.168.1.1:10338 192.168.1.128:22 ESTABLISHED"，即本机与虚拟机 CentOS 是通过 vmnet1 虚拟网络 192.168.1.0/24 连接的。而本机与 ESXi 主机的管理网络连接是通过 vmnet8 虚拟网络 192.168.8.0/24 连接的。ESXi 主机的管理流量通过 vmnic0 网卡连接到 vmnet8 网络，虚拟机的流量通过 vmnic1 网卡连接到 vmnet1 网络，实现了管理流量与虚拟机流量的分离。

图 1-109　使用 SSH 连接到虚拟机

图 1-110　执行"netstat-an"命令

任务 1.5　配置 vSphere 使用 iSCSI 存储

无论在传统架构还是在虚拟化架构中，存储都是重要的设备之一。只有正确配置、使用存储，vSphere 的高级特性（包括 vSphere vMotion、vSphere DRS、vSphere HA 等）才可以正常运行。在本任务中，我们将认识 vSphere 存储的基本概念，了解 iSCSI SAN 的基本概念，使用 Starwind 搭建 iSCSI 目标服务器，添加用于 iSCSI 流量的 VMkernel 端口，配置 ESXi 主机使用 iSCSI 存储。本任务的实验拓扑如图 1-111 所示。

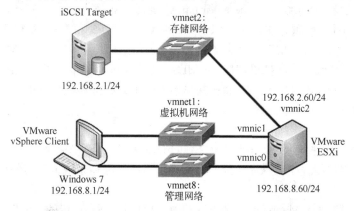

图 1-111　配置 vSphere 使用 iSCSI 存储

1.5.1　VMware vSphere 存储概述

1. VMware vSphere 支持的存储类型

VMware ESXi 主机可以支持多种存储方法，包括：

- 本地 SAS/SATA/SCSI 存储；
- 光纤通道（Fibre Channel，FC）；
- 使用软件和硬件发起者的 iSCSI；
- 以太网光纤通道（FCoE）；
- 网络文件系统（NFS）。

其中，本地 SAS/SATA/SCSI 存储也就是 ESXi 主机的内置硬盘，或通过 SAS 线缆连接的磁盘阵列，这些都叫做直连存储（Direct-Attached Storage，DAS）。光纤通道、iSCSI、FCoE、NFS 均为通过网络连接的共享存储，vSphere 的许多高级特性都依赖于共享存储，如 vSphere vMotion、vSphere DRS、vSphere HA 等。各种存储类型对 vSphere 高级特性的支持情况见下表。

表　各种存储类型对 vSphere 高级特性的支持情况

存储类型	支持 vMotion	支持 DRS	支持 HA	支持裸设备映射
光纤通道	√	√	√	√
iSCSI	√	√	√	√
FCoE	√	√	√	√
NFS	√	√	√	×
直连存储	√	×	×	√

要部署 vSphere 虚拟化系统，不能只使用直连存储，必须选择一种网络存储方式作为 ESXi 主机的共享存储。对于预算充足的大型企业，建议采用光纤通道存储，其最高速度可达 16Gbit/s。对于预算不是很充足的中小型企业，可以采用 iSCSI 存储。

2．vSphere 数据存储

数据存储是一个可使用一个或多个物理设备磁盘空间的逻辑存储单元。数据存储可用于存储虚拟机文件、虚拟机模板和 ISO 镜像等。vSphere 的数据存储类型包括 VMFS、NFS 和 RDM 共 3 种。

（1）VMFS

vSphere 虚拟机文件系统（vSphere Virtual Machine File System，VMFS）是一个适用于许多 vSphere 部署的通用配置方法，它类似于 Windows 的 NTFS 和 Linux 的 EXT4。如果在虚拟化环境中使用了任何形式的块存储（如硬盘），就一定是在使用 VMFS。VMFS 创建了一个共享存储池，可供一个或多个虚拟机使用。VMFS 的作用是简化存储环境。如果每一个虚拟机都直接访问自己的存储而不是将文件存储在共享卷中，那么虚拟环境会变得难以扩展。VMFS 的最新版本是 VMFS-5。

（2）NFS

NFS 即网络文件系统（Network File System），允许一个系统在网络上共享目录和文件。通过使用 NFS，用户和程序可以像访问本地文件一样访问远端系统上的文件。

（3）RDM

RDM（Raw Device Mappings，裸设备映射）可以让运行在 ESXi 主机上的虚拟机直接访问和使用存储设备，以增强虚拟机磁盘性能。

1.5.2　iSCSI SAN 的基本概念

1．iSCSI 数据封装

iSCSI（Internet Small Computer System Interface，Internet 小型计算机系统接口）是通过

TCP/IP 网络传输 SCSI 指令的协议。iSCSI 能够把 SCSI 指令和数据封装到 TCP/IP 数据包中，然后封装到以太网帧中。图 1-112 显示了将 iSCSI PDU 封装在 TCP/IP 数据包和以太网帧的方式。

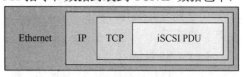

图 1-112　iSCSI 封装

2. iSCSI 系统组成

如图 1-113 所示为一个 iSCSI SAN 的基本系统组成，下面将对 iSCSI 系统的各个组件进行说明。

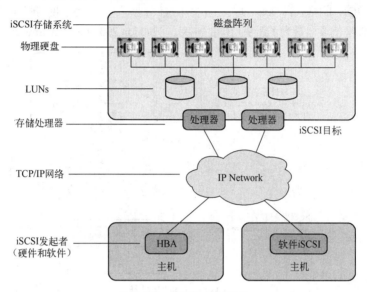

图 1-113　iSCSI 系统组成

（1）iSCSI 发起者

iSCSI 发起者是一个逻辑主机端设备，相当于 iSCSI 的客户端。iSCSI 发起者可以是软件发起者（使用普通以太网卡）或硬件发起者（使用硬件 HBA 卡）。iSCSI 发起者用一个 iSCSI 限定名称（IQN）来标志其身份。iSCSI 发起者使用包含一个或多个 IP 地址的网络入口"登录到"iSCSI 目标。

（2）iSCSI 目标

iSCSI 目标是一个逻辑目标端设备，相当于 iSCSI 的服务器端。iSCSI 目标既可以使用硬件实现（如支持 iSCSI 的磁盘阵列），也可以使用软件实现（使用 iSCSI 目标服务器软件）。iSCSI 目标由一个 iSCSI 限定名称（IQN）标志其身份。iSCSI 目标使用一个包含一个或多个 IP 地址的 iSCSI 网络入口。

常见的 iSCSI 目标服务器软件包括 Starwind、Openfiler、Open-E、Linux iSCSI Target 等，Windows Server 2012 也内置了 iSCSI 目标服务器。

（3）iSCSI LUN

LUN 的全称是 Logical Unit Number，即逻辑单元号。iSCSI LUN 是在一个 iSCSI 目标上运行的 LUN，在主机层面上看，一个 LUN 就是一块可以使用的磁盘。一个 iSCSI 目标可以有一个或多个 LUN。

（4）iSCSI 网络入口

iSCSI 网络入口是 iSCSI 发起者或 iSCSI 目标使用的一个或多个 IP 地址。

（5）存储处理器

存储处理器又称阵列控制器，是磁盘阵列的大脑，主要用来实现数据的存储转发以及整个阵列的管理。

3. iSCSI 寻址

如图 1-114 所示是 iSCSI 寻址的示意图，iSCSI 发起者和 iSCSI 目标分别有一个 IP 地址和一个 iSCSI 限定名称。iSCSI 限定名称（iSCSI Qualified Name，IQN）是 iSCSI 发起者、目标或 LUN 的唯一标识符。IQN 的格式："iqn" + "." + "年月" + "." + "域名的颠倒" + ":" + "设备的具体名称"，之所以颠倒域名是为了避免可能的冲突。例如 iqn.2008-08.com.vmware:esxi。

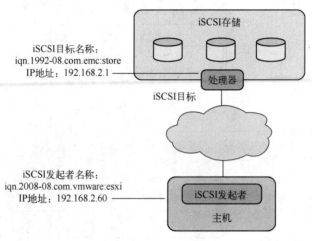

图 1-114　iSCSI 寻址

iSCSI 使用一种发现方法，使 iSCSI 发起者能够查询 iSCSI 目标的可用 LUN。iSCSI 支持两种目标发现方法：静态和动态。静态发现为手工配置 iSCSI 目标和 LUN。动态发现是由发起者向 iSCSI 目标发送一个 iSCSI 标准的 SendTargets 命令，对方会将所有可用目标和 LUN 报告给发起者。

4. iSCSI SAN 网络设计

虽然光纤通道的性能一般要高于 iSCSI，但是在很多时候，iSCSI SAN 已经能够满足许多用户的需求，而且一个认真规划且支持扩展的 iSCSI 基础架构在大部分情况下都能达到中端光纤通道 SAN 的同等性能。一个良好的、可扩展的 iSCSI SAN 拓扑设计如图 1-115 所示，每个 ESXi 主机至少有 2 个 VMkernel 端口用于 iSCSI 连接，而每一个端口又物理连接到两台以太网交换机上。每台交换机到 iSCSI 阵列之间至少有两个连接（分别连接到不同的阵列控制器）。

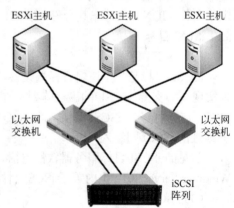

图 1-115　iSCSI SAN 拓扑设计

1.5.3　安装配置 Starwind iSCSI 目标服务器

Starwind iSCSI SAN & NAS 6.0 是一个运行在 Windows 操作系统上的 iSCSI 目标服务器软件。Starwind 既能安装在 Windows Server 2003/2008/2012 服务器操作系统上，也能安装在 Windows 7/8/10 桌面操作系统上。在这里，将把 Starwind 安装在本机（运行 Windows 10 操作系

统），以节省资源占用。也可以创建一个 Windows Server 虚拟机，在虚拟机里安装 Starwind。

1．配置 VMware Workstation 虚拟网络

存储网络应该是专用的内部网络，不与外部网络相连，因此在本项目的拓扑规划中，为 iSCSI 存储单独规划了一个网络。在实验环境中，使用 VMware Workstation 的 vmnet2 虚拟网络作为 iSCSI 存储网络。

1）打开"开始"菜单中的"VMware"→"虚拟网络编辑器"，单击"添加网络"，添加虚拟网络 VMnet2，如图 1-116 所示。

2）修改虚拟网络 VMnet2 的网络地址为"192.168.2.0/24"，单击"应用"按钮保存配置，如图 1-117 所示。

图 1-116　添加 VMnet2　　　　　　　　　图 1-117　虚拟网络编辑器

3）在本机的网络适配器中，可以看到新添加的虚拟网卡"VMware Network Adapter VMnet2"，如图 1-118 所示。虚拟网卡 VMware Network Adapter VMnet2 的 IP 地址默认为"192.168.2.1"，如图 1-119 所示。

图 1-118　本机的网络适配器　　　　　　　图 1-119　虚拟网卡的 IP 地址

2．安装 Starwind iSCSI SAN & NAS 6.0

1）运行 Starwind 6.0 的安装程序，开始安装 Starwind iSCSI SAN & NAS 6.0，如图 1-120 所示。

☞提示：如果在 Windows Server 2003 或 Windows XP 中安装 Starwind，需要先安装 iSCSI Initiator。Windows Server 2008、Windows 7 或更高版本默认集成了 iSCSI Initiator，直接安装 Starwind 即可。

2）使用"Full Installation"，安装所有组件，如图 1-121 所示。

图 1-120　安装 Starwind

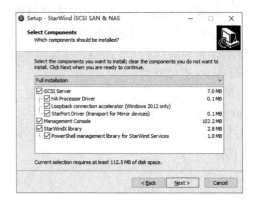

图 1-121　选择所有组件

3）要使用 Starwind，必须要有授权密钥。可以在 Starwind 的官方网站申请一个免费的密钥，然后选择"Thank you，I do have a key already"，如图 1-122 所示。

4）浏览找到授权密钥文件，如图 1-123 所示。

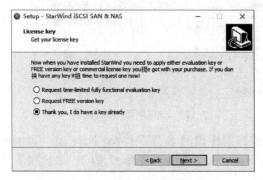

图 1-122　选择已经拥有授权密钥

图 1-123　选择授权密钥文件

5）安装完成后会自动打开 Starwind Management Console，并连接到本机的 Starwind Server，如图 1-124 所示。如果没有连接 Starwind Server，可以选中计算机名，单击"Connect"按钮。

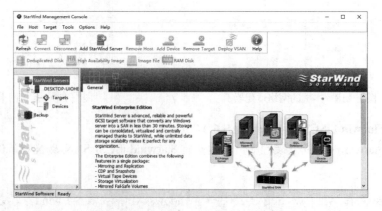

图 1-124　Starwind Management Console

6）选择"Starwind Servers"→"本机计算机名"→"Configuration"→"Network"，可以

看到 Starwind 已经绑定的 IP 地址，其中包括 VMware Network Adapter VMnet2 的 IP 地址 192.168.2.1，如图 1-125 所示。

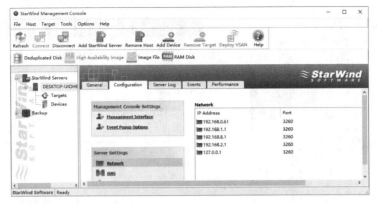

图 1-125　Starwind 绑定的 IP 地址

3. 配置 Starwind iSCSI 目标服务器

1）选择"Targets"→"Add Target"，添加 iSCSI 目标，如图 1-126 所示。

2）输入 iSCSI 目标的别名"ForESXi"，选中"Allow multiple concurrent iSCSI connections (clustering)"，允许多个 iSCSI 发起者连接到这个 iSCSI 目标，如图 1-127 所示。

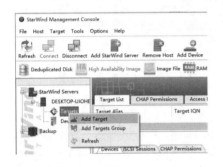

图 1-126　添加 Target

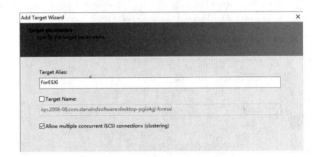

图 1-127　输入目标别名

3）确认创建 iSCSI 目标 ForESXi，如图 1-128 所示。

4）已经创建了 iSCSI 目标，如图 1-129 所示。

图 1-128　确认创建 iSCSI 目标

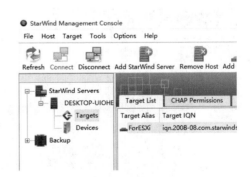

图 1-129　创建好的 iSCSI 目标

5）选择"Devices"→"Add Device"，添加 iSCSI 设备，如图 1-130 所示。

6）选择"Virtual Hard Disk"，创建虚拟硬盘，如图 1-131 所示。

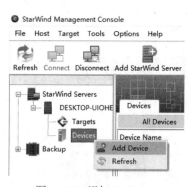

图 1-130 添加 Device

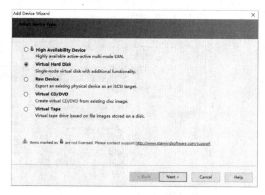

图 1-131 选择创建虚拟硬盘

7）选择"Image File device"，使用一个磁盘文件作为虚拟硬盘，如图 1-132 所示。

8）选择"Create new virtual disk"，创建一个新的虚拟硬盘，如图 1-133 所示。

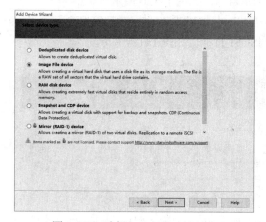

图 1-132 选择 Image File device

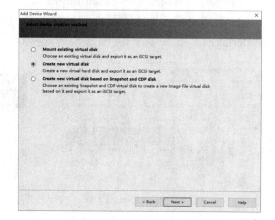

图 1-133 创建新的虚拟硬盘

9）配置虚拟硬盘文件为 D:\ForESXi.img，大小为 50GB，可以选择是否压缩、加密、清零虚拟磁盘文件，如图 1-134 所示。注意，需要确认本机 D 盘的可用空间是否足够。

10）选择刚创建的虚拟磁盘文件，默认使用异步模式，如图 1-135 所示。

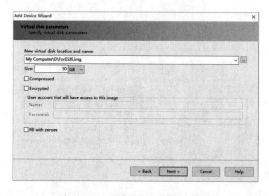

图 1-134 创建虚拟硬盘文件

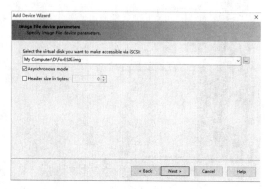

图 1-135 使用虚拟磁盘文件

11）设置虚拟磁盘文件的缓存参数，一般不需要修改，如图 1-136 所示。

12）选择"Attach to the existing target"，将虚拟硬盘关联到已存在的 iSCSI 目标。选中之前创建的 iSCSI 目标"ForESXi"，如图 1-137 所示。

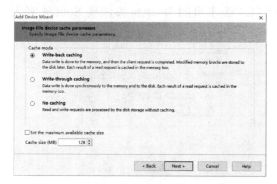

图 1-136　设置虚拟磁盘文件的缓存参数

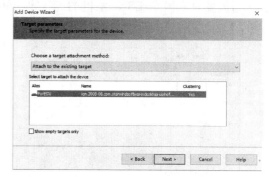

图 1-137　将虚拟硬盘关联到 iSCSI 目标

13）确认创建虚拟硬盘设备，如图 1-138 所示。

14）如图 1-139 所示，已经创建了虚拟硬盘设备，该设备关联到了之前创建的 iSCSI 目标。

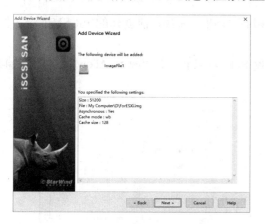

图 1-138　确认创建虚拟硬盘设备

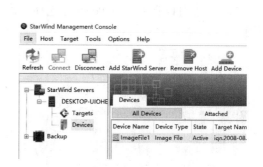

图 1-139　已经创建了虚拟硬盘设备

15）Starwind 默认允许所有 iSCSI 发起者的连接。为安全起见，在这里配置访问权限，只允许 ESXi 主机连接到此 iSCSI 目标。选择"Targets"→"Access Rights"→"Add Rule"，添加访问权限规则，如图 1-140 所示。

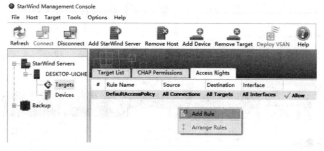

图 1-140　添加访问权限规则

16）输入规则名称为"Allow ESXi only"，在 Source 标签单击"Add"→"Add IP Address"，如图 1-141 所示。

17）输入 ESXi 主机的 IP 地址"192.168.2.60"，选中"Set to Allow"，如图 1-142 所示。如需要允许多个 ESXi 主机的连接，将每个 ESXi 主机的 IP 地址添加到 Source 列表即可。

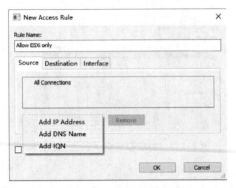

图 1-141　输入规则名称

图 1-142　编辑规则 Allow ESXi only - 1

18）切换到"Destination"标签，单击"Add"按钮，选择之前创建的 iSCSI 目标，如图 1-143 所示。

19）在规则 DefaultAccessPolicy 上选择"Modify Rule"，取消选中"Set to Allow"，如图 1-144 所示。

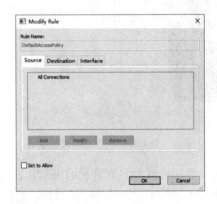

图 1-143　编辑规则 Allow ESXi only – 2

图 1-144　编辑规则 DefaultAccessPolicy

20）以下为编辑好的访问权限规则，注意默认规则的操作为"Deny"，如图 1-145 所示。

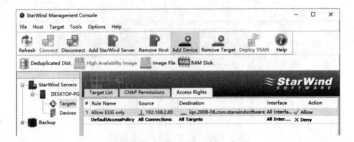

图 1-145　访问权限规则列表

1.5.4 配置 ESXi 主机连接到 iSCSI 网络存储

1. 配置 ESXi 主机的虚拟网络

1）关闭 ESXi 主机，为 ESXi 主机添加一块 VMnet2 模式的网卡，如图 1-146 所示。

2）开启并连接到 ESXi 主机，选中 ESXi 主机 192.168.8.60，切换到"配置"栏，单击"硬件"→"网络适配器"，可以看到 ESXi 主机识别出了 3 块网卡 vmnic0、vmnic1、vmnic2，如图 1-147 所示。

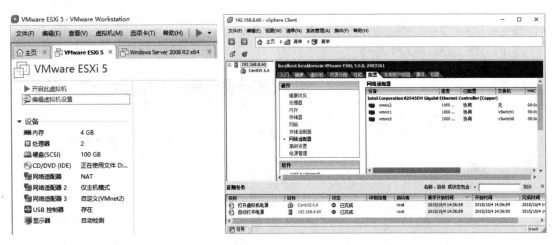

图 1-146　ESXi 主机配置　　　　　　　　　图 1-147　ESXi 主机物理网卡

3）选择"配置"→"网络"，单击"添加网络"，连接类型选择"VMkernel"，如图 1-148 所示。

4）选择"创建 vSphere 标准交换机"，选中 vmnic2 网卡，如图 1-149 所示。

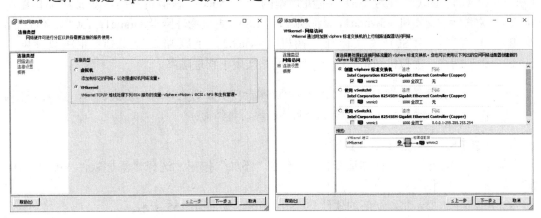

图 1-148　添加 VMkernel 端口　　　　　　图 1-149　创建 vSphere 标准交换机

5）在网络标签处输入"iSCSI"，如图 1-150 所示。

6）设置 IP 地址为"192.168.2.60"，子网掩码为"255.255.255.0"，如图 1-151 所示。

7）完成向导，如图 1-152 所示。

8）如图 1-153 所示为配置完成后的 ESXi 主机虚拟网络。

图 1-150　输入网络标签

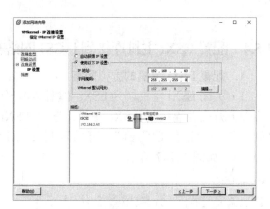

图 1-151　设置 VMkernel 端口的 IP 地址

图 1-152　完成 VMkernel 端口创建

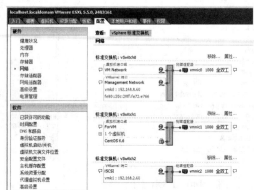

图 1-153　ESXi 主机虚拟网络

在图 1-153 中可以看到，管理网络（VMkernel 端口：Management Network）关联标准交换机 vSwitch0，上联端口为 ESXi 主机物理网卡 vmnic0；虚拟机网络（虚拟机端口组：ForVM）关联标准交换机 vSwitch1，上联端口为 ESXi 主机物理网卡 vmnic1；iSCSI 存储网络（VMkernel 端口：iSCSI）关联标准交换机 vSwitch2，上联端口为 ESXi 主机物理网卡 vmnic2。管理网络、虚拟机网络、iSCSI 存储网络实现了物理隔离。

> ☞提示：在实际环境中，ESXi 主机的 3 块网卡可以分别连接到 3 台交换机，实现物理隔离。也可以连接到一台交换机的不同 VLAN，实现逻辑隔离。

2. 配置 ESXi 主机的 iSCSI 适配器

1）选择"配置"→"存储适配器"，单击"添加"按钮，选择"添加软件 iSCSI 适配器"，如图 1-154 所示。

2）ESXi 主机提示将添加新的软件 iSCSI 适配器，如图 1-155 所示。

图 1-154　添加软件 iSCSI 适配器-1

图 1-155　添加软件 iSCSI 适配器-2

3）选中 iSCSI 软件适配器，单击详细信息中的"属性"，如图 1-156 所示。

图 1-156　iSCSI 软件适配器

4）切换到"网络配置"标签，单击"添加"按钮，选中新创建的 VMkernel 端口"iSCSI(vSwitch2)"，如图 1-157 所示。

5）如图 1-158 所示，已经将 VMkernel 端口"iSCSI"绑定到 iSCSI 软件适配器。

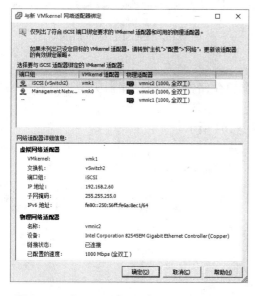

图 1-157　为 iSCSI 适配器绑定 VMkernel 端口　　　　图 1-158　iSCSI 适配器网络配置

6）切换到"动态发现"标签，单击"添加"按钮，输入 iSCSI 服务器的 IP 地址"192.168.2.1"，如图 1-159 所示。

7）切换到"静态发现"标签，可以看到 iSCSI 目标服务器所提供的 iSCSI 目标 IQN，如

图 1-160 所示。

图 1-159 添加 iSCSI 目标服务器

图 1-160 已发现 iSCSI 目标

8）关闭 iSCSI 启动器属性，出现如图 1-161 的提示，单击"是"按钮重新扫描适配器。

9）在 iSCSI 软件适配器的详细信息里查看"路径"，可以看到 iSCSI 目标的 LUN，如图 1-162 所示。

图 1-161 重新扫描适配器

图 1-162 iSCSI 目标的 LUN

3. 为 ESXi 主机添加 iSCSI 存储

1）选择"配置"→"存储器"，单击"添加存储器"，在存储器类型中选择"磁盘/LUN"，如图 1-163 所示。

2）选中新发现的 iSCSI 目标和 LUN，如图 1-164 所示。

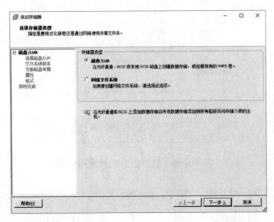

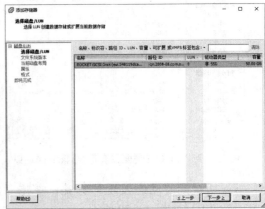

图 1-163 添加磁盘/LUN

图 1-164 选择 iSCSI 目标和 LUN

3）选择文件系统版本为"VMFS-5"，如图 1-165 所示。

4）因为 iSCSI 硬盘是空白的，所以将会创建新分区，如图 1-166 所示。

图 1-165　选择文件系统版本

图 1-166　创建分区

5）输入数据存储名称为"iSCSI-Starwind"，如图 1-167 所示。

6）使用"最大可用空间"，如图 1-168 所示。

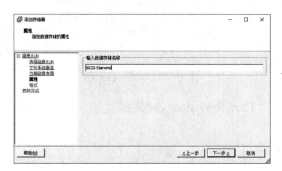

图 1-167　输入数据存储名称

图 1-168　使用"最大可用空间"

7）单击"完成"按钮，开始创建 VMFS 数据存储。已经添加好的 iSCSI 存储如图 1-169 所示。

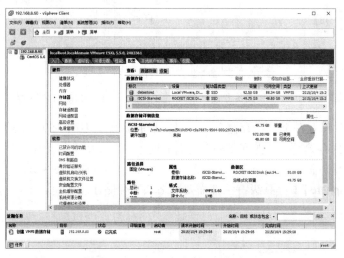

图 1-169　已经添加好的 iSCSI 存储

1.5.5 使用 iSCSI 共享存储

使用 iSCSI 共享存储的方法与使用 ESXi 本地存储的方法相同。以下为创建新虚拟机时，选择使用 iSCSI 存储的过程。

1）新建虚拟机 CentOS，如图 1-170 所示。

2）在选择目标存储时，指定将虚拟机保存在"iSCSI-Starwind"存储中，如图 1-171 所示。

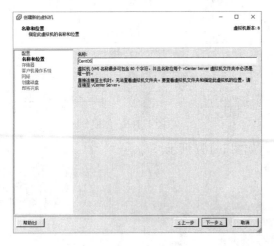

图 1-170　新建虚拟机

图 1-171　选择目标存储

3）设置虚拟磁盘的大小，指定置备方式为"Thin Provision（精简配置）"，如图 1-172 所示。

4）如图 1-173 所示为 iSCSI 存储中新创建的虚拟机文件。

图 1-172　设置虚拟磁盘的大小和置备方式

图 1-173　iSCSI 存储中的文件

将虚拟机文件保存在 iSCSI 存储上后，虚拟机的硬盘就不在 ESXi 主机上保存了。这样，虚拟机的 CPU、内存等硬件资源在 ESXi 主机上运行，而虚拟机的硬盘则保存在网络存储上，实现了计算、存储资源的分离。在项目 2 中所涉及到的 vSphere vMotion、vSphere DRS、vSphere HA 和 vSphere FT 等高级特性都需要网络共享存储才能实现。

项目总结

VMware ESXi 是一个虚拟机管理程序，或称为虚拟化引擎（Hypervisor），是 VMware

vSphere 虚拟化架构的基础。ESXi 主机应配置多块网卡，创建 VMkernel 端口和虚拟机端口组，配置 vSphere 标准交换机，将管理网络、虚拟机网络和存储网络分开。虚拟机网络与外部网络相连，而管理网络和存储网络通常应该是专用的内部网络。iSCSI SAN 是适合中小企业使用的存储区域网络，iSCSI 目标既可以是磁盘阵列等硬件设备，也可以是安装在 Windows/Linux 操作系统中的服务器软件。vSphere 的许多高级特性，如 vMotion、DRS、HA 等都依赖于网络共享存储。在 VDI（Virtual Desktop Infrastructure，虚拟桌面基础架构）等环境中，也可以考虑采用 VMware VSAN 实现基于服务器端存储的共享分布式存储。

练习题

1．什么是虚拟机？在 VMware vSphere 中组成虚拟机的文件有哪些？

2．虚拟硬盘的 3 种置备方式：厚置备延迟置零、厚置备提前置零、精简配置有什么区别？分别适合哪些类型的虚拟机？

3．VMkernel 端口和虚拟机端口组各有什么作用？其主要区别有哪些？

4．VMware vSphere 支持哪些存储方式？

5．iSCSI 系统包含哪些组件？每个组件的具体作用是什么？

6．综合实战题。

在一台内存为 8GB 的 PC 中，一人一组完成（如果 PC 的内存为 4GB，则可以使用 vSphere 5.1，将 ESXi 虚拟机的内存设置为 2GB）。拓扑规划如图 1-174 所示。

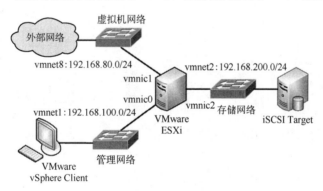

图 1-174　综合实战题拓扑图

（1）在 VMware Workstation 的虚拟网络编辑器中，添加 vmnet2 虚拟网络，类型为仅主机模式。将 vmnet1、vmnet2、vmnet8 的网段分别设置为 "192.168.100.0/24" "192.168.200.0/24" "192.168.80.0/24"。

（2）创建 VMware ESXi 虚拟机，内存为 4GB，为虚拟机配置 3 个网卡，网络类型分别为仅主机模式、NAT 模式、vmnet2 模式。

（3）安装 VMware ESXi 5.5，将管理网络的 IP 地址设置为 "192.168.100.100"（仅主机模式）。

（4）使用 vSphere Client 连接到 ESXi，添加虚拟机端口组 ForVM，创建标准交换机，绑定 vmnic1 网卡。

（5）添加 VMkernel 端口，名称为 "iSCSI"，创建标准交换机，绑定 vmnic2 网卡，设置

IP 地址 192.168.200.100。

（6）在本机安装的 Starwind 中创建一个 20GB 的 iSCSI 目标。

（7）在 ESXi 中添加 iSCSI 软件适配器，绑定 VMkernel 端口 iSCSI，使用动态方式添加 iSCSI 目标服务器。

（8）在 ESXi 中添加存储器，使用新发现的 iSCSI 目标，格式化为 VMFS-5 文件系统，使用全部空间，存储名称为 "iSCSI-Starwind"。

（9）将 CentOS-6.6-Minimal 的安装光盘 ISO 上传到存储 iSCSI-Starwind。

（10）在 ESXi 中创建虚拟机 CentOS，放在存储 iSCSI-Starwind 上，内存为 1GB。安装操作系统，将 IP 地址设置为 "192.168.80.200/24"，安装完成后，从本机 ping 虚拟机 CentOS 的 IP 地址。

项目 2　使用 vCenter Server 搭建高可用 VMware 虚拟化平台

项目导入

在项目 1 中，某职业院校已经使用 VMware ESXi 5.5 搭建了服务器虚拟化测试环境，管理员已经掌握了安装 VMware ESXi、配置 vSphere 虚拟网络、配置 iSCSI 共享存储、创建虚拟机的方法，并将一部分业务系统迁移到了虚拟化系统中。经过一个月的运行，所有虚拟机和业务系统运行正常，该职业院校网络中心决定建设完整的 VMware vSphere 虚拟化架构，将所有 IT 系统部署在虚拟化系统中。管理员将在所有新购置的服务器上安装 VMware ESXi，使用一台单独的服务器安装 VMware vCenter Server，启用 vSphere DRS（分布式资源调度）实现主机资源的负载均衡，启用 vSphere HA（高可用性）实现虚拟机的高可用性。

项目目标

- 安装 VMware vCenter Server
- 安装 VMware vCenter Server Appliance
- 使用 vSphere Web Client 管理虚拟机
- 使用模板批量部署虚拟机
- 使用 vSphere vMotion 实现虚拟机在线迁移
- 使用 vSphere DRS 实现分布式资源调度
- 使用 vSphere HA 实现虚拟机高可用性

项目设计

该职业院校的 vSphere 虚拟化架构拓扑结构如图 2-1 所示（为简化拓扑结构，图中只画了两台 ESXi 主机）。

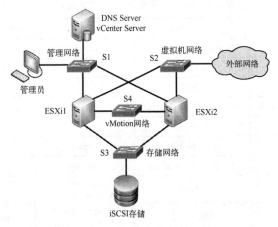

图 2-1　项目 2 拓扑结构设计

所有 ESXi 主机与 vCenter Server 服务器连接到交换机 S1 表示的管理网络，管理员的 PC 也连接到管理网络。所有 ESXi 主机上的虚拟机通过交换机 S2 表示的虚拟机网络连接到外部网络。所有 ESXi 主机通过交换机 S3 表示的存储网络连接到 iSCSI 网络共享存储。iSCSI 存储可以由硬件磁盘阵列提供，也可以是在一台服务器上安装的软件 iSCSI 目标服务器。交换机 S4 表示的 vMotion 网络用来实现虚拟机的在线迁移。

在这里交换机 S1、S2、S3、S4 既可以是独立的交换机，也可以是同一台交换机上的不同 VLAN，但是推荐至少应该给存储网络使用独立的交换机。管理网络、虚拟机网络和 vMotion 网络的带宽应是 1Gbit/s 或更高。存储网络的带宽最小应是 1Gbit/s，最好是 10Gbit/s。

为了让读者能够在自己的计算机上完成实验，在本项目中将使用 VMware Workstation 来搭建拓扑结构，实验拓扑结构设计如图 2-2 所示。

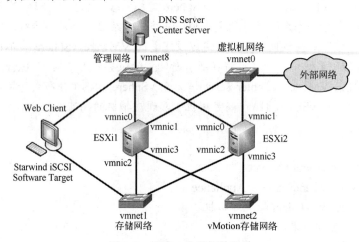

图 2-2　项目 2 实验拓扑结构

其中，管理网络为 vmnet8（NAT 模式）、虚拟机网络为 vmnet0（桥接模式）、存储网络为 vmnet1（仅主机模式）、vMotion 网络为 vmnet2（仅主机模式）。每台 ESXi 主机有 4 块网卡，分别连接到管理网络、虚拟机网络、存储网络和 vMotion 网络。在本机上安装 Starwind iSCSI SAN 6.0 用来作为 iSCSI 目标服务器，管理员在本机使用 Web 浏览器来管理 VMware vSphere 5.5 虚拟化架构。各个主机的网卡分配和 IP 地址规划如表 2-1 所示。

表 2-1　项目 2 网卡分配和 IP 地址规划

主机	VMkernel 端口	IP 地址/域名	网卡	本机虚拟网络	所在网络
ESXi1	Management Network	192.168.8.11/esxi1.lab.net	vmnic0	vmnet8	管理网络
	iSCSI	192.168.1.11	vmnic2	vmnet1	存储网络
	vMotion	192.168.2.11	vmnic3	vmnet2	vMotion 网络
ESXi2	Management Network	192.168.8.12/esxi2.lab.net	vmnic0	vmnet8	管理网络
	iSCSI	192.168.1.12	vmnic2	vmnet1	存储网络
	vMotion	192.168.2.12	vmnic3	vmnet2	vMotion 网络
vCenter	N/A	192.168.8.10/vc.lab.net	Ethernet0	vmnet8	管理网络
PC（本机）	N/A	192.168.8.1	VMware Network Adapter VMnet8	vmnet8	管理网络
	N/A	192.168.1.1	VMware Network Adapter VMnet1	vmnet1	存储网络

由于需要在同一台 PC 上创建 ESXi1、ESXi2 和 vCenter 共 3 个虚拟机，每个虚拟机的内存至少为 4GB，所以推荐在一台配置有 16GB 内存的 PC 上完成本项目的实验。如果读者的 PC 内存为 4GB 或 8GB，可以阅读与本书配套的实验指导书（电子版）。在实验指导书中使用了 VMware vSphere 5.1 版本，并使用传统的 vSphere 客户端。以 4 台 PC 为一组，每台 PC 中只运行一个 VMware Workstation 虚拟机，所有虚拟机通过桥接模式的网卡互相连接，如图 2-3 所示。

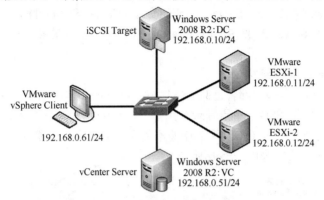

图 2-3　项目 2 实验指导书拓扑

项目所需软件列表：
- VMware Workstation 12
- VMware vCenter Server 5.5 U2
- VMware ESXi 5.5 U2
- Windows Server 2008 R2
- Starwind iSCSI SAN & NAS 6.0

任务 2.1　安装 VMware vCenter Server

2.1.1　VMware vCenter Server 体系结构

1. 什么是 vCenter Server

VMware vCenter Server 是 vSphere 虚拟化架构的中心管理工具，使用 vCenter Server 可以集中管理多台 ESXi 主机及其虚拟机，如图 2-4 所示。vCenter Server 允许管理员以集中方式部署、管理和监控虚拟基础架构，并实现自动化和安全性。

vCenter Server 提供了 ESXi 主机管理、虚拟机管理、模板管理、虚拟机部署、任务调度、统计与日志、警报与事件管理等特性，vCenter Server 还提供了很多适应现代数据中心的高级特性，如 vSphere vMotion（在线迁移）、vSphere DRS（分布式资源调度）、vSphere HA（高可用性）和 vSphere FT（容错）等。

vCenter Server 有两种不同的版本，一种是基于 Windows Server 的应用程序，另一种是基于 Linux 的虚拟设备，称为 vCenter Server Appliance。在本项目中将主要使用基于 Windows Server 的 vCenter Server，在任务 2.2 中将介绍 vCenter Server Appliance 的安装。

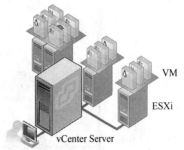

图 2-4　vCenter Server 管理架构

2．vCenter Server 数据库

为了帮助实现可扩展性，vCenter Server 使用一个外部数据库（包括 SQL Server、Oracle）来存储数据。每个 VM、主机、用户信息等数据都存储在 vCenter Server 数据库中。该数据库可以位于 vCenter Server 的本地主机或远程主机上。

vCenter Server 支持的数据库包括 SQL Server（可用于 Windows 版 vCenter Server）和 Oracle（可用于 Linux 版 vCenter Server Appliance）。vCenter Server 的 Windows 版安装程序中包含一个内置的 SQL Server 2008 R2 Express 数据库，可以支持最多 5 台 ESXi 主机和最多 50 个 VM 的小规模部署。

3．vCenter Server 体系结构

一个完整的 vCenter Server 部署包括 ESXi 主机、vSphere 客户端和 vSphere Web 客户端、vCenter Server、数据库、SSO（单点登录，用于 vCenter 用户认证）和活动目录等几部分组成，其中活动目录不是必需的（在项目 2 中暂不使用活动目录，在项目 3 中将介绍 VDI 虚拟桌面，需要使用活动目录），如图 2-5 所示。

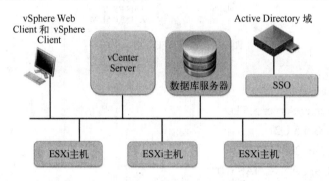

图 2-5　vCenter Server 体系结构

VMware vSphere 提供了两种客户端用于管理：基于 Windows 的 vSphere 客户端和基于浏览器的 vSphere Web 客户端，如图 2-6 所示。在项目 1 中使用了 vSphere 客户端。安装了 vCenter Server 后，可以继续使用 vSphere 客户端，也可以使用 vCenter Server 提供的 vSphere Web 客户端对 vSphere 进行管理。

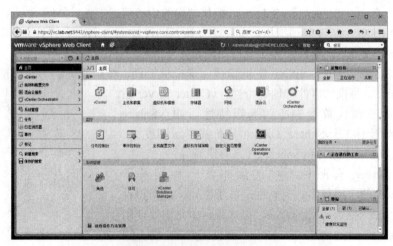

图 2-6　vSphere Web 客户端界面

vSphere 客户端是一个基于 Windows 的应用程序，它可以管理 ESXi 主机。vSphere 客户端既可以直接连接到 ESXi 主机，也可以连接到 vCenter Server 上，对多台 ESXi 主机进行管理。vSphere 客户端可以完成日常管理任务以及虚拟基础架构的部分高级配置。

vSphere Web 客户端提供了一个动态的 Web 用户界面，它可以管理 vSphere 虚拟基础架构。从 vSphere 5.5 开始，所有新功能只能通过 vSphere Web 客户端来使用，也就是说，有些任务只能在 vSphere Web 客户端上完成，而不能在基于 Windows 的传统 vSphere 客户端上完成。VMware 声明 vSphere Web 客户端将最终取代 vSphere 客户端，因此在项目 2 中，所有的操作都将在 vSphere Web 客户端中进行。

2.1.2 vCenter Server 的硬件和软件要求

1．基于 Windows Server 版本的 vCenter Server 的硬件要求
- 2 个 64 位 CPU 或 1 个双核 64 位 CPU；
- CPU 速度 2GHz 及以上；
- 4GB 以上内存；
- 4GB 以上空闲硬盘空间；
- 1 个网络适配器。

2．基于 Windows Server 版本的 vCenter Server 的操作系统要求
- Windows Server 2003 64 位版本；
- Windows Server 2003 R2 64 位版本；
- Windows Server 2008 64 位版本；
- Windows Server 2008 R2 64 位版本。

3．基于 Windows Server 版本的 vCenter Server 的数据库服务器要求
- Microsoft SQL Server 2005（32 位或 64 位，要求安装 SP3）；
- Microsoft SQL Server 2008（32 位或 64 位，要求安装 SP1）；
- Microsoft SQL Server 2008 R2；
- Microsoft SQL Server 2008 R2 Express（vCenter Server 内置）。

2.1.3 安装 VMware vCenter Server

在本项目中，将在 VMware Workstation 模拟的 Windows Server 2008 R2 虚拟机中安装 VMware vCenter Server，并且使用 vCenter Server 捆绑的 SQL Server 2008 R2 Express 数据库。

1．配置 vCenter Server 基础环境

1）在 VMware Workstation 中创建虚拟机 vCenter Server，运行 Windows Server 2008 R2 操作系统，配置如图 2-7 所示。vCenter Server 对 CPU 和内存的要求都比较高，为虚拟机分配的 CPU 核心数至少应为 2 个，内存至少应为 5GB，有条件的话可以分配 6～8GB。

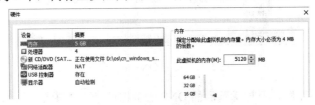

图 2-7　vCenter Server 虚拟机硬件配置

2）在虚拟机中安装好 Windows Server 2008 R2 后，安装 VMware Tools，配置网卡的 IP 地址为 192.168.8.10，子网掩码为 255.255.255.0，默认网关为 192.168.8.2，DNS 服务器为 192.168.8.10，如图 2-8 所示。

3）设置计算机名为 "VC"，如图 2-9 所示。

图 2-8　vCenter Server 服务器 IP 地址

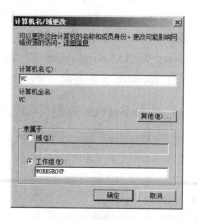

图 2-9　设置计算机名

4）单击 "其他" 按钮，设置计算机的主 DNS 后缀为 "lab.net"，如图 2-10 所示。

5）在服务器管理器中，添加 DNS 服务器角色。

6）配置正向查找区域 lab.net，添加主机记录 vc.lab.net、esxi1.lab.net、esxi2.lab.net，分别解析为 192.168.8.10、192.168.8.11、192.168.8.12，如图 2-11 所示。

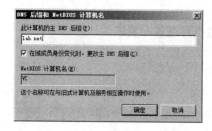

图 2-10　设置计算机的主 DNS 后缀

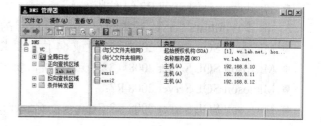

图 2-11　配置 DNS 主机记录

7）配置反向查找区域 8.168.192.in-addr.arpa，添加指针记录 192.168.8.10、192.168.8.11、192.168.8.12，分别解析为 vc.lab.net、esxi1.lab.net、esxi2.lab.net，如图 2-12 所示。

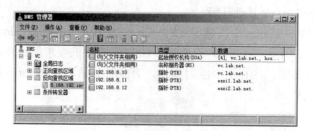

图 2-12　配置 DNS 指针记录

8）配置 DNS 转发器，添加运营商的 DNS 服务器地址，如图 2-13 所示。

9）在服务器管理器中，添加功能 ".NET Framework 3.5.1"，如图 2-14 所示。

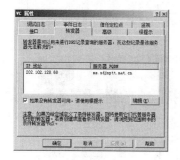

图 2-13 配置 DNS 转发器

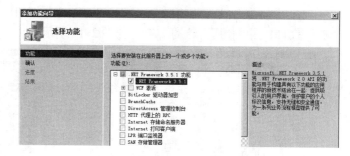

图 2-14 添加功能 ".NET Framework 3.5.1"

2. 安装 VMware vCenter Server

下面将在 Windows Server 2008 R2 虚拟机中安装 VMware vCenter Server 5.5 U2。

1）为虚拟机装载 VMware vCenter Server 5.5 U2 的安装光盘，双击光盘盘符，选择"简单安装"，如图 2-15 所示。

图 2-15 vCenter Server 简单安装

2）Simple Install 进行必备条件检查，如图 2-16 所示。

3）设置 SSO 管理员 administrator@vsphere.local 的密码，如图 2-17 所示。

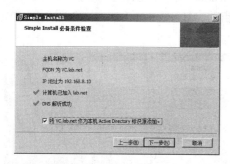

图 2-16 必备条件检查

图 2-17 设置管理员的密码

4）使用默认的站点名称"Default-First-Site"，如图 2-18 所示。

5）HTTPS 端口使用默认的 7444，如图 2-19 所示。

图 2-18　设置站点名称　　　　　　　　　　　　　图 2-19　配置 HTTPS 端口

6）开始安装 vCenter Single Sign-On，如图 2-20 所示。

vCenter Single Sign On 简称 SSO（单点登录），是从 vCenter Server 5.1 开始新增的安全机制。在 vCenter Server 5.0 版本中，vCenter Server 用户认证可以直接访问活动目录，存在安全隐患。采用 SSO 单点登录后，vCenter Server 的用户认证先发给 SSO 服务，再转发到活动目录，提高了安全性。

7）安装完 vCenter Single Sign-On 后，将会自动安装 vSphere Web Client，单击"是"按钮接受证书指纹继续安装，如图 2-21 所示。

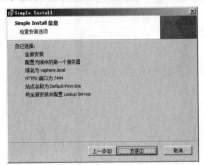 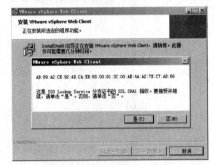

图 2-20　开始安装 vCenter Single Sign-On　　　　　图 2-21　安装 vSphere Web Client

8）安装完 vSphere Web Client 后，将会自动安装 vCenter Inventory Service，如图 2-22 所示。

vCenter Inventory Service（vCenter 清单服务）用来存储应用程序和清单数据。vCenter 清单服务类似于代理服务器，位于 vCenter Server 和请求者（vSphere 客户端或 vSphere Web 客户端）之间。vCenter 清单服务在自身的数据库中缓存信息，减少了进出 vCenter Server 的流量。

9）安装完 vCenter Inventory Service 后，将会自动安装 vCenter Server。在图 2-23 中输入许可证密钥。如果不输入密钥，可免费试用 60 天。

图 2-22　安装 vCenter Inventory Service　　　　　图 2-23　输入许可证密钥

10）选择安装内置的 SQL Server 2008 R2 Express 数据库，如图 2-24 所示。

11）使用 Windows 本地系统账户运行 vCenter Server 服务，如图 2-25 所示。

图 2-24　配置 vCenter Server 数据库

图 2-25　配置 vCenter Server 服务账户

12）使用默认的端口设置，如图 2-26 所示。

13）设置清单大小为"小型"，如图 2-27 所示。

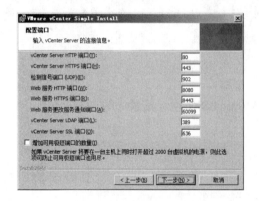
图 2-26　设置端口

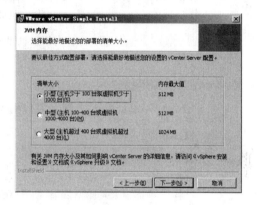
图 2-27　设置清单大小

14）不启用数据收集，开始安装 vCenter Server，如图 2-28 所示。

15）单击"是"按钮接受证书指纹，如图 2-29 所示。

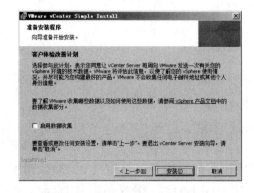
图 2-28　选择是否启用数据收集

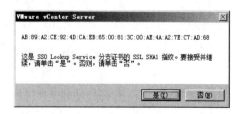
图 2-29　接受指纹

16）经过 15～30min，安装完成，如图 2-30 所示。

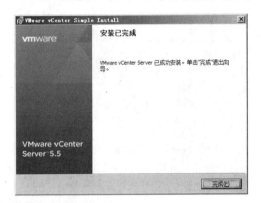

图 2-30　vCenter Server 安装完成

提示：尽管 vCenter Server 可以通过 Web 浏览器访问，但是 vCenter Server 所在的服务器不需要安装 Internet 信息服务（IIS）。vCenter Server 的 Web 服务是通过 Tomcat Web 服务器提供的，属于 vCenter Server 安装过程的一部分。在安装 vCenter Server 之前要卸载 IIS，否则会与 Tomcat 冲突。

2.1.4　安装 VMware ESXi

1）在 VMware Workstation 中创建虚拟机 VMware ESXi 5-1，配置如图 2-31 所示。

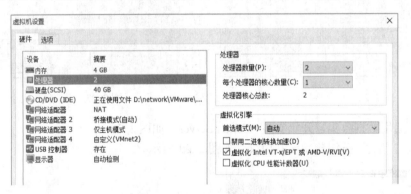

图 2-31　ESXi 虚拟机硬件配置

提示：在 VMware Workstation 12 中创建 VMware ESXi 虚拟机时，先不要添加后 3 块网卡。在 ESXi 安装完成后，关机再添加后 3 块网卡，否则后 3 块网卡可能识别不出来。

2）在 VMware Workstation 中创建虚拟机 VMware ESXi 5-2，硬件配置与 VMware ESXi 5-1 相同。

3）为 ESXi1 设置 IP 地址为 192.168.8.11、子网掩码为 255.255.255.0、默认网关为 192.168.8.2、DNS 服务器为 192.168.8.10、主机名为 esxi1.lab.net、DNS 后缀为 lab.net，如图 2-32～2-34 所示。设置完成后的 ESXi1 主机屏幕如图 2-35 所示。

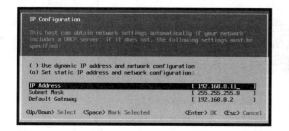

图2-32　设置 ESXi1 的 IP 地址

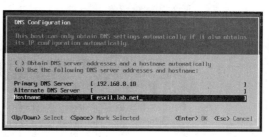

图2-33　设置 ESXi1 的 DNS 和主机名

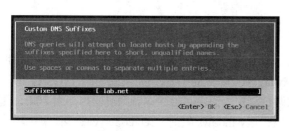

图2-34　设置 ESXi1 的 DNS 后缀

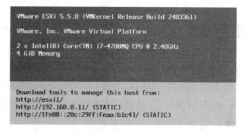

图2-35　ESXi1 设置完成

4）为 ESXi2 设置 IP 地址为 192.168.8.12、子网掩码为 255.255.255.0、默认网关为 192.168.8.2、DNS 服务器为 192.168.8.10、主机名为 esxi2.lab.net、DNS 后缀为 lab.net。

2.1.5　配置 iSCSI 共享存储

1）在本机使用 Starwind iSCSI SAN 6.0 创建一个 50GB 的 iSCSI 存储，注意选中"Allow multiple concurrent iSCSI connections（clustering）"，即允许多个 iSCSI 发起者的并发连接，如图 2-36 所示。

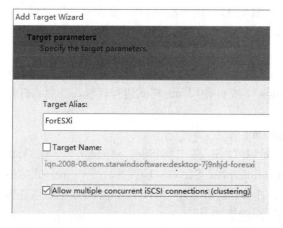

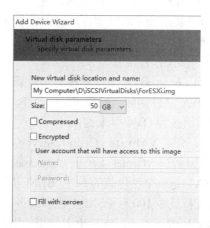

图2-36　设置 iSCSI 目标

2）设置访问权限，只允许来自 ESXi 主机 IP 地址 192.168.1.11、192.168.1.12 的连接，如图 2-37 所示。

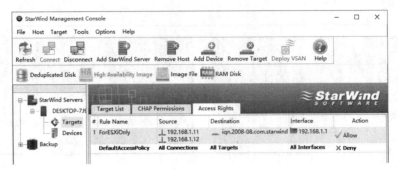

图 2-37 设置 Starwind 访问权限

任务 2.2   安装 VMware vCenter Server Appliance

在任务 2.1 中已经介绍了基于 Windows 的 vCenter Server 的安装方法，如果读者是在物理服务器上做实验，也可以安装基于 Linux 的 VMware vCenter Server Appliance，简称 vCSA。基于 Linux 的 vCSA 是通过 OVF 方式部署的，安装过程更为简单。如果读者的机器内存为 8GB，则不建议安装 VMware vCenter Server Appliance，使用 Windows 版的 vCenter Server 即可。

2.2.1   介绍 OVF

1．介绍 OVF 格式

常见的虚拟磁盘格式包括 vmdk、vhd（Virtual Hard Disk，微软 Hyper-V 使用）、raw（裸格式）和 qcow2（QEMU Copy-On-Write v2，Linux KVM 使用）等。

开放虚拟化格式（Open Virtualization Format，OVF）是用来描述虚拟机配置的标准格式，OVF 文件包括虚拟硬件设置、先决条件和安全属性等元数据。OVF 最初由 VMware 公司提出，目的是方便各种虚拟化平台之间的互操作性。OVF 由以下文件组成。

- OVF：一个 XML 文件，包含虚拟磁盘等虚拟机硬件的信息。
- MF：一个清单文件，包含各文件的 SHA1 值，用于验证 OVF 等文件的完整性。
- vmdk：VMware 虚拟磁盘文件，也可以使用其他格式的文件，从而提供虚拟化平台的互操作性。

为了简化 OVF 文件的移动和传播，还可以使用 OVA（Open Virtualization Appliance）文件。OVA 文件实际上是将 OVF、MF、vmdk 等文件使用 tar 格式进行打包，然后将打包后的文件后缀改为 OVA 得来的。

2．介绍 VMware vCenter Server Appliance

VMware vCenter Server Appliance 就是以 OVF 格式发布的。vCenter Server Appliance（vCSA）是一个预包装的 64 位 SUSE Linux Enterprise Server 11，它包含一个嵌入式数据库，能够支持最多 100 台 ESXi 主机和最多 3000 个 VM。vCenter Server Appliance 也可以连接到外部 Oracle 数据库，以支持更大规模的虚拟化基础架构。

使用 vCenter Server Appliance 不需要购买 Windows Server 许可证，从而降低了成本。vCenter Server Appliance 的部署操作也比 Windows 版的 vCenter Server 简单得多。vCenter Server Appliance 的日常使用方法与 Windows 版的 vCenter Server 完全相同。

2.2.2 部署 OVF 模板

下面将在 ESXi 主机 192.168.8.11 上部署 VMware vCenter Server Appliance 的 OVF 模板，并安装 VMware vCenter Server Appliance（ESXi 主机的内存至少需要 8GB。）

1）使用 vSphere Client 连接到 ESXi 主机，在"文件"菜单选择"部署 OVF 模板"命令，如图 2-38 所示。

2）浏览找到 VMware vCenter Server Appliance 的 OVA 文件，如图 2-39 所示。

图 2-38 部署 OVF 模板

图 2-39 浏览 OVF/OVA 文件

3）查看 OVF 模板的详细信息，包括磁盘占用空间等，如图 2-40 所示。

4）设置虚拟机名称为"VMware vCenter Server Appliance"，如图 2-41 所示。

图 2-40 OVF 模板的详细信息

图 2-41 设置虚拟机名称

5）选择虚拟机的存放位置以及磁盘置备方式，这里设置为"Thin Provision"（精简配置），如图 2-42 所示。

6）完成部署 OVF 模板，如图 2-43 所示。

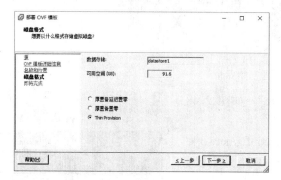

图 2-42 选择虚拟机的存放位置以及磁盘置备方式

图 2-43 完成部署 OVF 模板

7）正在部署 OVF 模板，如图 2-44 所示。

8）OVF 模板部署成功完成，如图 2-45 所示。

图 2-44　正在部署 OVF 模板　　　　　　　图 2-45　部署成功完成

9）设置 vCSA 虚拟机，将 VMware vCenter Server Appliance 的内存更改为 4GB，如图 2-46 所示。

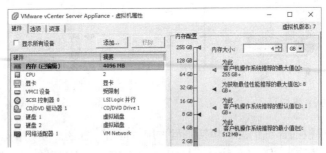

图 2-46　vCSA 虚拟机设置

2.2.3　安装 VMware vCenter Server Appliance

1）启动 VMware vCenter Server Appliance 虚拟机，打开虚拟机控制台，操作系统加载完成后，出现 vCSA 的初始界面。在"Login"处按〈Enter〉键，如图 2-47 所示。

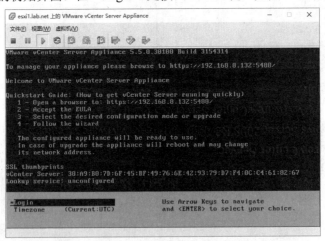

图 2-47　vCSA 初始界面

2）输入登录用户名"root"和密码"vmware"，如图 2-48 所示。

3）使用 vim 编辑网卡配置文件"/etc/sysconfig/network/ifcfg-eth0"，将网卡的 IP 地址配置为 192.168.8.101，子网掩码为 255.255.255.0，如图 2-49 所示。

图 2-48　输入用户名和密码

4）为了让 vCSA 连接到 Internet，需要配置默认网关和 DNS 服务器，如图 2-50 所示。在这里，将默认网关和 DNS 服务器都配置为 192.168.8.2。

图 2-49　编辑网卡文件　　　　　　　　　　图 2-50　默认网关和 DNS 服务器

5）输入"service network restart"重新启动网络服务，如图 2-51 所示。

图 2-51　重新启动网络服务

6）输入"exit"退回到 vCSA 的初始界面，查看 Quickstart 向导的 URL，如图 2-52 所示。

7）使用浏览器打开网址 https://192.168.8.101:5480，出现 vCSA 的快速设置向导。登录用户名为"root"，密码为"vmware"，如图 2-53 所示。

图 2-52　查看 Quickstart 向导的 URL　　　　图 2-53　vCSA 的快速设置向导

8）接受 License，如图 2-54 所示。

9）不启用客户数据收集，如图 2-55 所示。

图 2-54　接受 License　　　　　　　　　　图 2-55　不启用客户数据收集

10）使用自定义配置，如图 2-56 所示。

11）配置使用 vCenter Server Appliance 内置的数据库，如图 2-57 所示。

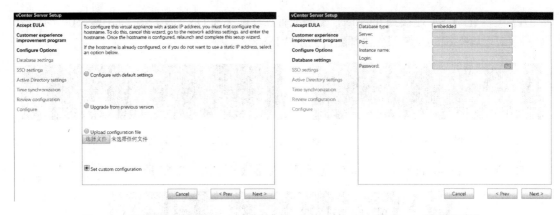

图 2-56　使用自定义配置　　　　　　　　　　　图 2-57　数据库配置

12）配置使用内置的 SSO 部署类型，输入管理员 administrator@vsphere.local 的密码，如图 2-58 所示。

13）配置不使用活动目录域，如图 2-59 所示。

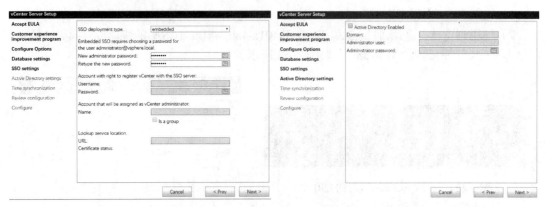

图 2-58　配置 SSO 管理员密码　　　　　　　　　图 2-59　配置是否启用活动目录

14）配置不使用时间同步，如图 2-60 所示。

15）确认配置信息，开始安装 vCenter Server Appliance，如图 2-61 所示。

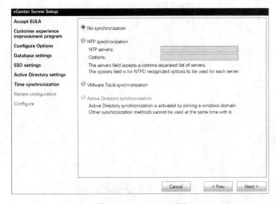
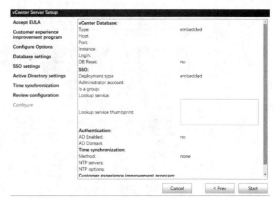

图 2-60　NTP 配置　　　　　　　　　　　　　图 2-61　确认配置信息

16）等待约 10min，vCenter Server Appliance 安装完成，如图 2-62 所示。

17) 出现 vCenter Server Appliance 主界面，检查服务运行情况，如图 2-63 所示。

图 2-62　vCenter Server Appliance 安装完成　　　图 2-63　vCenter Server Appliance 主界面

18) 如果想关闭或重启 vCenter Server Appliance，切换到"System"标签，单击"Shutdown"按钮可以关闭 vCenter Server Appliance，单击"Reboot"按钮可以重启 vCenter Server Appliance，如图 2-64 所示。

图 2-64　关闭 vCenter Server Appliance

任务 2.3　使用 vSphere Web Client 管理虚拟机

在任务 2.1 和任务 2.2 中分别介绍了 Windows 版 VMware vCenter Server 和 Linux 版 VMware vCenter Server Appliance 的安装方法，在任务 2.3 中，我们将使用 Windows 版 VMware vCenter Server 来管理虚拟机。本节内容主要包括创建数据中心、添加主机、配置虚拟网络、将 ESXi 连接到 iSCSI 共享存储、上传操作系统 ISO 镜像文件、配置虚拟机端口组、创建虚拟机等。

2.3.1　创建数据中心、添加主机

1. 创建数据中心
数据中心是在一个特定环境中使用的一组资源的逻辑代表。一个数据中心由逻辑资源（群集和主机）、网络资源和存储资源组成。一个数据中心可以包括多个群集（每个群集可以包括多个主机），以及多个与其相关联的存储资源。数据中心中的每个主机可以支持多个虚拟机。

一个 vCenter Server 实例可以包含多个数据中心，所有数据中心通过同一个 vCenter Server

统一进行管理。下面将使用 vSphere Web 客户端在 vCenter Server 中创建数据中心。vSphere Web 客户端支持的浏览器包括 Internet Explorer、Firefox、Chrome 等，浏览器需要安装 Adobe Flash 插件。

> ☞提示：经过测试，Firefox 浏览器对 vSphere Web 客户端的支持最好，其他浏览器虽然也能使用，但可能会出现用户界面变成英文、鼠标右键无法使用、右键菜单与 Flash 菜单冲突等问题。

1）将本机的 DNS 服务器指向 192.168.8.10，在浏览器中输入地址 "https://vc.lab.net: 9443/vsphere-client" 访问 vSphere Web 客户端，用户名为 "administrator@vsphere.local"，密码为安装 vCenter Single Sign On 时设置的密码，登录到 vCenter Server，如图 2-65 所示（如果使用 vCSA，则用户名为 "root"，密码为 "vmware"）。

图 2-65　登录到 vCenter Server

2）选择 "vCenter" → "主机和群集"，单击 "创建数据中心"，如图 2-66 所示。

图 2-66　创建数据中心

3）输入数据中心名称为 "Datacenter"，如图 2-67 所示。

2. 添加主机

为了让 vCenter Server 管理 ESXi 主机，必须先将 ESXi 主机添加到 vCenter Server。将一个 ESXi 主机添加到 vCenter Server 时，它会自动在 ESXi 主机上安装一个 vCenter 代理，vCenter Server 通过这个代理与 ESXi 主机通信。

图 2-67　输入数据中心名称

1）选中数据中心 Datacenter，单击 "添加主机"，如图 2-68 所示。

图 2-68　添加主机

2）输入 ESXi1 主机的域名"esxi1.lab.net"，如图 2-69 所示。

3）输入 ESXi 主机的用户名和密码，如图 2-70 所示。

图 2-69　输入 ESXi1 主机的域名

图 2-70　输入 ESXi 主机的用户名和密码

4）显示 ESXi 主机的摘要信息，包括名称、供应商、主机型号、版本和主机中的虚拟机列表，如图 2-71 所示。

图 2-71　ESXi 主机的摘要信息

5）为 ESXi 主机分配许可证，如图 2-72 所示。如果不分配许可证，可以使用 60 天。

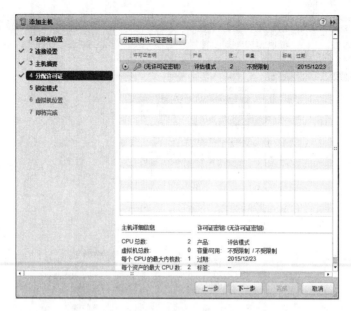

图 2-72　为 ESXi 主机分配许可证

6）设置是否启用锁定模式，如果启用了锁定模式，管理员就不能够使用 vSphere 客户端直接登录到 ESXi 主机，只能通过 vCenter Server 对 ESXi 主机进行管理。在这里不启用锁定模式，如图 2-73 所示。

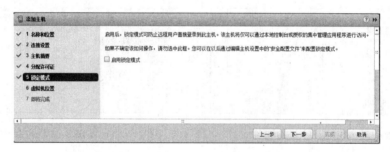

图 2-73　不启用锁定模式

7）选择虚拟机的保存位置为数据中心"Datacenter"，如图 2-74 所示。

图 2-74　选择虚拟机的保存位置

8）使用相同的步骤添加另一台 ESXi 主机"esxi2.lab.net"。在图 2-75 中，两台 ESXi 主机都已经添加到 vCenter Server。

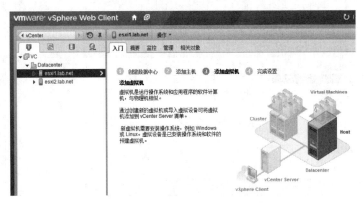

图 2-75　添加另一台 ESXi 主机

2.3.2　将 ESXi 连接到 iSCSI 共享存储

下面将把 ESXi 主机 esxi1.lab.net 连接到 iSCSI 共享存储。

1．配置虚拟网络

1）选中 ESXi 主机"esxi1.lab.net"，选择"管理"→"网络"→"虚拟交换机"，单击"添加主机网络"，如图 2-76 所示。

图 2-76　添加主机网络

2）选择"VMkernel 网络适配器"单选钮，如图 2-77 所示。

图 2-77　选择连接类型

3）选择"新建标准交换机"单选钮，如图 2-78 所示。

图 2-78　新建标准交换机

4）单击"添加适配器"，如图 2-79 所示。

5）选中 ESXi 主机的网络适配器 vmnic2，如图 2-80 所示。

图 2-79　添加适配器

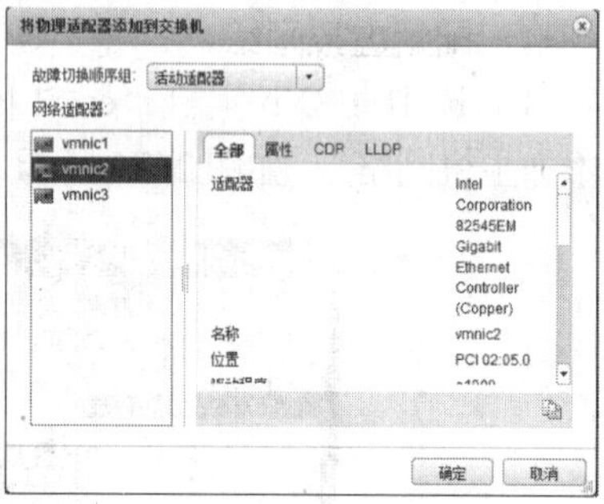

图 2-80　添加网络适配器

6）设置 VMkernel 端口的网络标签为"iSCSI"，在"可用服务"列表中不需要启用任何服务，如图 2-81 所示。

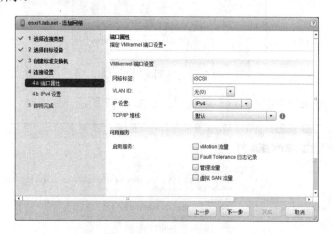

图 2-81　设置端口属性

7）设置 VMkernel 端口的 IP 地址为 192.168.1.11，子网掩码为 255.255.255.0，如图 2-82 所示。

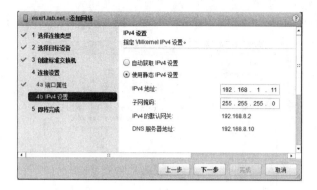

图 2-82　设置 IP 地址和子网掩码

8）完成添加 VMkernel 端口。

2. 配置存储适配器

1）选中 ESXi 主机"esxi1.lab.net"，选择"管理"→"存储器"→"存储适配器"，单击"添加新的存储适配器"，选择"软件 iSCSI 适配器"，如图 2-83 所示。

图 2-83　添加"软件 iSCSI 适配器"

2）选中 iSCSI 软件适配器"vmhba33"，选择"网络端口绑定"，单击"添加"按钮，如图 2-84 所示。

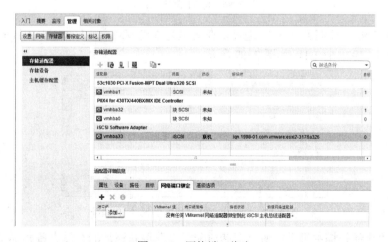

图 2-84　网络端口绑定

3）选中 VMkernel 端口"iSCSI"，单击"确定"按钮，如图 2-85 所示。

图 2-85　选中 VMkernel 端口

4）切换到"目标"→"动态发现"，单击"添加"按钮，如图 2-86 所示。

图 2-86　添加 iSCSI 目标

5）输入 iSCSI 目标服务器的 IP 地址，在这里为本机 VMware Network Adapter VMnet1 虚拟网卡的 IP 地址 192.168.1.1，如图 2-87 所示。

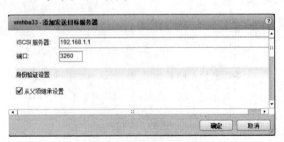

图 2-87　输入 iSCSI 目标服务器的 IP 地址

6）单击"重新扫描主机上的所有存储适配器以发现新添加的存储设备和/或 VMFS 卷"，如图 2-88 所示。

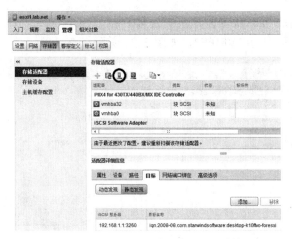

图 2-88　重新扫描主机上的所有存储适配器

7）选中"扫描新的存储设备"和"扫描新的 VMFS 卷"，单击"确定"按钮，如图 2-89 所示。

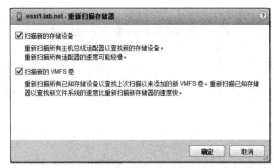

图 2-89　确认重新扫描主机上的所有存储适配器

3. 新建数据存储

1）右击主机"esxi1.lab.net"，选择"新建数据存储"命令，如图 2-90 所示。

图 2-90　新建数据存储

2）开始在主机 esxi1.lab.net 上创建新的数据存储。

3）选择数据存储类型为"VMFS"，如图 2-91 所示。

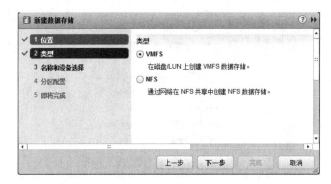

图 2-91　选择数据存储类型为 VMFS

4）输入数据存储名称"iSCSI-Starwind"，选中 iSCSI 目标的 LUN "ROCKET iSCSI Disk"，如图 2-92 所示。

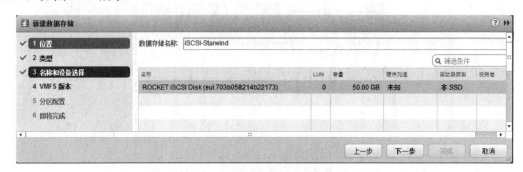

图 2-92　输入数据存储名称

5）选择文件系统为"VMFS 5"，如图 2-93 所示。

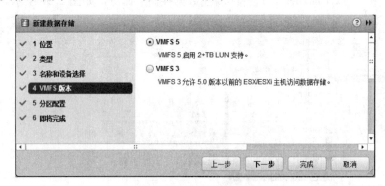

图 2-93　选择 VMFS 版本

6）选择"使用所有可用分区"选项，如图 2-94 所示。

7）完成新建数据存储。

使用相同的步骤为 ESXi 主机"esxi2.lab.net"配置虚拟网络、添加存储适配器，连接到 iSCSI 存储 iSCSI-Starwind。以下为不同的配置。

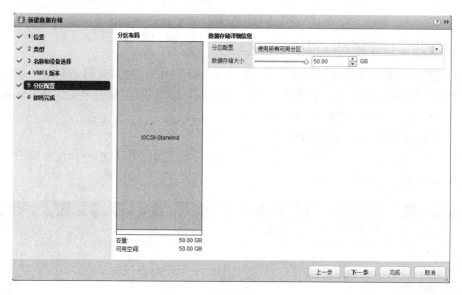

图 2-94　使用所有可用分区

配置 VMkernel 端口"iSCSI"的 IP 地址为 192.168.1.12，子网掩码为 255.255.255.0，如图 2-95 所示。

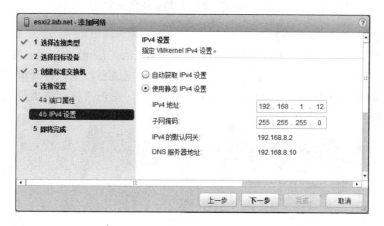

图 2-95　配置 IP 地址和子网掩码

重新扫描存储适配器后，不需要创建新存储，系统会自动添加 iSCSI 存储，如图 2-96 所示。

图 2-96　ESXi2 主机的数据存储

2.3.3 使用共享存储创建虚拟机

下面将把 Windows Server 2008 R2 的安装光盘 ISO 文件上传到 iSCSI 存储中。创建虚拟机端口组和新的虚拟机，并将虚拟机保存在 iSCSI 共享存储中。在虚拟机中安装 Windows Server 2008 R2 操作系统，并为虚拟机创建快照。

1．上传操作系统 ISO 镜像文件

1）单击"vCenter"→"存储器"，选中"iSCSI-Starwind"，单击"管理"→"文件"→"创建新的文件夹"，如图 2-97 所示。

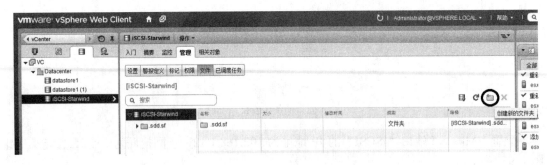

图 2-97　创建新的文件夹

2）输入文件夹名称为"ISO"。

3）单击"安装客户端集成插件"，下载文件 VMware-ClientIntegrationPlugin-5.6.0.exe。关闭浏览器，安装 VMware 客户端集成插件。程序安装完成后，重新打开浏览器，在 iSCSI-Starwind 处，单击"管理"→"文件"，进入 ISO 目录，单击"将文件上载到数据存储"图标，如图 2-98 所示。

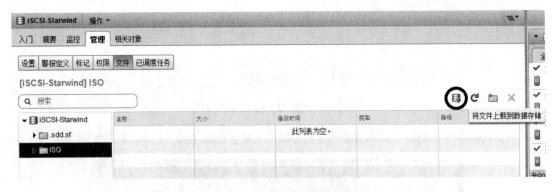

图 2-98　将文件上载到数据存储

4）浏览找到 Windows Server 2008 R2 的安装光盘 ISO 文件，如图 2-99 所示。

5）文件上传完毕，如图 2-100 所示。

2．配置虚拟机端口组

1）选中 ESXi 主机 esxi1.lab.net，选择"管理"→"网络"→"虚拟交换机"，单击"添加主机网络"，选择"标准交换机的虚拟机端口组"，如图 2-101 所示。

图 2-99　选择 ISO 文件

图 2-100　文件上传

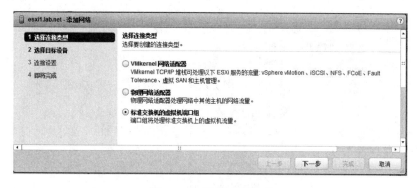

图 2-101　选择连接类型

2）选择"创建标准交换机"。

3）将网络适配器 vmnic1 添加到"活动适配器"，如图 2-102 所示。

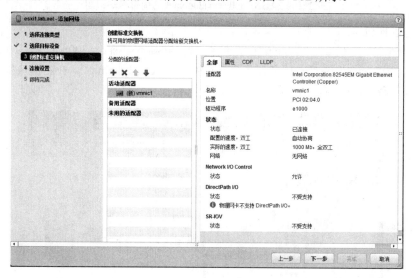

图 2-102　添加网络适配器

4）输入网络标签名称为"ForVM"，如图 2-103 所示。

图 2-103　输入网络标签

5）完成创建虚拟机端口组。

6）在 ESXi 主机 esxi2.lab.net 中使用相同的步骤创建虚拟机端口组 "ForVM"，绑定到网络适配器 vmnic1，如图 2-104 所示。

图 2-104　ESXi 主机 esxi2.lab.net 的虚拟机端口组

3．创建虚拟机

下面将在 ESXi 主机 esxi1.lab.net 上创建并安装 Windows Server 2008 R2 虚拟机。

1）单击 "vCenter" → "主机和群集"，选中主机 "esxi1.lab.net"，在右键快捷菜单中选择 "新建虚拟机" 命令，如图 2-105 所示。

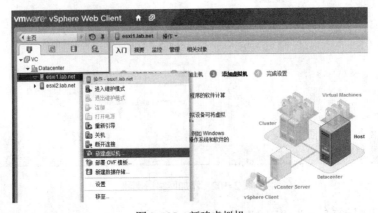

图 2-105　新建虚拟机

2）选择"创建新虚拟机"，如图 2-106 所示。

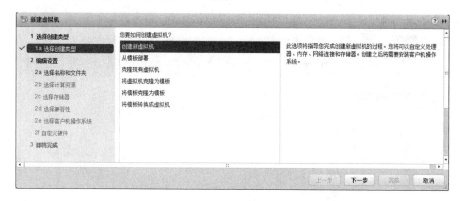

图 2-106　创建新虚拟机

3）输入虚拟机名称为"WindowsServer2008R2"，选择虚拟机保存位置为"Datacenter"，如图 2-107 所示。

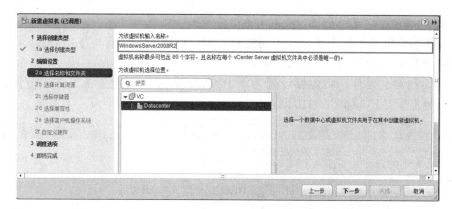

图 2-107　输入虚拟机名称

4）选择计算资源，选中 ESXi 主机"esxi1.lab.net"，如图 2-108 所示。

图 2-108　选择计算资源

5）选择存储器为"iSCSI-Starwind"，将虚拟机放置在 iSCSI 共享存储中，如图 2-109 所示。

图 2-109　选择存储器

6）选择兼容性为"ESXi 5.5 及更高版本"。

7）选择客户机操作系统系列为 Windows，客户机操作系统版本为"Microsoft Windows Server 2008 R2（64 位）"。

8）开始自定义硬件，将内存设置为"1024MB"，将"硬盘置备"方式设置为"Thin provision（精简配置）"，如图 2-110 所示。

图 2-110　设置内存大小和硬盘置备方式

9）在"新 CD/DVD 驱动器"处，选择"数据存储 ISO 文件"，浏览找到 Windows Server 2008 R2 的安装光盘 ISO 文件，如图 2-111 所示。

图 2-111　选择 ISO 文件

10）在"新网络"处选择虚拟机端口组"ForVM"，选中新 CD/DVD 驱动器的"连接"，将"新软盘驱动器"移除，如图 2-112 所示。

图 2-112　选择虚拟机端口组等配置

11）完成创建新虚拟机。

4．安装虚拟机操作系统

1）选中虚拟机"WindowsServer2008R2"，在右键快捷菜单中选择"打开电源"命令，如图 2-113 所示。

图 2-113　打开虚拟机电源

2）切换到"摘要"栏，单击"下载 VMRC"，从 VMware 的官网下载并安装 VMRC（VMware Remote Console），重启浏览器后，单击"使用 VMRC 打开"，如图 2-114 所示。

图 2-114　打开虚拟机控制台

3）在虚拟机中安装 Windows Server 2008 R2 操作系统，如图 2-115 所示。在 VMRC 中，按〈Ctrl+Alt〉组合键可以退出客户机控制台。

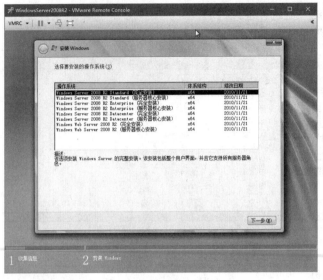

图 2-115　安装客户机操作系统

4）客户机操作系统安装完成后，单击"安装 VMware Tools"，如图 2-116 所示。

图 2-116　安装 VMware Tools

5）双击光盘驱动器盘符，开始安装 VMware Tools，如图 2-117 所示。安装完 VMware Tools 后，重新启动客户机操作系统。

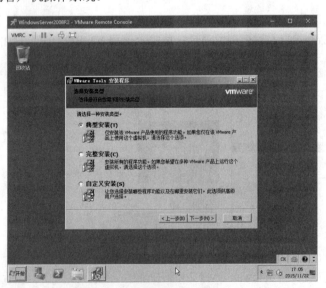

图 2-117　开始安装 VMware Tools

5．创建快照

下面将为虚拟机 Windows Server 2008 R2 创建快照。

1）将虚拟机关机，在 vSphere Web Client 页面上方单击"刷新"图标按钮，如图 2-118 所示。

> ☞提示：有时虚拟机关机后，Web 界面不能自动刷新，导致某些菜单项目不能单击。这时可以在 vSphere Web 客户端中刷新，即可解决问题。注意，这不是在浏览器中按〈F5〉键"刷新"。

图 2-118　刷新 vSphere Web 客户端

2）在虚拟机的右键快捷菜单中选择"生成快照"命令，如图 2-119 所示。

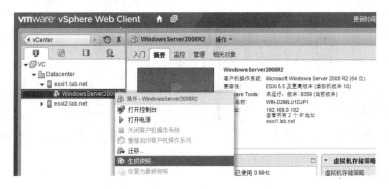

图 2-119　生成快照

3）输入快照名称为"system-ok"，描述为"刚安装好操作系统"，如图 2-120 所示。

任务 2.4　使用模板批量部署虚拟机

如果需要在一个虚拟化架构中创建多个具有相同操作系统的虚拟机（如创建多个操作系统为 Windows Server 2008 R2 的虚拟机），可以使用模板大大减少工作量。模板是一个预先配置好的虚拟机的备份，也就是说模板是由现有的虚拟机创建出来的。

图 2-120　输入快照名称和描述

要使用虚拟机模板，需要首先使用操作系统光盘 ISO 文件安装好一个虚拟机。虚拟机操作系统安装完成后，安装 VMware Tools，同时可以安装必要的软件，然后将虚拟机转换或克隆为模板，将来可以随时使用此模板部署新的虚拟机。从一个模板创建出来的虚拟机具有与原始虚拟机相同的网卡类型和驱动程序，但是会拥有不同的 MAC 地址。

如果需要使用模板部署多台加入同一个活动目录域的 Windows 虚拟机，每个虚拟机的操作系统必须具有不同的 SID。SID（Security Identifier，安全标识符）是 Windows 操作系统用来标识用户、组和计算机账户的唯一号码。Windows 操作系统会在安装时自动生成唯一的 SID。在从模板部署虚拟机时，vCenter Server 支持使用 sysprep 工具为虚拟机操作系统创建新的 SID。

2.4.1　将虚拟机转换为模板

下面将把虚拟机 Windows Server 2008 R2 转换成模板。

1）关闭虚拟机 Windows Server 2008 R2，在虚拟机名称处右击，选择"所有 vCenter 操作"→"转换成模板"命令，如图 2-121 所示。

2）虚拟机转换成模板之后，在"主机和群集"中就看不到原始虚拟机了，在"vCenter"→"虚拟机和模板"中可以看到转换后的虚拟机模板，如图 2-122 所示。

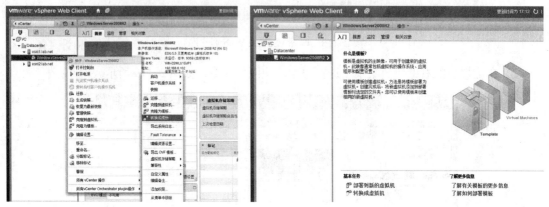

图 2-121　将虚拟机转换成模板　　　　　　　图 2-122　虚拟机和模板

2.4.2　创建自定义规范

下面将为 Windows Server 2008 R2 操作系统创建新的自定义规范，当使用模板部署虚拟机时，可以调用此自定义规范。

1）在"主页"的"规则和配置文件"中，选择"自定义规范管理器"，单击"创建新规范"图标按钮，如图 2-123 所示。

图 2-123　创建新规范

2）选择目标虚拟机操作系统为"Windows"，输入自定义规范名称为"Windows Server 2008 R2"，如图 2-124 所示。

3）设置客户机操作系统的名称和单位，如图 2-125 所示。

图 2-124　输入自定义规范名称　　　　图 2-125　设置客户机操作系统的名称和单位

4）设置计算机名称，在这里使用"在克隆/部署向导中输入名称"，如图 2-126 所示。

5）输入 Windows 产品密钥，如图 2-127 所示。

图 2-126　设置计算机名称　　　　　　　图 2-127　输入产品密钥

6）设置管理员 Administrator 的密码，如图 2-128 所示。

7）设置时区为"（GMT+0800）北京，重庆，香港特别行政区，乌鲁木齐"，如图 2-129 所示。

图 2-128　设置管理员的密码　　　　　　图 2-129　设置时区

8）设置用户首次登录系统时运行的命令，这里不运行任何命令，如图 2-130 所示。

图 2-130　设置用户首次登录系统时运行的命令

9）配置网络，这里选择"手动选择自定义设置"，选中"网卡 1"，单击"编辑"图标按钮，如图 2-131 所示。

10）选择"当使用规范时，提示用户输入地址"，输入子网掩码为"255.255.255.0"、默认网关为"192.168.0.1"、首选 DNS 服务器为运营商的服务器"202.102.128.68"，如图 2-132 所示。

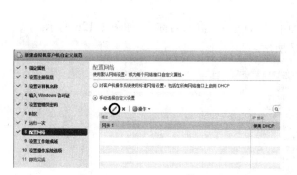

图 2-131　配置网络

图 2-132　配置 IP 地址

11）设置工作组或域，这里使用默认的工作组"WORKGROUP"，如图 2-133 所示。

12）选中"生成新的安全 ID（SID）"，如图 2-134 所示。

图 2-133　设置工作组或域

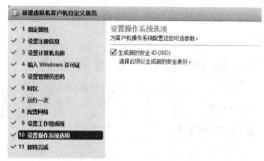

图 2-134　生成新的安全 ID

提示：SID 是安装 Windows 操作系统时自动生成的，在活动目录域中每台成员服务器的 SID 必须不相同。如果部署的 Windows 虚拟机需要加入域，则必须生成新的 SID。

13）完成自定义规范向导。

2.4.3 从模板部署新的虚拟机

下面将从虚拟机模板"WindowsServer2008R2"部署一个新的虚拟机"Web Server",调用刚创建的自定义规范,并进行自定义。

1)在"vCenter"→"虚拟机和模板"中,右击虚拟机模板"WindowsServer2008R2",选择"从此模板部署虚拟机"命令,如图 2-135 所示。

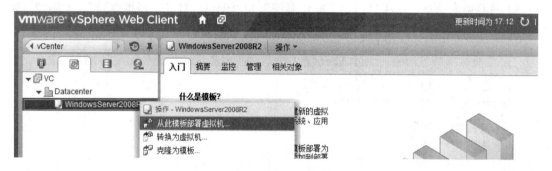

图 2-135　从模板部署新的虚拟机

2)输入虚拟机名称为"Web Server",选择虚拟机保存位置为"Datacenter",如图 2-136 所示。

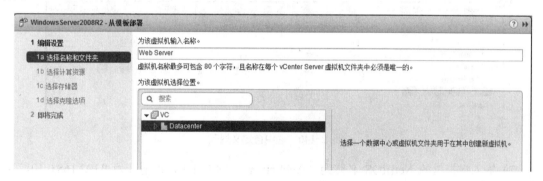

图 2-136　输入虚拟机名称

3)选择计算资源为"esxi2.lab.net",如图 2-137 所示。

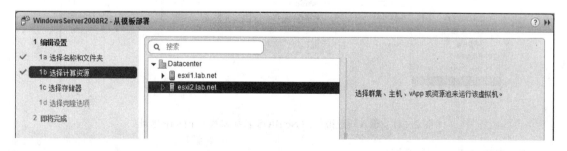

图 2-137　选择计算资源

4)选择虚拟磁盘格式为"Thin Provision(精简配置)",选择存储为"iSCSI-Starwind",如图 2-138 所示。

图 2-138　选择虚拟磁盘格式和存储器

5）选择克隆选项，选中"自定义操作系统"和"创建后打开虚拟机电源"，如图 2-139 所示。

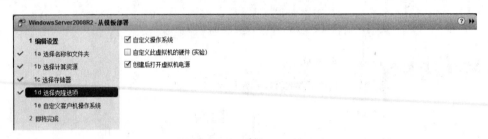

图 2-139　选择克隆选项

6）选中之前创建的自定义规范"Windows Server 2008 R2"，如图 2-140 所示。

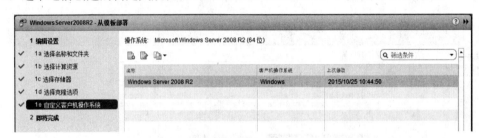

图 2-140　选中自定义规范

7）输入虚拟机的 NetBIOS 名称为"WebServer"，网卡 1 的 IP 地址为"192.168.0.101"，如图 2-141 所示。

图 2-141　输入新虚拟机的 NetBIOS 名称和网卡 1 的 IP 地址

8）完成从模板部署虚拟机。

9）在近期任务中，可以看到正在克隆新的虚拟机，部署完成后，新的虚拟机会自动启动，可以登录进入操作系统，检查新虚拟机的 IP 地址、主机名等信息是否正确，如图 2-142 所示。

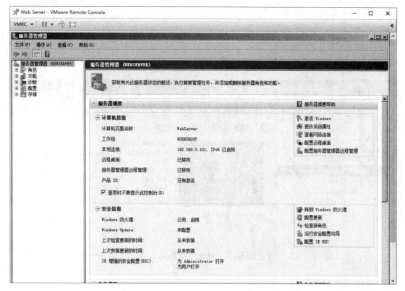

图 2-142　检查新虚拟机的配置

2.4.4　将模板转换为虚拟机

在进行后面的内容之前，在这里先把模板 WindowsServer2008R2 转换回虚拟机。

1）在模板"WindowsServer2008R2"的右键菜单中选择"转换为虚拟机"命令，如图 2-143 所示。

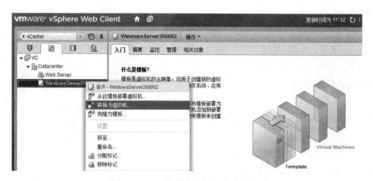

图 2-143　将模板转换为虚拟机

2）选择计算资源为"esxi1.lab.net"，完成将模板转换成虚拟机。

3）在虚拟机设置中，将虚拟机名称改为"Database Server"，如图 2-144 所示。

图 2-144　更改虚拟机名称

4）以下为在"主机和群集"中显示的两个虚拟机，如图 2-145 所示。这两个虚拟机将在任务 2.5～2.7 中使用。

图 2-145　两个虚拟机 Database Server 和 Web Server

2.4.5　批量部署 CentOS 虚拟机

以上介绍了使用模板批量部署 Windows 虚拟机的方法，对于 CentOS/RHEL/Fedora 虚拟机，必须在将虚拟机转换为模板之前对操作系统进行一系列修改，否则系统会将网卡识别为 eth1（假设原始虚拟机配置了一块网卡 eth0），导致应用无法使用。这是因为 Linux 操作系统重新封装的过程与 Windows 不同，当通过模板部署新的虚拟机时，系统会为虚拟机分配新的 MAC 地址，与操作系统记录的原始 MAC 地址不相同。

1．硬盘分区方式

在安装 CentOS 时，必须使用标准分区，不能使用 LVM 分区。以下为"fdisk –1"命令的显示结果。

```
[root@centos ～]# fdisk –l

Disk /dev/sda: 17.2 GB, 17179869184 bytes
255 heads, 63 sectors/track, 2088 cylinders
Units = cylinders of 16065 * 512 = 8225280 bytes
Sector size (logical/physical): 512 bytes / 512 bytes
I/O size (minimum/optimal): 512 bytes / 512 bytes
Disk identifier: 0x0002ecb0

   Device Boot      Start         End      Blocks   Id  System
/dev/sda1   *           1        1566    12576768   83  Linux
/dev/sda2            1566        2089     4199424   82  Linux swap / Solaris
```

2．删除配置文件

在将 CentOS 虚拟机转换为模板之前，必须进行以下操作，删除相关的配置文件。

1）删除网卡设备相关配置文件。

使用 root 用户登录 CentOS，输入命令"rm -rf /etc/udev/rules.d/*-persistent-*.rules"，然后确认文件是否删除。

```
[root@centos  ～]# rm -rf /etc/udev/rules.d/*-persistent-*.rules
[root@centos  ～]# ls /etc/udev/rules.d
60-raw.rules    99-fuse.rules    99-vmware-scsi-udev.rules
```

2）编辑网卡配置文件，将 MAC 地址信息删除。

输入命令"vi /etc/sysconfig/network-scripts/ifcfg-eth0"编辑网卡配置文件，将"HWADDR"这一行删除。

```
[root@centos  ～]# vi /etc/sysconfig/network-scripts/ifcfg-eth0
DEVICE=eth0
TYPE=Ethernet
UUID=7a654051-a549-4d61-b88e-38568dd67d02
ONBOOT=yes
NM_CONTROLLED=yes
BOOTPROTO=none
HWADDR=00:50:56:8A:7F:8A                      # 删除这一行
IPADDR=192.168.0.102
PREFIX=24
GATEWAY=192.168.0.1
DNS1=8.8.8.8
DEFROUTE=yes
IPV4_FAILURE_FATAL=yes
IPV6INIT=no
NAME="System eth0"
```

3）删除 SSH 相关文件。

输入命令"rm -rf /etc/ssh/moduli /etc/ssh/ssh_host_*"，然后确认文件是否删除。

```
[root@centos  ～]# rm -rf /etc/ssh/moduli /etc/ssh/ssh_host_*
[root@centos  ～]# ls /etc/ssh
ssh_config    sshd_config
```

4）删除主机名配置。

输入命令"vi /etc/sysconfig/network"编辑网络配置文件，将"HOSTNAME"这一行删除。

```
[root@centos  ～]# vi /etc/sysconfig/network
NETWORKING=yes
HOSTNAME=centos                               # 删除这一行
GATEWAY=192.168.0.1
```

5）配置文件删除完成后，输入"shutdown -h now"关闭虚拟机，这时可以将虚拟机转换为模板了。

```
[root@centos  ～]# shutdown -h now
```

6）创建针对 Linux 操作系统的自定义规范，然后从模板部署新的 CentOS 虚拟机即可。

任务 2.5   使用 vSphere vMotion 实现虚拟机在线迁移

迁移是指将虚拟机从一个主机或存储位置移至另一个主机或存储位置的过程，虚拟机的迁移包括关机状态的迁移和开机状态的迁移。为了维持业务的不中断，通常需要在开机状态迁移虚拟机，vSphere vMotion 能够实现虚拟机在开机状态的迁移。在虚拟化架构中，虚拟机的硬盘和配置信息是以文件方式存储的，这使得虚拟机的复制和迁移非常方便。

2.5.1   实时迁移的作用

vSphere vMotion 是 vSphere 虚拟化架构的高级特性之一。vMotion 能够允许管理员将一台正在运行的虚拟机从一台物理主机迁移到另一台物理主机，而不需要关闭虚拟机，如图 2-146 所示。当虚拟机在两台物理主机之间迁移时，虚拟机仍在正常运行，不会中断虚拟机的网络连接。vMotion 是一个适合现代数据中心且被广泛使用的强大特性。VMware 虚拟化架构中的 vSphere DRS 等高级特性必须依赖 vMotion 才能实现。

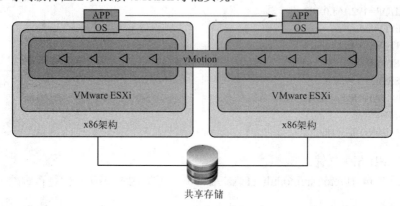

图 2-146   虚拟机实时迁移

假设有一台物理主机遇到了非致命性硬件故障需要修复，管理员可以使用 vMotion 将正在运行的虚拟机迁移到另一台正常运行的物理主机中，然后就可以进行修复工作了。当修复工作完成后，管理员可以使用 vMotion 将虚拟机再迁移到原来的物理主机。另外，当一台物理主机的硬件资源占用过高时，使用 vMotion 可以将这台物理主机中的部分虚拟机迁移到其他物理主机，以平衡主机间的资源占用。

vMotion 可以在物理服务器之间重新分配 CPU 和内存等资源，但不能移动存储。要使 vMotion 正常工作，执行迁移的两台物理主机必须连接到同一个共享存储。将虚拟机的文件保存在共享存储中，才能实现 vMotion 以及后面的 DRS 和 HA。在 vSphere 虚拟化架构中，常用的共享存储包括 FC（光纤通道）、FCoE、iSCSI 等。在本项目中使用的共享存储是 iSCSI 存储。

2.5.2   vMotion 实时迁移的原理

vMotion 实时迁移的工作原理如下。

第 1 步，管理员执行 vMotion 操作，将运行中的虚拟机 VM 从主机 esxi1.lab.net 迁移到主机 esxi2.lab.net，如图 2-147 所示。

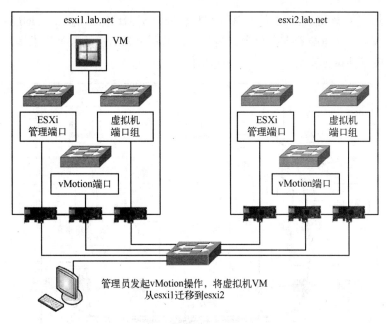

图 2-147　vMotion 的工作原理-1

第 2 步，源主机 esxi1.lab.net 开始通过启用 vMotion 的 VMkernel 端口将虚拟机 VM 的内存页面复制到目标主机 esxi2.lab.net，这称为预复制，如图 2-148 所示。在这期间，虚拟机仍然为网络中的用户提供服务。在从源主机向目标主机复制内存的过程中，虚拟机内存中的页面可能会发生变化。ESXi 会在内存页面已经复制到目标主机后，对源主机内存中发生的变化生成一个变化日志，这个日志称为内存位图（Memory bitmap）。

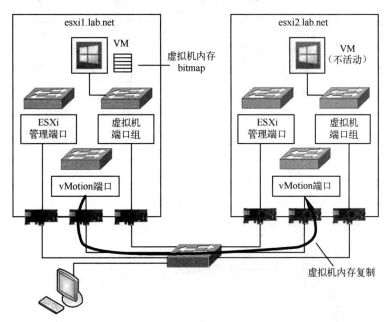

图 2-148　vMotion 的工作原理-2

第 3 步，待迁移虚拟机 VM 的全部内存都已经复制到目标主机 esxi2.lab.net 后，vMotion 会静默虚拟机 VM，这意味着虚拟机仍在内存中，但不再为用户的数据请求提供服务。然后内存位图文件被传输到目标主机，如图 2-149 所示。

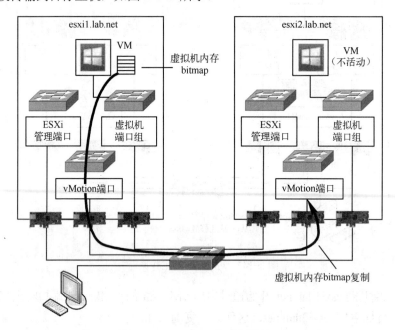

图 2-149　vMotion 的工作原理-3

第 4 步，目标主机 esxi2.lab.net 读取内存位图文件中的地址，并从源主机 esxi1.lab.net 请求这些地址的内容，即虚拟机 VM 在复制内存期间变化的内存（dirty memory），如图 2-150 所示。

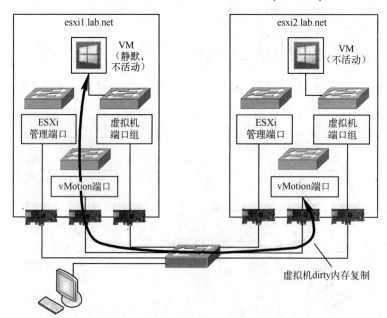

图 2-150　vMotion 的工作原理-4

第 5 步，当虚拟机 VM 变化的内存全部复制到目标主机后，在目标主机上开始运行虚拟机 VM。目标主机发送一条反向地址解析协议（RARP）消息，在目标主机连接到物理交换机端口上注册它的 MAC 地址。这个过程使访问虚拟机 VM 的客户端的数据帧能够被转发到正确的交换机端口。

虚拟机 VM 在目标主机 esxi2.lab.net 成功运行之后，虚拟机在源主机 esxi1.lab.net 上使用的内存被删除，如图 2-151 所示。

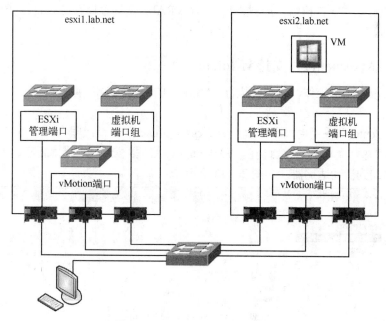

图 2-151　vMotion 的工作原理-5

2.5.3　vMotion 实时迁移的要求

1. vMotion 实时迁移对 ESXi 主机的要求

1）源和目标 ESXi 主机必须都能够访问保存虚拟机文件的共享存储（FC、FCoE 或 iSCSI）。

2）源和目标 ESXi 主机必须具备千兆以太网卡或更快的网卡。

3）源和目标 ESXi 主机上必须有支持 vMotion 的 VMkernel 端口。

4）源和目标 ESXi 主机必须有相同的标准虚拟交换机，如果使用 vSphere 分布式交换机，源和目标 ESXi 主机必须参与同一台 vSphere 分布式交换机。

5）待迁移虚拟机连接到的所有虚拟机端口组在源和目标 ESXi 主机上都必须存在。端口组名称区分大小写，所以要在每台 ESXi 主机上创建相同的虚拟机端口组，以确保它们连接到相同的物理网络或 VLAN。

6）源和目标 ESXi 主机的处理器必须兼容。

● CPU 必须来自同一厂商（Intel 或 AMD）。

● CPU 必须来自同一 CPU 系列（Xeon 55xx、Xeon 56xx 或 Opteron）。

● CPU 必须支持相同的功能，如 SSE2、SSE3、SSE4、NX 或 XD。

● 对于 64 位虚拟机，CPU 必须启用虚拟化技术（Intel VT 或 AMD-v）。

2. vMotion 实时迁移对虚拟机的要求

1）虚拟机禁止与只有一台 ESXi 主机能够物理访问的任何设备连接，包括磁盘存储、CD/DVD 驱动器、软盘驱动器、串口、并口。如果要迁移的虚拟机连接了其中任何一个设备，要在违规设备上取消选择"已连接"复选框。

2）虚拟机禁止连接到只在主机内部使用的虚拟交换机。

3）虚拟机禁止设置 CPU 亲和性。

4）虚拟机必须将全部磁盘、配置、日志、NVRAM 文件存储在源和目标 ESXi 主机都能访问的共享存储上。

2.5.4 配置 VMkernel 接口支持 vMotion

要使 vMotion 正常工作，必须在执行 vMotion 的两台 ESXi 主机上添加支持 vMotion 的 VMkernel 端口。

1）在"vCenter"→"主机和群集"→"esxi1.lab.net"→"管理"→"网络"→"虚拟交换机"中单击"添加主机网络"，选择"VMkernel 网络适配器"，选择"新建标准交换机"，将 vmnic3 网卡添加到活动适配器，如图 2-152 所示。

图 2-152　创建标准交换机

> **提示：** vMotion 需要使用千兆以太网卡，但这块网卡不一定专供 vMotion 使用。在设计 ESXi 主机时，尽量为 vMotion 分配一块网卡。这样可以减少 vMotion 对网络带宽的争用，vMotion 操作可以更快、更高效。

2）输入网络标签"vMotion"，在"启用服务"中选中"vMotion 流量"，如图 2-153 所示。

3）输入 VMkernel 端口的 IP 地址为"192.168.2.11"，子网掩码为"255.255.255.0"，如图 2-154 所示。

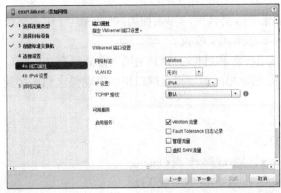

图 2-153　配置端口属性

图 2-154　配置 IP 地址

4）完成创建 VMkernel 端口。

5）在 esxi1.lab.net 主机的摘要信息中，可以看到 vMotion 已启用，如图 2-155 所示。

图 2-155　vMotion 已启用

6）使用相同的步骤为 esxi2.lab.net 主机添加支持 vMotion 的 VMkernel 端口，同样绑定到 vmnic3 网卡，IP 地址为 192.168.2.12/24，如图 2-156 所示。

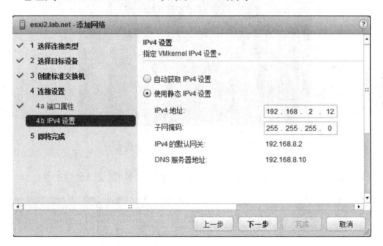

图 2-156　配置 IP 地址

2.5.5　使用 vMotion 迁移正在运行的虚拟机

下面将把正在运行的虚拟机 Web Server 从一台 ESXi 主机迁移到另一台 ESXi 主机，通过持续 ping 虚拟机的 IP 地址，测试虚拟机能否在迁移的过程中对外提供服务。

1）在虚拟机 Web Server 的"高级安全 Windows 防火墙"的入站规则中启用规则"文件和打印机共享（回显请求 – ICMPv4 In）"，如图 2-157 所示。

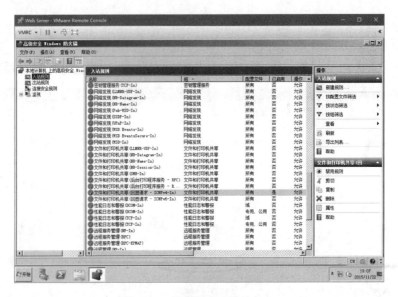

图 2-157　配置服务器允许 ping

2）在本机打开命令行，输入"ping 192.168.0.101 -t"持续 ping 服务器 Web Server，如图 2-158 所示。

图 2-158　开始 ping Web 服务器

3）在 Web Server 的右键菜单中选择"迁移"命令，如图 2-159 所示。

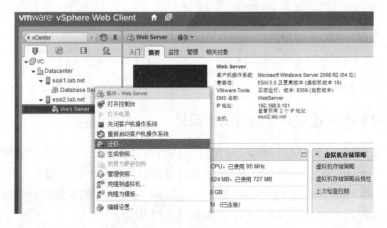

图 2-159　迁移虚拟机

4）选择迁移类型为"更改主机"，如图 2-160 所示。

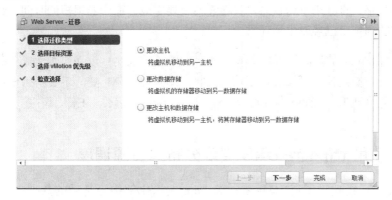

图 2-160　选择迁移类型

5）选择目标资源为主机"esxi1.lab.net"。

6）vMotion 优先级选择默认的"为最优 vMotion 性能预留 CPU"，如图 2-161 所示。

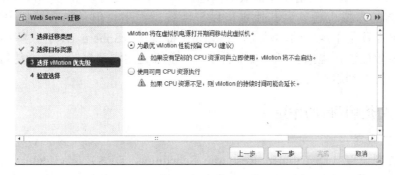

图 2-161　选择 vMotion 优先级

7）单击"完成"按钮开始迁移客户机，在近期任务中可以看到正在迁移虚拟机，如图 2-162 所示。

8）等待一段时间，虚拟机 Web Server 已经迁移到主机 esxi1.lab.net 上，如图 2-163 所示。

9）在迁移期间，虚拟机一直在响应 ping，中间只有一个数据包的请求超时，如图 2-164 所示。

图 2-162　正在迁移虚拟机

图 2-163　虚拟机已迁移

图 2-164　虚拟机迁移过程中 ping 的回复

也就是说，在使用 vMotion 迁移正在运行中的虚拟机时，虚拟机一直在正常运行，其上所提供的服务几乎一直处于可用状态，只在迁移将要完成之前中断很短的时间，最终用户感觉不到服务所在的虚拟机已经发生了迁移。

> ☞提示：vMotion 不是高可用性功能。虽然 vMotion 确实可以提高正常运行的时间，减少计划内运行中断产生的停机，但在计划外的主机故障期间，vMotion 不会提供任何保护。对于计划外停机，需要使用 vSphere 高可用性（HA）和 vSphere 容错（FT）。

任务 2.6　使用 vSphere DRS 实现分布式资源调度

某职业院校已经建设了以 VMware vSphere 虚拟化架构为基础的数据中心，数据中心内有多台 ESXi 主机，每台主机中运行了多个虚拟机。在几个月的运行时间内，各个主机和虚拟机工作正常，可以对外提供服务。但是，管理员在日常监控时发现一个问题，在业务负载较重的时间段，经常出现某些 ESXi 主机的 CPU、内存利用率很高，而某些 ESXi 主机的 CPU、内存利用率又很低的问题。虽然管理员可以手工使用 vMotion 将一些资源占用较高的虚拟机迁移到其他主机以平衡资源占用，但是随着数据中心规模的扩大，完全手工迁移是不现实的。对此，VMware 提供了 vSphere DRS 来解决这个问题。通过恰当的参数配置，虚拟机可以在多台 ESXi 主机之间实现自动迁移，使每台 ESXi 主机达到最高的资源利用率。

2.6.1　分布式资源调度的作用

1. DRS 的概念

分布式资源调度（Distributed Resource Scheduler，DRS）是 vCenter Server 在群集中的一项功能，用来跨越多台 ESXi 主机进行负载均衡，vSphere DRS 有以下两个方面的作用。

- 当虚拟机启动时，DRS 会将虚拟机放置在最适合运行该虚拟机的主机上。
- 当虚拟机运行时，DRS 会为虚拟机提供所需要的硬件资源，同时尽量减小虚拟机之间的资源争夺。当一台主机的资源占用率过高时，DRS 会使用一个内部算法将一些虚拟机移动到其他主机。DRS 会利用前面介绍的 vMotion 动态迁移功能，在不引起虚拟机停机和网络中断的前提下快速执行这些迁移操作。

要使用 vSphere DRS，多台 ESXi 主机必须加入到一个群集中。 群集是 ESXi 主机的管理分组，一个 ESXi 群集聚集了群集中所有主机的 CPU 和内存资源。一旦将 ESXi 主机加入到群集中，就可以使用 vSphere 的一些高级特性，包括 vSphere DRS 和 vSphere HA 等。

> ☞提示：如果一个 DRS 群集中包含两台具有 64 GB 内存的 ESXi 主机，那么这个群集对外显示共有 128 GB 的内存，但是任何一台虚拟机在任何时候都只能使用不超过 64 GB 的内存。

默认情况下，DRS 每 5min 执行一次检查，查看群集的工作负载是否均衡，如图 2-165 所示。群集内的某些操作也会调用 DRS，例如，添加或移除 ESXi 主机或者修改虚拟机的资源设置。

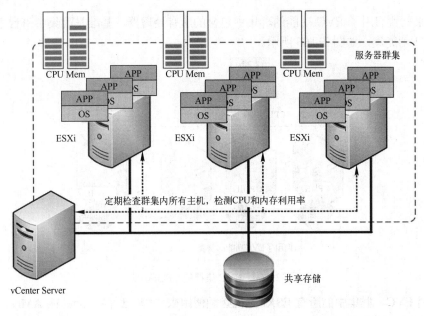

图 2-165　vSphere DRS 的作用

2．DRS 的自动化级别

DRS 有以下 3 种自动化级别。

● 手工：当虚拟机打开电源时以及 ESXi 主机负载过重需要迁移虚拟机时，vCenter 都将给出建议，必须由管理员确认后才能执行操作。

● 半自动：虚拟机打开电源时将自动置于最合适的 ESXi 主机上。当 ESXi 主机负载过重需要迁移虚拟机时，vCenter 将给出迁移建议，必须由管理员确认后才能执行操作。

● 全自动：虚拟机打开电源时将自动置于最合适的 ESXi 主机上，并且将自动从一台 ESXi 主机迁移到另一台 ESXi 主机，以优化资源使用情况。

3．DRS 自动化级别的选择

由于生产环境中 ESXi 主机的型号可能不同，在使用 vSphere DRS 时需要注意，硬件配置较低的 ESXi 主机中运行的虚拟机自动迁移到硬件配置较高的 ESXi 主机上是没有问题的，但是反过来可能会由于 ESXi 主机硬件配置问题导致虚拟机迁移后不能运行，针对这种情况建议选择"手动"或"半自动"级别。

在生产环境中，如果群集中所有 ESXi 主机的型号都相同，建议选择"全自动"级别。管理员不需要关心虚拟机究竟在哪台 ESXi 主机中运行，只需要做好日常监控工作就可以了。

2.6.2　EVC 介绍

DRS 会使用 vMotion 实现虚拟机的自动迁移，但是一个虚拟化架构在运行多年后，很可能会采购新的服务器，这些服务器会配置最新的 CPU 型号。而 vMotion 有一些相当严格的 CPU 要求。具体来说，CPU 必须来自同一厂商，必须属于同一系列，必须共享一套公共的 CPU 指令集和功能。因此，在新的服务器加入到原有的 vSphere 虚拟化架构后，管理员将可能无法执行 vMotion。VMware 使用称为 EVC（Enhanced vMotion Compatibility，增强的 vMotion 兼容性）的功能来解决这个问题。

EVC 在群集层次上启用，可防止因 CPU 不兼容而导致的 vMotion 迁移失败。EVC 使用

CPU 基准来配置启用了 EVC 功能的群集中包含的所有处理器，基准是群集中每台主机均支持的一个 CPU 功能集，如图 2-166 所示。

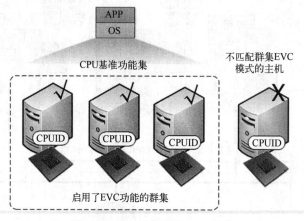

图 2-166　EVC 集群的 CPU 基准

要使用 EVC，群集中的所有 ESXi 主机必须使用来自同一厂商（Intel 或 AMD）的 CPU。EVC 包含以下 3 种模式。

（1）禁用 EVC

禁用 EVC，即不使用 CPU 兼容性特性。如果群集内所有 ESXi 主机的 CPU 型号完全相同，可以禁用 EVC。

（2）为 AMD 主机启用 EVC

适用于 AMD CPU，只允许使用 AMD 公司 CPU 的 ESXi 主机加入群集。如果群集内所有 ESXi 主机的 CPU 都是 AMD 公司的产品，但是属于不同的年代，则需要使用这种 EVC 模式。

（3）为 Intel 主机启用 EVC

适用于 Intel CPU，只允许使用 Intel 公司 CPU 的 ESXi 主机加入群集。如果群集内所有 ESXi 主机的 CPU 都是 Intel 公司的产品，但是属于不同的年代，则需要使用这种 EVC 模式。

2.6.3　创建 vSphere 群集

下面将在 vCenter 中创建 vSphere 群集，配置 EVC 等群集参数，并且将两台 ESXi 主机都加入到群集中。

1）在"vCenter"→"主机和群集"→"Datacenter"的右键菜单中选择"新建群集"命令，如图 2-167 所示。

2）输入群集名称为"vSphere"，如图 2-168 所示。在创建群集时，可以选择是否启用 vSphere DRS 和 vSphere HA 等功能，在这里暂不启用。

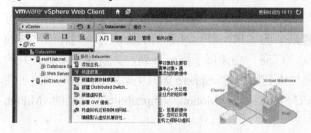

图 2-167　新建群集

图 2-168　输入群集名称

3）选中群集 vSphere，单击"管理"→"设置"→"VMware EVC"，在这里 VMware EVC 的状态为"已禁用"，如图 2-169 所示。由于在本实验环境中，两台 ESXi 主机都是通过 VMware Workstation 模拟出来的，硬件配置（特别是 CPU）完全相同，所以可以不启用 VMware EVC。

图 2-169　EVC 模式

在生产环境中，如果 ESXi 主机的 CPU 是来自同一厂商不同年代的产品，例如所有 ESXi 主机的 CPU 都是 Intel 公司 Ivy Bridge 系列、Haswell 系列的产品，则需要将 EVC 模式配置为 "为 Intel 主机启用 EVC"，然后选择"Intel'Ivy Bridge'Generation"，如图 2-170 所示。

4）选中主机 esxi1.lab.net，将其拖动到群集 vSphere 中，如图 2-171 所示。

图 2-170　配置 EVC 模式

图 2-171　拖动 ESXi 主机到群集中

5）可以使用相同的方法将主机 esxi2.lab.net 也加入到群集中，或者在群集的右键菜单中选择"将主机移入群集"命令，如图 2-172 所示。

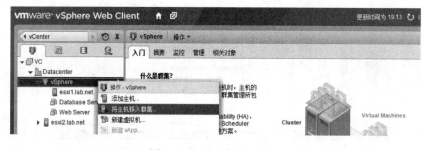

图 2-172　将主机移入群集

6）两台 ESXi 主机都已经加入群集 vSphere，如图 2-173 所示，在群集的"摘要"栏可以查看群集的基本信息。群集中包含两台主机；群集的 CPU、内存和存储资源是群集中所有 ESXi 主机的 CPU、内存和存储资源之和。

图 2-173　群集摘要

2.6.4　启用 vSphere DRS

下面将在群集中启用 vSphere DRS 并验证配置。

1）选中群集 vSphere，单击"管理"→"设置"→"vSphere DRS"，单击"编辑"按钮，如图 2-174 所示。

图 2-174　编辑 DRS 设置

2）选中"打开 vSphere DRS"，将自动化级别修改为"手动"，如图 2-175 所示。

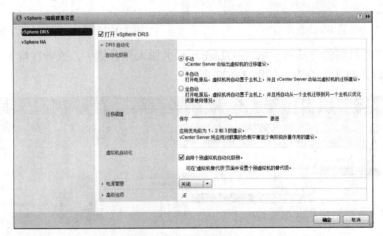

图 2-175　群集自动化级别

3）打开虚拟机 Database Server 的电源，vCenter Server 会给出虚拟机运行在哪台主机的建议。在这里选择将虚拟机 Database Server 置于主机 esxi1.lab.net 上，如图 2-176 所示。

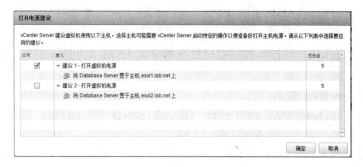

图 2-176　打开电源建议-Database Server

4）打开虚拟机 Web Server 的电源，由于主机 esxi1.lab.net 的可用资源小于主机 esxi2.lab.net，因此 vCenter Server 建议将虚拟机 Web Server 置于主机 esxi2.lab.net 上，如图 2-177 所示。

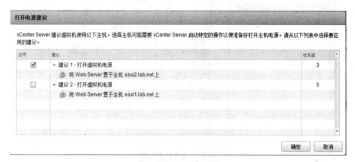

图 2-177　打开电源建议-Web Server

5）将 Database Server 和 Web Server 两个虚拟机关机。

2.6.5　配置 vSphere DRS 规则

1. DRS 规则的作用

为了进一步针对特定环境自定义 vSphere DRS 的行为，vSphere 提供了 DRS 规则功能，使某些虚拟机始终运行在同一台 ESXi 主机上（亲和性规则），或使某些虚拟机始终运行在不同的 ESXi 主机上（反亲和性规则），或始终在特定的主机上运行特定的虚拟机（主机亲和性）。

（1）聚集虚拟机

允许实施虚拟机亲和性。这个选项确保使用 DRS 迁移虚拟机时，某些特定的虚拟机始终在同一台 ESXi 主机上运行。同一台 ESXi 主机上的虚拟机之间的通信速度非常快，因为这种通信只发生在 ESXi 主机内部（不需要通过外部网络）。

假设有一个多层应用程序，包括一个 Web 应用服务器和一个后端数据库服务器，两台服务器之间需要频繁通信。在这种情况下，可以定义一条亲和性规则聚集这两个虚拟机，使这两个虚拟机在群集内始终在一台 ESXi 主机内运行。

（2）分开虚拟机

允许实施虚拟机反亲和性。这个选项确保某些虚拟机始终位于不同的 ESXi 主机上。这种配置主要用于操作系统层面的高可用性场合（如使用微软的 Windows Server Failover Cluster），使用这种规则，多个虚拟机分别位于不同的 ESXi 主机上，若一个虚拟机所在的 ESXi 主机损坏，可以确保应用仍然运行在另一台 ESXi 主机的虚拟机上。

（3）虚拟机到主机

允许利用主机亲和性，将指定的虚拟机放在指定的 ESXi 主机上，这样可以微调群集中虚拟机和 ESXi 主机之间的关系。

2．配置 vSphere DRS 规则

如果想在启用 vSphere DRS 的情况下，让 Web Server 和 Database Server 运行在同一台 ESXi 主机，则需要按照以下步骤配置 DRS 规则。

1）选中群集"vSphere"，选择"管理"→"设置"→"DRS 规则"，单击"添加"按钮，如图 2-178 所示。

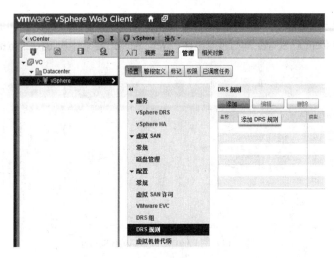

图 2-178　添加 DRS 规则

2）设置名称为"Web & Database Servers Together"，规则类型为"聚集虚拟机"，单击"添加"按钮，如图 2-179 所示。

3）选中"Database Server"和"Web Server"两个虚拟机，如图 2-180 所示。

图 2-179　创建 DRS 规则

图 2-180　添加规则成员

4）以下为已经配置的 DRS 规则，两个虚拟机 Database Server 和 Web Server 将在同一台 ESXi 主机上运行，如图 2-181 所示。

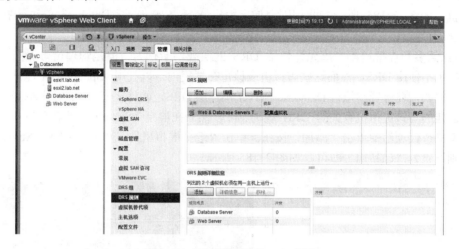

图 2-181　已经配置好的 DRS 规则

5）启动虚拟机 Database Server，选择在主机 esxi1.lab.net 上运行，如图 2-182 所示。

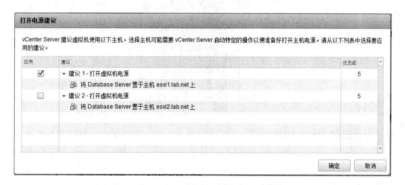

图 2-182　打开电源建议-Database Server

6）当启动虚拟机 Web Server 时，vCenter Server 仍然建议将虚拟机 Web Server 置于主机 esxi1.lab.net 上，如图 2-183 所示。这是因为 DRS 规则在起作用。

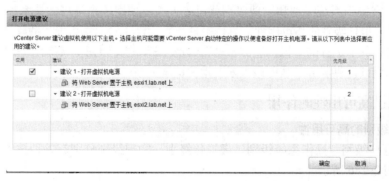

图 2-183　打开电源建议-Web Server

7）将原有的 DRS 规则删除，添加新的规则，设置名称为"Separate Web Server & Database Server"，规则类型为"分开虚拟机"，选中"Database Server"和"Web Server"两个虚拟机，如图 2-184 所示。此规则会使虚拟机 Web Server 和 Database Server 在不同的 ESXi 主机上运行。

8）虽然多数虚拟机都应该允许使用 DRS 的负载均衡行为，但是管理员可能需要特定的关键虚拟机不使用 DRS，然而这些虚拟机应该留在群集内，以利用 vSphere HA 提供的高可用性功能。比如，要配置虚拟机 Database Server 不使用 DRS，始终在一台 ESXi 主机上运行，则将之前创建的与该虚拟机有关的 DRS 规则删除，然后在群集 vSphere 的"管理"→"设置"→"虚拟机替代项"中单击"添加"按钮。单击"选择虚拟机"，选中 Database Server，将自动化级别设置为"已禁用"即可，如图 2-185 所示。

 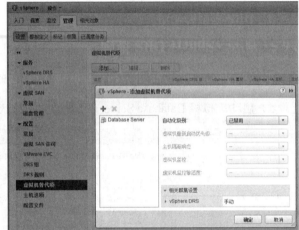

图 2-184　创建新的 DRS 规则　　　　　　　　图 2-185　添加虚拟机替代项

任务 2.7　使用 vSphere HA 实现虚拟机高可用性

高可用性（High Availability，HA）通常描述一个系统为了减少停工时间，经过专门的设计，从而保持其服务的高度可用性。HA 是生产环境中的重要指标之一。实际上，在虚拟化架构出现之前，在操作系统级别和物理级别就已经大规模使用了高可用性技术和手段。vSphere HA 实现的是虚拟化级别的高可用性，具体来说，当一台 ESXi 主机发生故障（硬件故障或网络中断等）时，其上运行的虚拟机能够自动在其他 ESXi 主机上重新启动，虚拟机在重新启动完成之后可以继续提供服务，从而最大限度地保证服务不中断。

2.7.1　虚拟机高可用性的作用

1．不同级别的高可用性

在应用程序级别、操作系统级别、虚拟化级别、物理级别分别有各种技术和手段实现高可用性，如图 2-186 所示。

（1）应用程序级别

应用程序级别的高可用性技术包括 Oracle Real Application Clusters（RAC）等。

（2）操作系统级别

在操作系统级别，使用操作系统群集技术实现高可用性，如 Windows Server 的故障转移群集等。

（3）虚拟化级别

VMware vSphere 虚拟化架构在虚拟化级别提供 vSphere HA 和 vSphere FT 功能，以实现虚拟化级别的高可用性。

（4）物理级别

物理级别的高可用性主要体现在冗余的硬件组件，如多个网卡、多个 HBA 卡、SAN 多路径冗余、存储阵列上的多个控制器以及多电源供电等。

2．vSphere HA 的作用

当 ESXi 主机出现故障时，vSphere HA 能够让该主机内的虚拟机在其他 ESXi 主机上重新启动，如图 2-187 所示。与 vSphere DRS 不同，vSphere HA 没有使用 vMotion 技术作为迁移手段。vMotion 只适用于预先规划好的迁移，而且要求源和目标 ESXi 主机都处于正常运行状态。由于 ESXi 主机的硬件故障无法提前预知，所以没有足够的时间来执行 vMotion 操作。vSphere HA 适用于解决 ESXi 主机硬件故障所造成的计划外停机。

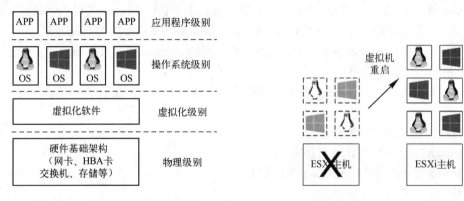

图 2-186　不同级别的高可用性　　　　　图 2-187　vSphere HA 的作用

2.7.2　vSphere HA 的工作原理

1．vSphere HA 的必备组件

从 vSphere 5.0 开始，VMware 重新编写了 HA 架构，使用了 Fault Domain 架构，通过选举方式选出唯一的 Master 主机，其余为 Slave 主机。vSphere HA 有以下必备组件。

（1）故障域管理器（Fault Domain Manager，FDM）代理

FDM 代理的作用是与群集内其他主机交流有关主机可用资源和虚拟机状态的信息。它负责心跳机制、虚拟机定位和与 hostd 代理相关的虚拟机重启。

（2）hostd 代理

hostd 代理安装在 Master 主机上，FDM 直接与 hostd 和 vCenter Server 通信。

（3）vCenter Server

vCenter Server 负责在群集 ESXi 主机上部署和配置 FDM 代理。vCenter Server 向选举出的 Master 主机发送群集的配置修改信息。

2. Master 主机和 Slave 主机

创建一个 vSphere HA 群集时，FDM 代理会部署在群集的每台 ESXi 主机上，其中一台主机被选举为 Master 主机，其他主机都是 Slave 主机。Master 主机的选举依据是哪台主机的存储最多，如果存储的数量相等，则比较哪台主机的管理对象 ID 最高。

（1）Master 主机的任务

Master 主机负责在 vSphere HA 的群集中执行下面一些重要任务。

- Master 主机负责监控 Slave 主机，当 Slave 主机出现故障时在其他 ESXi 主机上重新启动虚拟机。
- Master 主机负责监控所有受保护虚拟机的电源状态。如果一个受保护的虚拟机出现故障，Master 主机会重新启动虚拟机。
- Master 主机负责管理一组受保护的虚拟机。它会在用户执行启动或关闭操作之后更新这个列表。即当虚拟机打开电源，该虚拟机就要受保护，一旦主机出现故障就会在其他主机上重新启动虚拟机。当虚拟机关闭电源，就没有必要再保护它了。
- Master 主机负责缓存群集配置。Master 主机会向 Slave 主机发送通知，告诉它们群集配置发生的变化。
- Master 主机负责向 Slave 主机发送心跳信息，告诉它们 Master 主机仍然处于正常激活状态。如果 Slave 主机接收不到心跳信息，则重新选举出新的 Master 主机。
- Master 主机向 vCenter Server 报告状态信息。vCenter Server 通常只和 Master 主机通信。

（2）Master 主机的选举

Master 主机的选举在群集中 vSphere HA 第一次激活时发生，在以下情况下，也会重新选举 Master。

- Master 主机故障。
- Master 主机与网络隔离或者被分区。
- Master 主机与 vCenter Server 失去联系。
- Master 主机进入维护模式。
- 管理员重新配置 vSphere HA 代理。

（3）Slave 主机的任务

Slave 主机执行下面这些任务。

- Slave 主机负责监控本地运行的虚拟机的状态，这些虚拟机运行状态的显著变化会被发送到 Master 主机。
- Slave 主机负责监控 Master 主机的状态。如果 Master 主机出现故障，Slave 主机会参与新 Master 主机的选举。
- Slave 主机负责实现不需要 Master 主机集中控制的 vSphere HA 特性，如虚拟机健康监控。

3. 心跳信号

vSphere HA 群集的 FDM 代理是通过心跳信息相互通信的，如图 2-188 所示。

心跳是用来确定主机服务器仍然正常工作的一种机制，Master 主机与 Slave 主机之间会互相发送心跳信息，心跳的发送频率为每秒 1 次。如果 Master 主机不再从 Slave 主机接收心跳，则意味着网络通信出现问题，但这不一定表示 Slave 主机出现了故障。为了验证 Slave 主机是否仍在工作，Master 主机会使用以下两种方法进行检查。

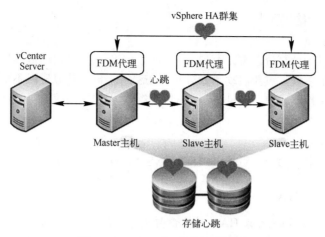

图 2-188　FDM 代理通过心跳通信

- Master 主机向 Slave 主机的管理 IP 地址发送 ping 数据包。
- Master 主机与 Slave 主机在数据存储级别进行信息交换（称作数据存储心跳），这可以区分 Slave 主机是在网络上隔离还是完全崩溃。

　　vSphere HA 使用了管理网络和存储设备进行通信。正常情况下，Master 主机与 Slave 主机通过管理网络进行通信。如果 Master 主机无法通过管理网络与 Slave 主机通信，那么 Master 主机会检查它的心跳数据存储，如果心跳数据存储有应答，则说明 Slave 主机仍在工作。在这种情况下，Slave 主机可能处于网络分区（Network Partition）或网络隔离（Network Isolation）状态。

　　网络分区是指即使一个或多个 Slave 主机的网络连接没有问题，它们却无法与 Master 主机通信。在这种情况下，vSphere HA 能够使用心跳数据存储检查这些主机是否存活，以及是否需要执行一些操作保护这些主机中的虚拟机，或在网络分区内选择新的 Master 主机。

　　网络隔离是指有一个或多个 Slave 主机失去了所有管理网络连接。隔离主机既不能与 Master 主机通信，也不能与其他 ESXi 主机通信。在这种情况下，Slave 主机使用心跳数据存储通知 Master 主机它已经被隔离。Slave 主机使用一个特殊的二进制文件（host-X-poweron）通知 Master 主机，然后 vSphere HA 主机可以执行相应的操作，保证虚拟机受到保护。

2.7.3　实施 vSphere HA 的条件

　　在实施 vSphere HA 时，必须满足以下条件。

　　（1）群集

　　vSphere HA 依靠群集实现，需要创建群集，然后在群集上启用 vSphere HA。

　　（2）共享存储

　　在一个 vSphere HA 群集中，所有主机都必须能够访问相同的共享存储，这包括 FC 光纤通道存储、FCoE 存储和 iSCSI 存储等。

　　（3）虚拟网络

　　在一个 vSphere HA 群集中，所有 ESXi 主机都必须有完全相同的虚拟网络配置。如果一个 ESXi 主机上添加了一个新的虚拟交换机，那么该虚拟交换机也必须添加到群集中所有其他 ESXi 主机上。

　　（4）心跳网络

　　vSphere HA 通过管理网络和存储设备发送心跳信号，因此管理网络和存储设备最好都有冗余，否则 vSphere 会给出警告。

（5）充足的计算资源

每台 ESXi 主机的计算资源都是有限的，当一台 ESXi 主机出现故障后，该主机上的虚拟机需要在其他 ESXi 主机上重新启动。如果其他 ESXi 主机的计算资源不足，则可能导致虚拟机无法启动或启动后性能较差。vSphere HA 使用接入控制策略来保证 ESXi 主机为虚拟机分配足够的计算资源。

（6）VMware Tools

虚拟机中必须安装 VMware Tools 才能实现 vSphere HA 的虚拟机监控功能。

2.7.4　启用 vSphere HA

下面将在群集中启用 vSphere HA，并检查群集的工作状态。

1）选中群集"vSphere"，选择"管理"→"设置"→"vSphere HA"，单击"编辑"按钮，如图 2-189 所示。

图 2-189　编辑 vSphere HA

2）选中"打开 vSphere HA"，在数据存储检测信号中选择"使用指定列表中的数据存储并根据需要自动补充"，选中共享存储"iSCSI-Starwind"，如图 2-190 所示。

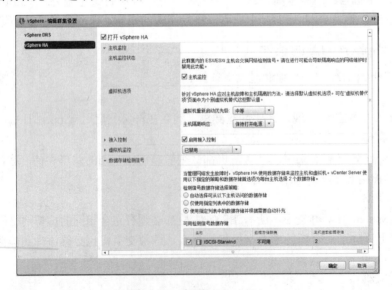

图 2-190　打开 vSphere HA

3）在"近期任务"中可以看到正在配置 vSphere HA 群集，如图 2-191 所示。

4）经过一段时间，vSphere HA 配置完成，在主机 esxi1.lab.net 的"摘要"栏中可以看到其身份为 Master（主要），如图 2-192 所示。

图 2-191　正在配置 vSphere HA　　　　　　图 2-192　查看主机 esxi1.lab.net 的身份

5）主机 esxi2.lab.net 的身份为 Slave（从属），如图 2-193 所示。

图 2-193　查看主机 esxi2.lab.net 的身份

对于群集中某些重要的虚拟机，需要将"虚拟机重新启动优先级"设置为"高"。这样，当 ESXi 主机发生故障时，这些重要的虚拟机可以优先在其他 ESXi 主机上重新启动。下面将把虚拟机 Database Server 的"虚拟机重新启动优先级"设置为"高"。

在群集 vSphere 的"管理"→"设置"→"虚拟机替代项"处单击"添加"按钮，单击"选择虚拟机"，选中虚拟机"Database Server"，为虚拟机配置其特有的 DRS 和 HA 选项，如图 2-194 所示。在这里，"自动化级别"设置为"已禁用"，这可以让 Database Server 始终在一台 ESXi 主机上运

图 2-194　虚拟机 Database Server 的替代项

行，不会被 vSphere DRS 迁移到其他主机；"虚拟机重新启动优先级"设置为"高"，可以使该虚拟机所在的主机出现问题时，优先让该虚拟机在其他 ESXi 主机上重新启动。

> ☞提示：建议将提供最重要服务的 VM 的重启优先级设置为"高"。具有高优先级的 VM 最先启动，如果某个 VM 的重启优先级为"禁用"，那么它在 ESXi 主机发生故障时不会被重启。如果出现故障的主机数量超过了容许控制范围，重启优先级为低的 VM 可能无法重启。

2.7.5 使用 vSphere HA 实现虚拟机高可用性

下面将以虚拟机 Database Server 为例，验证 vSphere HA 能否起作用。

1）启动虚拟机 Database Server，此时 vCenter Server 不会询问在哪台主机上启动虚拟机，而是直接在其上一次运行的 ESXi 主机 esxi1.lab.net 上启动虚拟机，如图 2-195 所示。这是因为虚拟机 Database Server 的 DRS 自动化级别设置为"已禁用"。

图 2-195　启动虚拟机 Database Server

2）在本机输入"ping 虚拟机IP -t"持续 ping 虚拟机 Database Server 的 IP 地址，如图 2-196 所示。

3）下面将模拟 ESXi 主机 esxi1.lab.net 不能正常工作的情况。在 VMware Workstation 中将 VMware ESXi 5-1 的电源挂起，如图 2-197 所示。此时，到虚拟机 Database Server 的 ping 会中断。

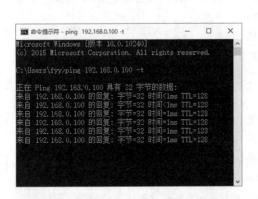

图 2-196　持续 ping 虚拟机的 IP 地址

图 2-197　挂起 VMware Workstation 中的 ESXi 主机

4）此时 vSphere HA 会检测到 ESXi 主机 esxi1.lab.net 发生了故障，并且将其上的虚拟机 Database Server 在另一台 ESXi 主机 esxi2.lab.net 上重新启动。经过几分钟，到虚拟机 Database Server 的 ping 又恢复正常，如图 2-198 所示。

5）在虚拟机 Database Server 的"摘要"栏可以看到虚拟机已经在 esxi2.lab.net 上重新启动，虚拟机受 vSphere HA 的保护，如图 2-199 所示。

图 2-198　到虚拟机的 ping 又恢复正常

图 2-199　虚拟机已经重新启动

在使用 vSphere HA 时，一定要注意 ESXi 主机故障期间会发生服务中断。如果物理主机出现故障，vSphere HA 会重启虚拟机，而在虚拟机重启的过程中，虚拟机所提供的应用会中止服务。如果用户需要实现比 vSphere HA 更高要求的可用性，可以使用 vSphere FT（容错）。

项目总结

VMware vCenter Server 用于集中管理 VMware vSphere 虚拟化架构中的所有 ESXi 主机。vCenter Server 有基于 Windows Server 的版本，也有基于 Linux 的版本。对于大型 vSphere 虚拟化架构，可以采用基于 Windows Server 的 vCenter Server，以支持 vCenter Server Heartbeat 以及链接模式。对于中小型 vSphere 虚拟化环境，可以采用基于 Linux 的 vCenter Server Appliance，部署起来更加方便快捷。

如果需要部署大量具有相同操作系统的虚拟机，通常需要使用虚拟机模板，通过自定义规范向导批量部署虚拟机。通过 vSphere vMotion 可以将虚拟机在开机状态下从一台 ESXi 主机迁移到另一台 ESXi 主机。通过 vSphere DRS 可以实现分布式资源调度，平衡各个 ESXi 主机的资源使用。通过 vSphere HA 可以在 ESXi 主机故障或虚拟机失效时重启虚拟机。vSphere HA 主要是为了处理 ESXi 主机故障，但是它也可以处理虚拟机和应用程序的故障。在所有情况下，vSphere HA 通过重启虚拟机来处理检测到的故障，这意味着故障发生时会出现一段停机时间。

练习题

1. 安装 vCenter Server 需要哪些服务的支持？请在中小型网络中规划 vCenter Server 的部署拓扑。

2. 通过虚拟机模板部署 Windows 和 Linux 操作系统时，需要进行哪些操作？

3．实现 vSphere vMotion 虚拟机迁移的条件有哪些？

4．请描述 vSphere vMotion 虚拟机迁移的工作过程。

5．请描述 vSphere DRS 3 种自动化级别的区别。

6．对于 vSphere HA，Master 主机和 Slave 主机各有哪些职责？

7．实现 vSphere HA 高可用性的条件有哪些？

8．综合实战题。

以 4 台 PC 为一组，每台 PC 中运行一个 VMware Workstation 虚拟机，所有虚拟机通过桥接模式的网卡互相连接，如图 2-200 所示。

（1）在第 1 台计算机上安装 Starwind iSCSI 目标服务器，使用浏览器连接到 vSphere Web Client。

（2）在第 2 台计算机的虚拟机中安装 Windows Server 2008 R2，安装配置 vCenter Server（VC）。

（3）在第 3 台计算机的虚拟机中安装 VMware ESXi，主机名为 ESXi-1。

（4）在第 4 台计算机的虚拟机中安装 VMware ESXi，主机名为 ESXi-2。

（5）在 vCenter Server 中加入两台 ESXi 主机，连接到 iSCSI 共享存储。

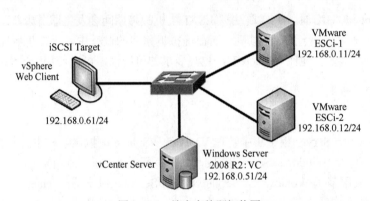

图 2-200　综合实战题拓扑图

（6）使用 iSCSI 共享存储创建 Windows Server 2008 R2 和 CentOS 6.x 虚拟机。

（7）使用虚拟机模板分别部署一个 Windows Server 2008 R2 虚拟机和一个 CentOS 6.x 虚拟机。

（8）启用 vSphere vMotion，使用 vMotion 在线迁移虚拟机。

（9）创建群集，启用 vSphere DRS，练习 DRS 规则配置。

（10）启用 vSphere HA，模拟 ESXi 主机故障，测试 vSphere HA 是否起作用。

项目 3　使用 VMware Horizon View 搭建 VMware 云桌面服务

项目导入

　　某职业院校已经实现了整个校园网的全面覆盖，但信息化处理方式还是单机办公模式，使得办公效率低下，设备投资维护费用高，数据存储迁移烦琐。在"互联网+"的环境下，学校决定进行网络升级，以期实现提高办公效率、减少设备投入的目的。经过多方考察和研究，学校决定搭建云桌面平台，实现桌面的集中管理、控制，以满足终端用户个性化、BYOD（Bring Your Own Device）以及移动化办公的需求。

　　经过企业调研，该职业院校网络中心采购了若干台高性能服务器，采用 VMware vSphere 5.5 搭建了虚拟化平台。技术人员决定部署 VMware Horizon View 6.1.1 桌面虚拟化平台，制作 Windows 7 虚拟桌面发布给职工使用。等职工掌握了虚拟化平台的使用后，再全面推广私有云平台。

项目目标

- 了解 VMware Horizon View
- 搭建 VMware Horizon View 基础环境
- 制作和优化虚拟机模板
- 安装 VMware Horizon View 服务器软件
- 发布 Windows 7 虚拟桌面
- 使用客户端工具连接到虚拟桌面

项目设计

　　网络中心管理员设计了一个简单的桌面虚拟化测试环境，如图 3-1 所示，该拓扑结构由 3 个网络组成，分别为管理网络、虚拟机网络和存储网络。管理员的计算机中安装 VMware vSphere Client，通过管理网络对 VMware vSphere 进行管理。VMware Horizon View 的 Connection Server 和 Composer 都在管理网络中。使用一台服务器安装的 iSCSI 目标服务器作为网络存储。客户端通过虚拟机网络访问虚拟桌面。

　　为了让读者能够在自己的计算机上完成实验，在本项目中将使用 VMware Workstation 来搭建环境，读者可以将 ESXi、iSCSI 目标服务器、vCenter Server、Connection Server、Composer、SQL Server 分别单独安装在某个物理机或虚拟机上，Domain Controller、DNS、DHCP 安装在一台物理机或虚拟机上。如果分多台物理机进行实验，需要一台物理交换机。实验拓扑结构如图 3-2 所示。

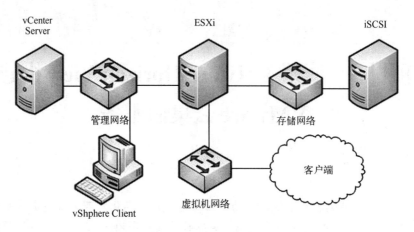

图 3-1 项目 3 拓扑结构

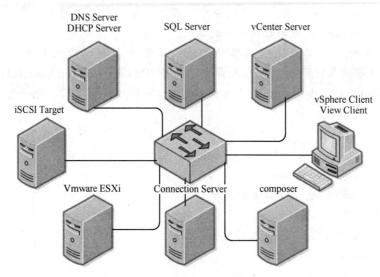

图 3-2 实验拓扑结构设计图

项目所需软件列表:

- VMware Workstation 12.0
- VMware vSphere 5.5U2
- Starwind iSCSI SAN & NAS 6.0
- Windows 7
- Windows Server 2008 R2（64 位）
- SQL Server 2008 R2
- VMware Horizon View Connection Server 6.1.1
- VMware Horizon View Composer 6.1.1
- VMware Horizon View Agent 6.1.1
- VMware Horizon Client for Windows 3.5
- VMware Horizon Client for Android 3.5

本项目所规划的每台主机的 IP 地址、域名和推荐的硬件配置如表 3-1 所示。

表 3-1 实验基本环境要求

主　机	IP	域　名	配　置
Windows 7/8.1/10 或 Windows Server 2008R2/2012 R2	192.168.8.58	物理机	1 CPU、16GB RAM
VMware ESXi	192.168.8.60	esxi.lab.net	2 vCPU、4GB RAM
Domain Controller、DNS Server、DHCP Server	192.168.8.51	dc.lab.net	1 vCPU、1GB RAM
SQL Server	192.168.8.53	db.lab.net	1 vCPU、1GB RAM
VMware vCenter Server	192.168.8.55	vc.lab.net	2 vCPU、5GB RAM
VMware Horizon View Connection Server	192.168.8.57	cs.lab.net	2 vCPU、2GB RAM
VMware Horizon View Composer	192.168.8.59	cp.lab.net	1 vCPU、1GB RAM

任务 3.1　VMware Horizon View 基础环境配置

3.1.1　VMware Horizon View 桌面虚拟化介绍

VMware Horizon View 以托管服务的形式从专为交付整个桌面而构建的虚拟化平台上交付丰富的个性化虚拟桌面。通过 VMware Horizon View，用户可以将虚拟桌面整合到数据中心的服务器中，并独立管理操作系统、应用程序和用户数据，从而在获得更高业务灵活性的同时，使最终用户能够通过各种网络条件获得灵活的高性能桌面体验，实现桌面虚拟化的个性化。

VMware Horizon View 能够简化桌面和应用程序管理，同时加强安全性和控制力，为终端用户提供跨会话和设备的个性化、高逼真体验，实现传统 PC 难以企及的更高桌面服务可用性和敏捷性，同时将桌面的总体拥有成本减少多达 50%。终端用户可以享受到新的工作效率级别和从更多设备及位置访问桌面的自由，同时为 IT 提供更强的策略控制。

使用 VMware Horizon View 能有效提高企业桌面管理的可靠性、安全性、硬件独立性与便捷性。

1. 可靠性与安全性

VMware vSphere 能够在一台物理机上同时运行多个操作系统，回收闲置资源并在多台物理机之间平衡工作负载，处理硬件故障和预定维护。VMware Horizon View 通过将桌面和应用程序与 VMware vSphere 进行集成，并对服务器、存储和网络资源进行虚拟化，可实现对桌面和应用程序的集中式管理。将桌面操作系统和应用程序放置于数据中心的某个服务器上可带来以下优势：

- 轻松限制数据访问。防止敏感数据复制到远程员工的家用计算机。
- 通过使用预创建的 Active Directory 账户置备远程桌面，满足具有只读访问策略的锁定 Active Directory 环境的需求。
- 安排数据备份时无须考虑最终用户的系统是否关闭。
- 数据中心托管的远程桌面和应用程序不会或很少停机。虚拟机可以驻留在具有高可用性的 VMware 服务器群集中。
- 虚拟桌面还可连接到后端物理系统和 Microsoft 远程桌面服务（RDS）主机。

2. 便捷性

统一管理控制台可支持扩展，即使最大规模的 Horizon View 部署也能通过单个管理界面来有效管理。向导和控制板可提高工作效率，并有助于查看详细信息或更改设置。

3．可管理性

能够在很短的时间内置备最终用户的桌面和应用程序，无须在每个最终用户的物理 PC 上逐一安装应用程序。最终用户可连接到远程应用程序或应用程序齐备的远程桌面，可以在不同位置使用各种设备访问同一个远程桌面或应用程序。而管理员无须访问用户的物理 PC 即可修补和升级应用程序和操作系统。

4．硬件独立性

远程桌面和应用程序具有硬件独立性。例如，由于远程桌面在数据中心内的某个服务器中运行，且只能从客户端设备访问，因此远程桌面可以使用与客户端设备硬件不兼容的操作系统。

例如，尽管 Windows 8 只能在支持 Windows 8 的设备上运行，但可以将 Windows 8 安装在虚拟机中，并在不支持 Windows 8 的 PC 上使用该虚拟机。

远程桌面可在 PC、Mac、瘦客户端、平板电脑和手机上运行，远程应用程序可在以上部分设备中运行。

如果使用 HTML Access 功能，最终用户可在浏览器中打开远程桌面，无须在客户端系统或设备上安装任何客户端应用程序。

5．可用性、集中式控制和可扩展性

以下功能提供最终用户所熟悉的体验：

- 在 Microsoft Windows 客户端设备中，可以在虚拟桌面上使用 Windows 客户端设备上定义的任何本地或网络打印机进行打印。该虚拟打印机功能可消除兼容性问题，而且不必在虚拟机上安装额外的打印驱动程序。
- 使用多个显示器。借助 PCoIP 多显示器支持，可以分别调整每个显示器的分辨率和旋转角度。
- 访问连接到可显示虚拟桌面的本地设备的 USB 设备和其他外围设备。
- 可指定最终用户可连接的 USB 设备类型。对于包含多种设备类型的组合设备（例如，包含一个视频输入设备和一个存储设备），可通过分割设备，允许连接其中一个设备（如视频输入设备），而禁止连接另一个（如存储设备）。
- 即使桌面已刷新或重构，使用 Persona Management 仍可保留会话间的用户设置和数据。Persona Management 能够按照可配置的时间间隔将用户配置文件复制到远程配置文件存储（CIFS 共享位置）。
- 可以在不受 View 管理的物理机和虚拟机上使用独立版本的 View Persona Management。

6．安全功能

- 使用 RSA SecurID 或 RADIUS（远程身份验证拨入用户服务）等双因素身份验证或智能卡登录。
- 在针对 Active Directory 提供只读访问策略的环境中配置远程桌面和应用程序时，使用预先创建的 Active Directory 账户。
- 使用 SSL 安全加密链路确保对所有连接进行完全加密。
- 使用 VMware High Availability 确保自动进行故障切换。
- 可扩展性功能需要借助 VMware 虚拟化平台来管理桌面和服务器。
- 与 VMware vSphere 集成，可以实现远程桌面和应用程序的高性价比密度、高可用性，并提供高级资源分配控制。

- 使用 Horizon View 存储加速器功能可以在存储资源相同的情况下支持更大规模的最终用户登录。该存储加速器使用 vSphere 平台中的功能，为通用数据块读取操作创建主机内存缓存。
- 将 Horizon View Connection 服务器配置为代理最终用户与授权最终用户访问的远程桌面和应用程序之间的连接。
- 使用 Horizon View Composer 快速创建与主映像共享虚拟磁盘的桌面映像。采用这种方法使用链接克隆，有助于节省磁盘空间和简化对操作系统的修补程序和更新的管理。

3.1.2　VMware Horizon View 的体系结构

VMware Horizon View 通过以集中化的服务形式交付和管理桌面、应用程序和数据，从而加强对它们的控制，与传统 PC 不同，Horizon View 桌面并不与物理计算机绑定。相反，它们驻留在云中，并且终端用户可以在需要时访问他们的虚拟桌面。如图 3-3 所示为 VMware Horizon View 结构图，下面将对该图进行简单介绍。

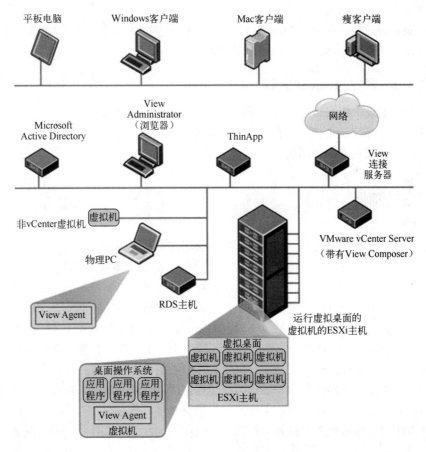

图 3-3　VMware Horizon View 结构图

（1）View Agent

View Agent 组件用于协助实现会话管理、单点登录、设备重定向以及其他功能。

（2）ESXi 主机

ESXi 是一款直接安装在物理服务器上的裸机虚拟化管理程序，可用于将服务器划分成多个虚拟机。

（3）RDS 主机

RDS（Remote Desktop Service，远程桌面服务）是微软公司针对 Windows 操作系统开发的一种远程控制协议，VMware Horizon 支持创建 RDS 桌面池。

（4）vCenter Server

VMware vCenter Server 可集中管理VMware vSphere环境，提供了一个可伸缩、可扩展的平台，为虚拟化管理奠定了基础。

（5）Microsoft Active Directory

Microsoft Active Directory 服务是 Windows 平台的核心组件，它为用户管理网络环境各个组成要素的标识和关系提供了一种有力的手段。Active Directory 使用了一种结构化的数据存储方式，存储了有关网络对象的信息，并以此作为基础对目录信息进行合乎逻辑的分层组织，让管理员和用户能够轻松地查找和使用这些信息。

（6）View Connection Server

View Connection Server 是 VMware Horizon View 虚拟桌面管理体系中的重要组成部分，与 vCenter Server 和 Composer 合作，实现对虚拟桌面的管理。

3.1.3 创建和配置 VMware ESXi

通过物理机或虚拟机安装 VMware ESXi 5.5，具体步骤可以参考项目 1 任务 1.2。ESXi 主机的内存至少应为 4 GB，ESXi 的主机名、IP 地址等参数值见表 3-2 所示。

表 3-2　ESXi 参数值

参　　数	值
Hostname	esxi
Domain	lab.net
IP	192.168.8.60
Subnet Mask	255.255.255.0
Default Gateway	192.168.8.2

3.1.4 配置域控制器

1．域的概念

域（Domain）既是 Windows 网络系统的逻辑组织单元，也是 Internet 的逻辑组织单元。在 Windows 系统中，域是安全边界。域控制器类似于网络"主管"，用于管理所有的网络访问，包括登录服务器、访问共享目录和资源。域控制器存储了所有的域范围内的账户和策略信息，包括安全策略、用户身份验证信息和账户信息。每个域都有自己的安全策略，以及它与其他域的安全信任关系。简单来说，域是共享用户账号、计算机账号及安全策略的一组计算机。

域控制器（Domain Controller）指在"域"模式下，至少有一台服务器负责每一台联入网络的计算机和用户的验证工作，相当于一个企业部门的主管一样。域控制器包含了由这个域的账户、密码、属于这个域的计算机等信息构成的数据库。当计算机联入网络时，域控制器首先要鉴别这台计算机是否属于这个域，用户使用的登录账号是否存在、密码是否正确。如果以上信息有一样不正确，那么域控制器就会拒绝这个用户从这台计算机登录。不能登录，用户就不能访问服务器上有权限保护的资源，只能以对等网用户的方式访问 Windows 共享的资源，这样就在一定程度上保护了网络上的资源。

成员服务器是指安装了 Windows Server 操作系统，又加入了域的计算机，成员服务器的主要目的是提供网络服务和数据资源。成员服务器通常包括数据库服务器、Web 服务器、文件共享服务器等。

域中的客户端是指其他操作系统（如 Windows 7/8.1/10）的计算机，用户利用这些计算机和域中的账户，就可以登录到域，成为域中的客户端。

2．配置域控制器

1）在物理机上安装 Windows 7/8.1/10 或 Windows Server 2008 R2/2012 R2 操作系统，设置 IP 地址为 192.168.8.58，安装 VMware Workstation 12.0。

2）在 VMware Workstation 虚拟机中安装 Windows Server 2008 R2，安装 VMware Tools。

3）配置 IP 地址为 192.168.8.51，子网掩码为 255.255.255.0，默认网关为 192.168.8.2，首选 DNS 服务器为 202.102.128.68，如图 3-4 所示。

4）修改计算机名，打开"服务器管理器"，单击"更改系统属性"，单击"更改"，修改计算机名为"DC"，然后重新启动计算机，如图 3-5 所示。

图 3-4　配置静态 IP

图 3-5　修改计算机名

5）打开"服务器管理器"对话框，单击"角色"→"添加角色"，如图 3-6 所示。

6）勾选"Active Directory 域服务"，如图 3-7 所示。

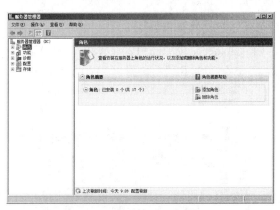

图 3-6　在服务器管理器中添加角色

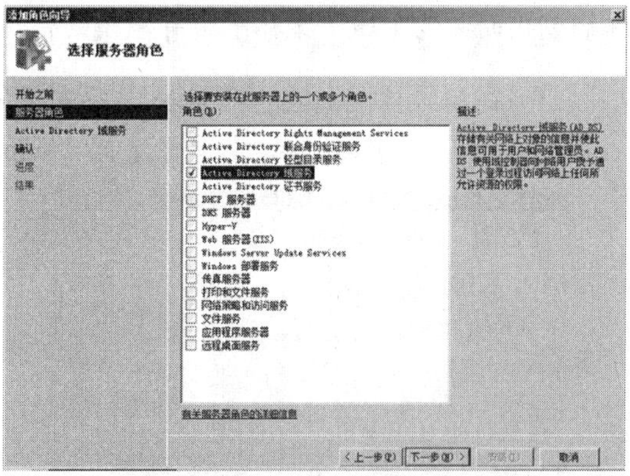

图 3-7　安装 Active Directory 域服务

7）要安装 Active Directory 域服务，需要安装.NET Framework 3.5，如图 3-8 所示。

8）安装完成，如图 3-9 所示。

图 3-8　安装.NET Framework

图 3-9　域服务安装成功

9）展开"Active Directory 域服务"，单击"运行 Active Directory 域服务安装向导"，如图 3-10 所示。

10）第一次配置林，选中"在新林中新建域"，如图 3-11 所示。

图 3-10　配置域

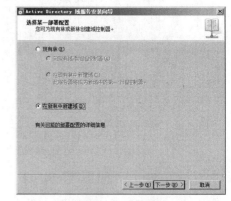

图 3-11　新建林

☞**提示**：域林由一个或多个没有形成连续名字空间的域树组成。域林中有根域，这是域林中创建的第一个域，域林中所有域树的根域与域林的根域建立可传递的信任关系。

11）在目录林根级域的 FQDN 中添加域名，如"lab.net"，如图 3-12 所示。

12）设置林功能级别，在这里选择"Windows Server 2008 R2"，如图 3-13 所示。

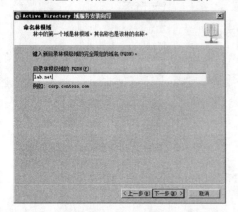

图 3-12　设定域名

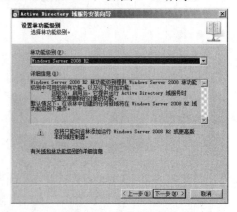

图 3-13　选择林功能级别

13）选中"DNS 服务器"，如图 3-14 所示。

14）经过一段时间，完成域控制器的安装，重新启动系统，如图 3-15 所示。

图 3-14　安装 DNS 服务　　　　　　　　　　　　图 3-15　安装完成

15）由于 Windows Server 默认的用户密码有效期为 42 天，到期后需要更改密码。这对 vCenter Server 和 Horizon View 的管理带来了不便，下面将把用户的密码设置为永久有效。打开"管理工具"→"组策略管理"，展开"林"→"域"→"lab.net"→"Default Domain Policy"，右击选择"编辑"命令，如图 3-16 所示。

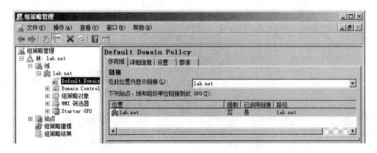

图 3-16　组策略管理

16）展开"计算机配置"→"策略"→"Windows 设置"→"安全设置"→"账户策略"→"密码策略"，将"密码必须符合复杂性要求"配置为"已禁用"，"密码长度最小值"配置为"1 个字符"，"密码最短和最长使用期限"配置为 0，"强制密码历史"配置为"0 个记住的密码"，如图 3-17 所示（这是为了用户管理方便，实际应用时可以按照用户需求配置）。

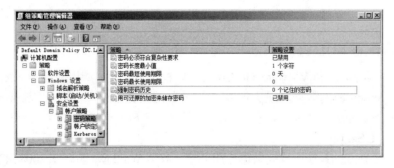

图 3-17　组策略管理编辑器

3.1.5 配置 DNS 服务器

1．DNS 服务概述

域名系统（DNS）是一种采用客户端/服务器机制，实现名称与 IP 地址转换的系统。域名系统是 Internet 上作为域名和IP 地址相互映射的一个分布式数据库，能够使用户更方便地访问互联网，而不用去记住能够被机器直接读取的 IP 地址。通过主机名，最终得到该主机名对应的 IP 地址的过程叫做域名解析（或主机名解析）。

从技术角度看，DNS 解析是互联网绝大多数应用的实际寻址方式，域名技术的发展以及基于域名技术的多种应用，丰富了互联网应用和协议。从资源角度看，域名是互联网上的身份标识，是不可重复的唯一标识资源，互联网的全球化使得域名成为标识一国主权的国家战略资源。

安装活动目录域时会自动添加 DNS 服务，成员服务器加入到域中时，域名系统会自动给服务器添加主机记录，但是因为我们先安装了 ESXi，所以要手工将 ESXi 的资源记录加入到域名系统中。

2．配置 DNS 服务器

1）打开"管理工具"→"DNS"，在正向查找区域 lab.net 中新建主机记录，如图 3-18 所示。

2）将 ESXi 的域名 esxi.lab.net 解析为 192.168.8.60，单击"添加主机"按钮，如图 3-19 所示。

图 3-18　添加主机记录

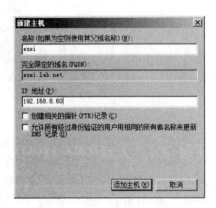

图 3-19　添加 ESXi 主机

3.1.6 安装和配置 SQL Server

在 VMware vSphere 和 VMware Horizon View 框架下，数据库用来存储 vCenter Server、Horizon View Composer 的数据，涉及 vCenter Server 连接、View Composer 部署的链接克隆桌面、View Composer 创建的副本等，在这里我们采用 SQL Server 2008 R2 数据库服务器。

1．安装 SQL Server

1）选择一台独立的系统来安装数据库服务器。安装 Windows Server 2008 R2 操作系统，安装 VMware Tools，设置 IP 地址为 192.168.8.53，子网掩码为 255.255.255.0，默认网关为

192.168.8.2，DNS 服务器为 192.168.8.51，计算机名为 DB，加入域 lab.net，重新启动后以域管理员"LAB\administrator"身份登录系统。

2）在安装数据库前，打开"服务器管理器"，单击"功能"，添加功能".NET Framework 3.5.1"，如图 3-20 所示。

3）在安装 SQL Server 2008 R2 的过程中，需要设置服务账号及密码。在这里以域用户设置账户名及密码，以方便其他服务器通过网络访问数据库系统。单击"Use the same account for all SQL Server services"，输入域管理员用户名"LAB\administrator"和密码，如图 3-21 所示，然后将所有服务设置为自动启动。

图 3-20　安装.Net Framework

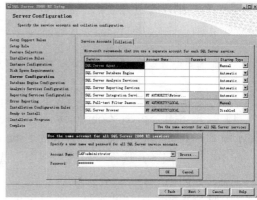

图 3-21　设置域用户登录密码

4）设置数据库登录账号及密码，选择混合模式（SQL Server 身份验证和 Windows 身份验证），并添加当前用户（LAB\administrator）为数据库管理员，如图 3-22 所示。

5）添加当前用户为 Analysis 服务的管理员，如图 3-23 所示。

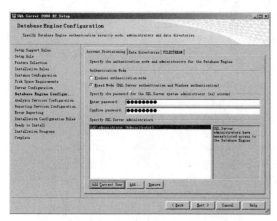

图 3-22　设置数据库登录账号及密码

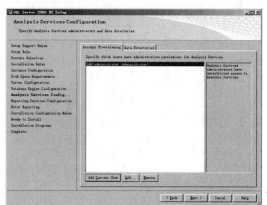

图 3-23　添加当前用户

2. 配置 SQL Server

1）打开 SQL Server Management Studio，输入主机名 DB、选择 SQL Server 认证，输入用户名和密码，如图 3-24 所示。

2）在 Databases 处右击选择"New Database"命令，输入新创建数据库的名称为 vcenter，单击"OK"按钮，如图 3-25 所示。

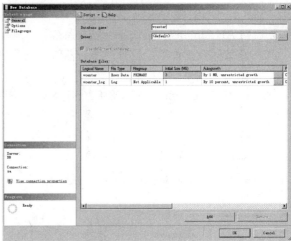

图 3-24　登录 SQL Server　　　　　　　　图 3-25　创建数据库 vcenter

3）打开 SQL Server Configuration Manager，将 SQL Server Services 中的 SQL Server Browser 和 SQL Full-text Filter Daemon Launcher 服务的启动用户配置为域管理员：右击 SQL Server Browser 服务，选择"属性"命令，选择"This account"，输入域管理员用户名和密码，如图 3-26 所示。

4）对 SQL Full-text Filter Daemon Launcher 服务进行同样操作，并把服务的启动模式设置为"Automatic"（自动），如图 3-27 所示。

图 3-26　配置服务的启动用户　　　　　　　图 3-27　配置服务的启动模式

5）重新回到 SQL Server Management Studio，在计算机名处右击选择"Facets"命令，如图 3-28 所示。

6）在"Facets"处选择"Surface Area Configuration"，将"RemoteDacEnabled"设置为"True"，如图 3-29 所示。

7）打开高级安全 Windows 防火墙，在"规则类型"中新建自定义规则，如图 3-30 所示。

8）选择"所有程序"，如图 3-31 所示。

图 3-28　配置 Facets

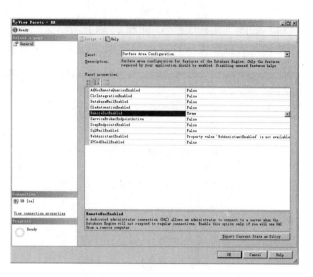

图 3-29　配置 RemoteDacEnabled

图 3-30　新建自定义规则

图 3-31　选择程序

9）协议类型选择"任何"，如图 3-32 所示。

10）配置远程 IP 地址为"192.168.8.0/24"，如图 3-33 所示。

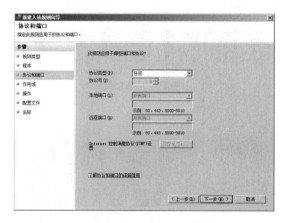

图 3-32　选择协议

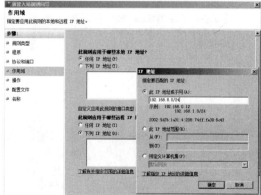

图 3-33　配置远程 IP 地址

11）选择"允许连接"，如图 3-34 所示。

12）为所有配置文件启用该规则，如图 3-35 所示。

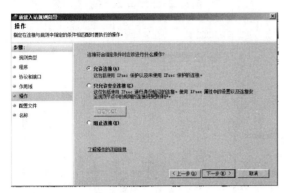 

图 3-34　允许连接　　　　　　　　　图 3-35　为所有配置文件启用该规则

13）输入规则名称为"Permit-SQL Server"，完成规则创建。

3.1.7　安装和配置 vCenter Server

VMware vSphere 是一套虚拟化应用程序，包括 ESXi 和 vCenter Server。vCenter Server 可提供一个用于管理 VMware vSphere 环境的集中式平台，可以实施和交付虚拟基础架构。

在本项目中，将安装 Windows 版的 vCenter Server，与项目 2 不同的是，本次 vCenter Server 将使用外部 SQL Server 2008 R2 数据库。因此需要先安装 SQL Server Native Client，配置 ODBC 数据源，然后再安装 vCenter Server。

1）选择一台独立的系统来安装 vCenter Server。安装 Windows Server 2008 R2 操作系统，安装 VMware Tools，设置 IP 地址为 192.168.8.55，子网掩码为 255.255.255.0，默认网关为 192.168.8.2，DNS 服务器为 192.168.8.51，计算机名为 VC，加入域 lab.net，重新启动后以域管理员"LAB\administrator"身份登录系统。

2）装载 SQL Server 2008 R2 的安装光盘，进入光盘中的"1033_ENU_LP\x64\Setup\x64"目录，运行 sqlncli.msi，安装 SQL Server 2008 R2 Native Client。

3）打开"管理工具"→"数据源（ODBC）"，选择"系统 DSN"选项卡，如图 3-36 所示。

4）单击"添加"按钮，选择"SQL Server Native Client 10.0"，如图 3-37 所示。

 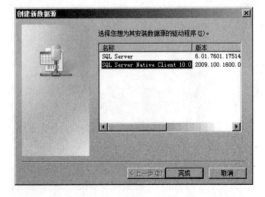

图 3-36　配置系统 DSN　　　　　　　图 3-37　选择"SQL Server Native Client 10.0"

5）输入数据源名称，可以随意起名，这里输入"vcenter"，输入 SQL Server 服务器名称"DB"，如图 3-38 所示。

6）选择 SQL Server 身份验证，输入 SQL Server 认证用户名"sa"和密码，如图 3-39 所示。

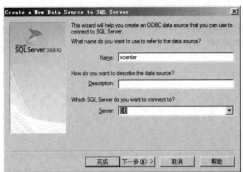

图 3-38　数据源名称　　　　　　图 3-39　输入 SQL Server 认证用户名"sa"和密码

7）将默认数据库更改为 SQL Server 数据库服务器中创建的 vcenter 数据库，如图 3-40 所示。

8）其他配置选项保持默认，如图 3-41 所示。

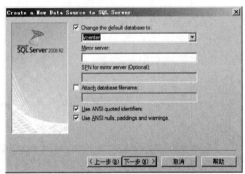

图 3-40　更改默认数据库　　　　　　　　　图 3-41　其他选项

9）完成之前单击"Test Data Source"按钮，如图 3-42 所示。

10）测试成功，如图 3-43 所示。

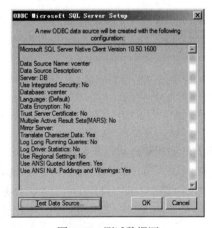
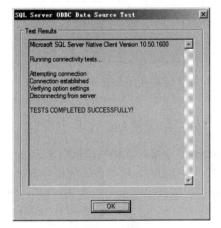

图 3-42　测试数据源　　　　　　　　　图 3-43　测试成功

11）打开服务器管理器，添加功能".Net Framework 3.5.1"。

12）开始安装 vCenter Server，在数据库配置处选择"使用现有的受支持数据库"，在"数据源名称（DSN）"处找到刚才创建的数据源"vcenter(MS SQL)"，如图 3-44 所示。

13）输入数据库服务器管理员用户"sa"和密码，如图 3-45 所示。

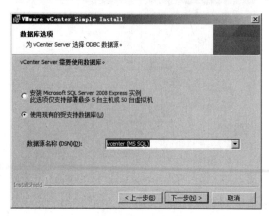

图 3-44　配置使用外部数据库

图 3-45　配置数据库服务器管理员用户"sa"和密码

14）取消选择"使用 Windows 本地系统账户"，输入域管理员用户名和密码，作为运行 vCenter Server 服务的账户，如图 3-46 所示。

15）vCenter Server 安装完成后，使用 vSphere Client 登录 vCenter Server，创建数据中心 "Datacenter"，添加 ESXi 主机 esxi.lab.net，如图 3-47 所示。

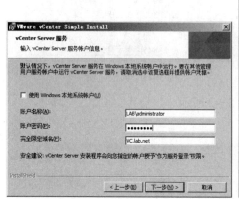

图 3-46　配置运行 vCenter Server 服务的账户

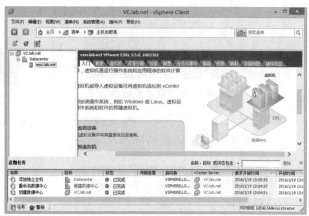

图 3-47　管理 vSphere

3.1.8　安装和配置 iSCSI 共享存储

Internet 小型计算机系统接口（iSCSI）是一种基于TCP/IP的协议，用来建立和管理 IP 存储设备、主机和客户机等之间的相互连接，并创建存储区域网络（SAN）。SAN 使得 SCSI 协议应用于高速数据传输网络成为可能，这种传输以数据块级别（block-level）在多个数据存储网络间进行。iSCSI 的主要功能是在TCP/IP网络上的主机系统（启动器 initiator）和存储设备（目标 target）之间进行大量数据的封装和可靠传输过程。

在本项目中，将使用 Starwind iSCSI SAN 6.0 搭建 iSCSI 目标服务器，操作系统 ISO 文件、模板虚拟机、虚拟桌面都将放置在 iSCSI 共享存储中，以便在将来规模扩大时实现 vMotion、DRS、HA 等功能。

1）在本机安装 Starwind iSCSI SAN 6.0，创建新的 iSCSI 目标，然后创建一个 100 GB 的 iSCSI 存储，如图 3-48 所示。

☞提示：在创建完成后注意查看 iSCSI 目标的 IQN 值，设定大小时，最好设定 100 GB 及以上的空间，以免后续添加虚拟机时存储空间不够，无法正常运行。

2）在 vSphere Client 中为 ESXi 主机添加 iSCSI 适配器，输入 iSCSI 服务器的 IP 地址为 192.168.8.1，连接到 iSCSI 目标服务器，如图 3-49 所示。

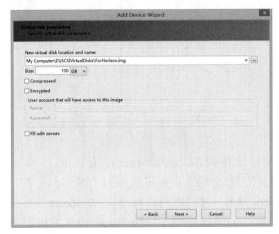
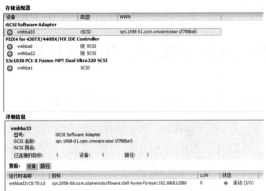

图 3-48　创建 iSCSI 目标　　　　　　　　图 3-49　连接到 iSCSI 服务器

3）在 iSCSI 存储中创建新的 VMFS 文件系统，使用最大可用空间。

3.1.9　配置 DHCP 服务器

1．DHCP 概述

DHCP（Dynamic Host Configuration Protocol，动态主机配置协议）通常被应用在大型的局域网络环境中，主要作用是集中管理、分配 IP 地址，使网络环境中的主机动态获得 IP 地址、Gateway 地址、DNS 服务器地址等信息，并能够提升 IP 地址的使用率。DHCP 采用客户端/服务器模型，当 DHCP 服务器接收到来自网络主机申请地址的信息时，才会向网络主机发送相关的地址配置等信息，以实现网络主机地址信息的动态配置。

在 VMware Horizon View 环境中，DHCP 服务器用来为虚拟桌面操作系统分配 IP 地址等信息。

2．配置 DHCP 服务器

1）在域控制器的服务器管理器中选择"角色"，添加"DHCP 服务"角色，在向导中配置 DNS 服务器为 192.168.8.51，如图 3-50 所示。

2）设置"起始 IP 地址"为 192.168.8.100，"结束 IP 地址"为 192.168.8.200，"子网掩码"为 255.255.255.0，"默认网关"为 192.168.8.2，如图 3-51 所示。

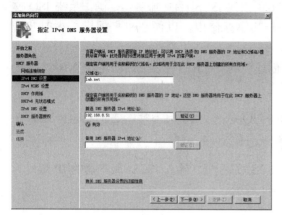

图 3-50　添加域和 DNS 服务器

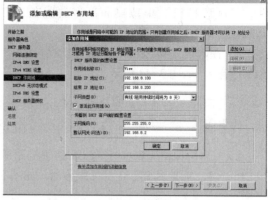

图 3-51　设定动态分配的 IP 范围

任务 3.2　制作和优化模板虚拟机

3.2.1　制作 Windows 7 模板虚拟机

1）将 Windows 7 64 位操作系统的安装光盘 ISO 上传到 iSCSI-Starwind 存储中。

2）在 ESXi 主机中新建虚拟机，选择"自定义配置"，输入虚拟机名称为"Windows 7"，将虚拟机放在 iSCSI-Starwind 存储中，虚拟机版本为 8，客户机操作系统为 Windows 7（64 位），虚拟机内核为 1 个，内存为 1 GB，使用默认的网络连接和适配器，创建新的虚拟磁盘，磁盘大小为 16 GB，选择磁盘置备方式为 Thin Provision。在虚拟机硬件配置中删除软盘驱动器，并在光驱配置中选择 iSCSI-Starwind 存储中的 Windows 7 安装光盘 ISO 文件，选中"打开电源时连接"。创建完成后，选中 Windows 7 虚拟机，右击选择"升级虚拟硬件"命令，如图 3-52 所示。

3）确定升级配置到虚拟机版本 10，如图 3-53 所示。

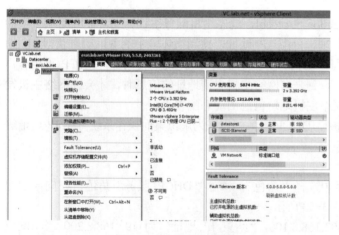

图 3-52　升级虚拟硬件

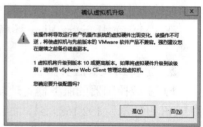

图 3-53　确定升级虚拟硬件

4）启动虚拟机并安装 Windows 7 操作系统，虚拟机硬盘不需要进行特殊的分区操作，只使用一个分区即可。操作系统安装完成后，关闭"系统保护"，安装 VMware Tools。

3.2.2 优化 Windows 7 模板虚拟机

安装好虚拟机后，需要对 Windows 7 进行一系列的配置，以适应 VMware Horizon View 的虚拟桌面环境。另外，对终端客户有共性的需求可以对虚拟机进行优化，以利于终端客户的正常使用。

1）在"管理工具"→"任务计划程序"中，进入"任务计划程序库"→"Microsoft"→"Windows"→"Maintenance"，将 WinSAT 任务设置为"禁用"，如图 3-54 所示。

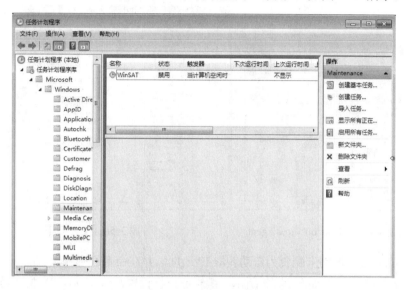

图 3-54 禁用 WinSAT

2）在"控制面板"→"电源选项"→"更改计算机睡眠时间"处，将"关闭显示器""使计算机进入睡眠状态"都设置为"从不"，如图 3-55 所示。

3）进入"更改高级电源设置"，将"在此时间后关闭硬盘"设置为"0"（从不），如图 3-56 所示。

图 3-55 更改电源设置

图 3-56 不关闭硬盘

4）使用合法的 KMS 服务器激活 Windows 7。

5）安装 VMware Horizon View Agent x86_64，默认会安装 HTML Access，如图 3-57 所示。

6）根据提示启用远程桌面，安装完成后重启系统。

7）如果 KMS 激活有问题，可以在注册表编辑器中定位到 HKEY_LOCAL_MACHINE\ SYSTEM\CurrentControlSet\Services\vmware-viewcomposer-ga，将 SkipLicenseActivation 的值设置为 1，如图 3-58 所示。

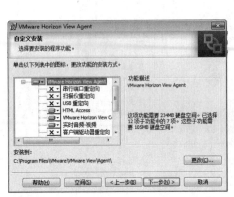

图 3-57　安装 VMware Horizon View Agent

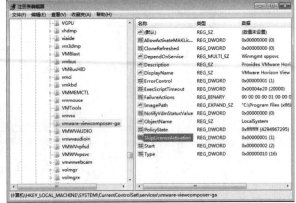

图 3-58　注册表编辑器

8）将 Windows 7 的网卡配置为自动获取 IP 地址，并在命令行中输入"ipconfig /release"释放所获取到的 IP 地址，如图 3-59 所示。编辑虚拟机设置，将 CD/DVD 驱动器设备类型更改为"客户端设备"。

9）关闭 Windows 7 虚拟机，并为虚拟机创建快照 View，如图 3-60 所示。

图 3-59　释放 IP 地址

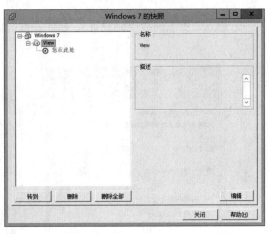

图 3-60　创建快照

任务 3.3　安装 VMware Horizon View 服务器软件

3.3.1　安装 VMware Horizon View Connection Server

1．VMware Horizon View Connection Server 简介

作为 VMware Horizon View 体系中的连接管理服务器，Horizon View Connection Server 是 VMware Horizon View 的重要组件之一。Horizon View Connection Server 与 vCenter Server 通信，借助 Horizon View Composer 的帮助，实现对虚拟桌面的高级管理功能，包括电源操作管理、虚拟桌面池管理、验证用户身份、授予桌面权利、管理虚拟桌面会话、通过 Web 管理界面（Horizon View Administrator Web Client）管理服务器。Horizon View Connection Server 为用户提供 3 种类型服务的选择：Standard Server（标准服务器）、Replica Server（副本服务器）、Security Server（安全服务器），客户可根据自己的实际应用选择不同类型的服务器进行安装。

Horizon View Connection Server 需要安装在 Windows Server 操作系统中，可以是物理服务器或者虚拟服务器。安装 Horizon View Connection Server 的服务器或者虚拟机必须加入 Active Directory 域（域控制器必须事先安装配置好，既可以在物理机上，也可以在虚拟机上），并且安装 Horizon View Connection Server 的域用户必须对该服务器具备管理员权限。Horizon View Connection Server 不要与 vCenter Server 安装在同一台物理机或虚拟机上，且第一台 Horizon View Connection Server 服务器应该安装成 Standard Server（标准服务器），通过它可以管理和维护虚拟桌面、ThinApp 应用。

2．安装 VMware Horizon View Connection Server

1）创建虚拟机，安装 Windows Server 2008 R2 操作系统，安装 VMware Tools。设置 IP 地址为 192.168.8.57，DNS 服务器指向域控制器 192.168.8.51，将计算机名更改为 CS，加入域 lab.net。重启后使用域管理员登录。

2）开始安装 VMware-viewconnectionserver-x86_64-6.1.1-2769403.exe，如图 3-61 所示。

3）安装 View 标准服务器，选中"安装 HTML Access"，如图 3-62 所示。

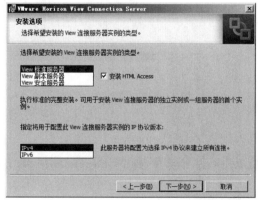

图 3-61　开始安装 Connection Server　　　　图 3-62　安装 HTML Access

4）设置数据恢复密码，如图 3-63 所示。

5）选择"自动配置 Windows 防火墙"，如图 3-64 所示。

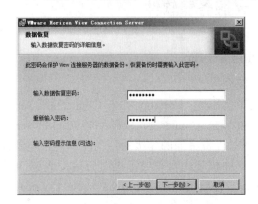

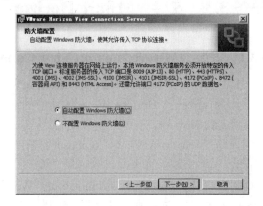

图 3-63 设定数据恢复密码   图 3-64 防火墙配置选择自动

6）授权域管理员登录 View 管理界面，如图 3-65 所示。

7）取消选中"匿名参与用户体验改进计划"，如图 3-66 所示。

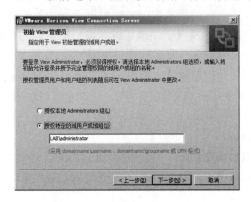

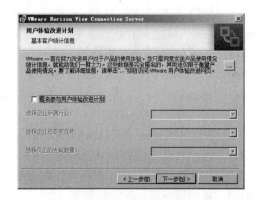

图 3-65 授权特定的域用户   图 3-66 不参加用户体验改进计划

8）VMware Horizon View Connection Server 安装完成，如图 3-67 所示。

9）打开服务器管理器，打开"配置 IE ESC"，为管理员和用户禁用 IE ESC，如图 3-68 所示。

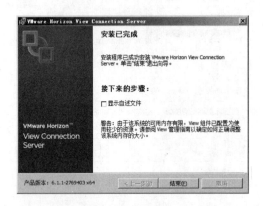

图 3-67 安装完成   图 3-68 关闭 IE ESC

3.3.2 安装 VMware Horizon View Composer

1. 介绍 VMware Horizon View Composer

作为 VMware Horizon View 终端用户计算管理（End-user Computing Management）平台的重要组成部分，Horizon View Composer 支持从父映像以链接克隆的方式快速创建桌面映像。无论在父映像上实施什么更新，都可以在数分钟内推送到任意数量的虚拟桌面，从而极大地简化部署和修补，并降低成本。此过程不会影响用户设置、数据或应用程序，因此用户仍然可以高效地使用工作桌面。

Horizon View Composer 需要使用 SQL 数据库来存储数据，所以在安装 Horizon View Composer 之前，先要明确数据库能否满足要求。

2. 安装 VMware Horizon View Composer

1）创建虚拟机，安装 Windows Server 2008 R2 操作系统，安装 VMware Tools，设置 IP 地址为 192.168.8.59，DNS 服务器指向域控制器 192.168.8.51，将计算机名更改为 CP，并加入域 lab.net。重启后使用域管理员登录。

2）在数据库服务器的 SQL Server Management Studio 中创建新数据库 composer。

3）在 Composer 虚拟机中装载 SQL Server 2008 R2 的 ISO 文件，进入光盘的"1033_ENU_LP\x64 \x64\Setup\x64"目录，运行 sqlncli.msi，安装 SQL Server 2008 R2 Native Client。打开"管理工具→数据源（ODBC）"，进入"系统 DSN"，单击"添加"按钮，选择 SQL Server Native Client10.0，输入数据源名称"composer"，输入 SQL Server 服务器名称"DB"，如图 3-69 所示。

4）输入 SQL Server 认证用户名 sa 和密码。将默认数据库更改为 SQL Server 数据库服务器中创建的 composer 数据库，如图 3-70 所示。完成创建数据源。

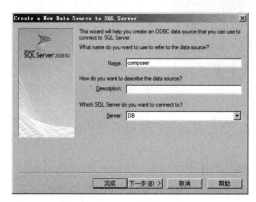

图 3-69　连接数据库服务器　　　　　　图 3-70　更改默认数据库

5）打开服务器管理器，添加功能".Net Framework 3.5.1"。下载并运行 VMware-viewcomposer- 6.1.1-2768165.exe，提示需要重启服务器。

6）重启系统后开始安装 VMware Horizon View Composer，如图 3-71 所示。

7）输入数据源名称 composer，数据库账号 sa 和密码，连接数据库，如图 3-72 所示。

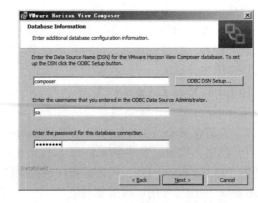

图 3-71　安装 View Composer　　　　　　　图 3-72　输入相关数据信息

8）端口保持默认，如图 3-73 所示。

9）完成安装 VMware Horizon View Composer，如图 3-74 所示。重新启动系统。

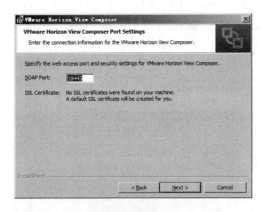
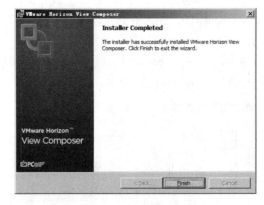

图 3-73　配置端口　　　　　　　　　　　　图 3-74　完成安装

3.3.3　在域中配置 Horizon View 所使用的 OU 和用户

1. 介绍 OU

OU（Organizational Unit，组织单位）是可以将用户、组、计算机和其他组织单位放入其中的活动目录容器，是可以指派组策略设置或委派管理权限的最小作用域或单元。通俗一点说，如果把 AD 比作一个公司的话，那么每个 OU 就是一个相对独立的部门。

OU 的创建需要在域控制器中进行，为了有效地组织活动目录对象，通常根据公司业务模

148

式的不同来创建不同的 OU 层次结构。以下是几种常见的设计方法。

- 基于部门的 OU，为了和公司的组织结构相同，OU 可以基于公司内部的各种各样的业务功能部门创建，如行政部、人事部、工程部、财务部等。
- 基于地理位置的 OU，可以为每一个地理位置创建 OU，如北京、上海、广州等。
- 基于对象类型的 OU，在活动目录中可以将各种对象分类，为每一类对象建立 OU，如根据用户、计算机、打印机、共享文件夹等。

2．在域中配置 Horizon View 所使用的 OU 和用户

下面将在域控制器的 lab.net 域里添加新的组织单位 View，在组织单位 View 中再添加组织单位 Users 和 VMs。其中组织单位 Users 用来存放认证用户，组织单位 VMs 用来存放 View 虚拟机。（名称可以按照习惯设定，最好见名知意。）

1）在域控制器上打开"管理工具"→"Active Directory 用户和计算机"，在域名 lab.net 上右击选择"新建"→"组织单位"命令，如图 3-75 所示。

2）输入组织单位的名称 View，如图 3-76 所示。

图 3-75　创建组织单位

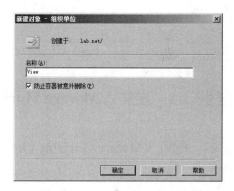

图 3-76　创建 View 组织单位

3）在该 OU 内再创建两个 OU，分别为 Users、VMs。在组织单位 Users 里创建用户，如图 3-77 所示。

4）创建两个用户，用户名登录名分别为 user1 和 user2，如图 3-78 所示。

图 3-77　创建用户

图 3-78　配置用户名

5）在组织单位 Users 里创建用户组 group1，方便管理具备相同权限的用户，如图 3-79 所示。

6）把用户 user1 和 user2 添加到用户组 group1 中，如图 3-80 所示。

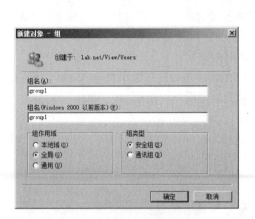

图 3-79　创建组

图 3-80　将用户添加到组中

任务 3.4　发布 VMware Horizon View 虚拟桌面

3.4.1　配置 VMware Horizon View

1）在 Connection Server 上安装 IE 的 Flash Player 插件，打开 Connection Server 所在桌面上的"View Administrator 控制台"进行 Horizon View 的设置，用户名为域管理员 administrator，如图 3-81 所示。

2）选择"清单"中的"View 配置"→"产品许可和使用情况"，单击"编辑许可证"，输入许可证序列号，如图 3-82 所示。

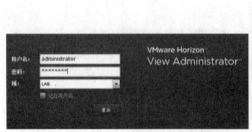

图 3-81　登录 View Administrator 控制台

图 3-82　给 View 输入序列号

3）单击"View 配置"→"服务器"，在 vCenter 服务器栏单击"添加"按钮，如图 3-83 所示。

4）输入 vCenter Server 的域名 vc.lab.net、用户名"administrator@vsphere.local"和密码，如图 3-84 所示。

图 3-83　在 View 设置中添加服务器

图 3-84　添加 vCenter Server 服务器

5）提示"检测到无效的证书"，单击"查看证书"按钮，如图 3-85 所示。

6）接受证书，如图 3-86 所示。

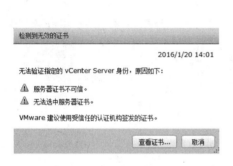

图 3-85　证书检验

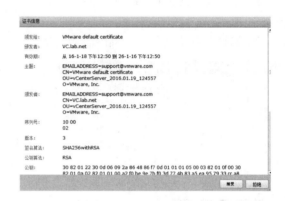

图 3-86　指纹证书

7）设置独立的 View Composer Server，输入 Composer 服务器的域名 cp.lab.net、用户名 administrator 和密码，如图 3-87 所示。查看并接受证书。

8）在"View Composer 域"中单击"添加"，输入域名 lab.net、域管理员用户名 administrator 和密码，如图 3-88 所示。

图 3-87　设置独立的 View Composer Server

图 3-88　添加域

9）存储设置保持默认，如图 3-89 所示。

10）vCenter Server 和 Composer 设置完成，如图 3-90 所示。

图 3-89　存储设置

图 3-90　设置完成

3.4.2　发布 Windows 7 虚拟桌面

1）在 View Administrator 控制台中选择"目录"→"桌面池"，单击"添加"按钮，如图 3-91 所示。

2）选择"自动桌面池"，如图 3-92 所示。

图 3-91　添加桌面池

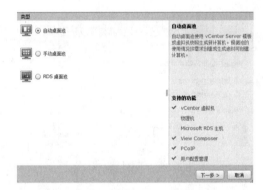

图 3-92　选择自动桌面池

3）用户分配选择"专用"→"启用自动分配"，如图 3-93 所示。

4）vCenter Server 选择"View Composer 链接克隆"，如图 3-94 所示。

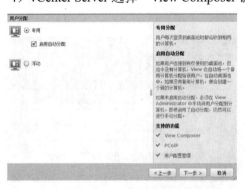

图 3-93　启动自动分配

图 3-94　View Composer 链接克隆

5）设置桌面池标识 ID，此 ID 在 vCenter Server 中具有唯一性，ID 不能跟虚拟机系统文件名重名。在这里配置池 ID 为"Windows7"，如图 3-95 所示。

6）在"桌面池设置"中选中"HTML Access"，其他选项采用默认配置，如图 3-96 所示。

图 3-95　桌面池标识 ID

图 3-96　桌面池设置

7）设定虚拟机名称，命名规则为计算机名称加上编号，编号采用的方式是{n}或{n:fixed=N}（固定长度 N），命名要求简洁明了，不要超过 13 个字符，在这里输入"win7-{n}"。"计算机的最大数量"和"备用（已打开电源）计算机数量"设置为"1"，即只部署 1 个虚拟桌面，如图 3-97 所示。

8）设置 View Composer 永久磁盘和一次性文件重定向盘的大小，View Composer 永久磁盘为给虚拟桌面用户使用的 D 盘，该磁盘中的内容不会丢失，如图 3-98 所示。

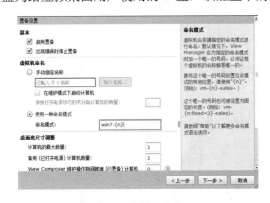

图 3-97　虚拟机命名

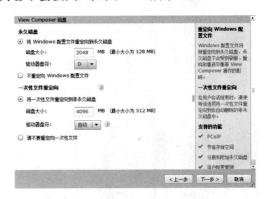

图 3-98　设定 View Composer 磁盘

9）存储优化保持默认配置，如图 3-99 所示。

10）选择父虚拟机为"Windows 7"，如图 3-100 所示。

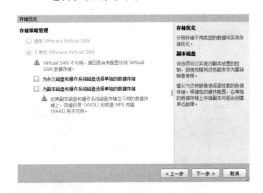

图 3-99　存储优化采用默认模式

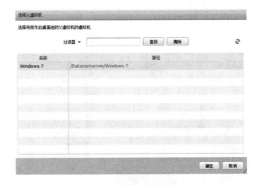

图 3-100　父虚拟机选择 Windows 7

11）选择虚拟机的快照为"View"，如图3-101所示。

12）虚拟机文件夹位置选择数据中心"Datacenter"，选择主机为"esxi.lab.net"，如图 3-102所示。

图3-101 选择View快照

图3-102 选择主机

13）设置桌面池的资源池，如图3-103所示。

14）设置数据存储的位置为"iSCSI-Starwind"，如图3-104所示。

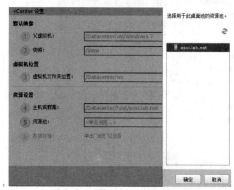

图3-103 设置桌面池的资源池

图3-104 设置数据存储位置

15）设置高级存储选项，在这里采用默认值，如图3-105所示。

16）在客户机自定义的"AD容器"处单击"浏览"按钮，如图3-106所示。

图3-105 高级存储选项

图3-106 客户机自定义

17）选择 View 虚拟机在活动目录中所存放的 OU 为 "OU=VMs,OU=View"，如图 3-107 所示。

18）选中 "此向导完成后授权用户"，完成虚拟桌面池的创建，如图 3-108 所示。

图 3-107 选择 DC 里设置好的组织单位

图 3-108 配置完成

19）在用户授权窗口中单击 "添加" 按钮，在弹出的 "查找用户或组" 窗口中选择域 "lab.net"，单击 "查找" 按钮，选择活动目录中的 "group1" 用户组，授权 group1 用户组中的用户使用此桌面池，如图 3-109 所示。

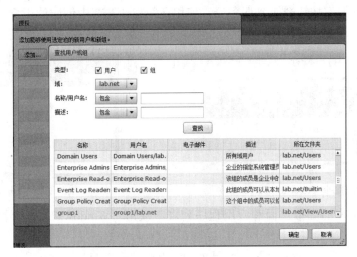

图 3-109 授权添加用户

20）选择 "资源" → "计算机"，可以看到 Horizon View 正在部署一个名为 "win7-1" 的虚拟桌面，等待 30～60 分钟，当虚拟桌面的状态为 "可用" 时，虚拟桌面池的部署完成。如图 3-110 所示。

图 3-110 生成虚拟桌面池

21）在 ESXi 主机的"配置"→"软件"→"虚拟机启动/关机"处，单击"属性"，勾选"允许虚拟机与系统一起启动和停止"，将虚拟机"win7-1"设置为自动启动，关机操作为"客户机关机"。

⌁提示：VMware Horizon View 的最新版本能够支持将最新的 Windows 操作系统作为云桌面，以目前最新发布的 VMware Horizon View 6.2.1 为例，该版本能够支持将 Windows XP、Windows 7、Windows 8.1、Windows 10 作为云桌面。

任务 3.5   连接到云桌面

3.5.1   使用 Windows 版 VMware Horizon Client 连接到云桌面

1）下载 VMware Horizon Client for Windows，并在物理机上安装该程序。

2）打开 Horizon Client，单击"新建服务器"，输入连接服务器的域名"cs.lab.net"，如图 3-111 所示。

3）单击"继续"按钮登录到服务器，使用在第 3.3.3 节中创建的用户名和密码登录，如图 3-112 所示。

图 3-111　连接到 Connection Server 服务器

图 3-112　用户登录

4）显示该用户的虚拟桌面和应用程序列表，双击"Windows7"云桌面，如图 3-113 所示。

5）以下为通过 Windows 版 VMware Horizon Client 连接到的 Windows 7 云桌面，如图 3-114 所示。

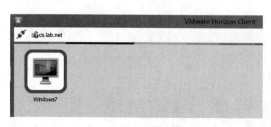

图 3-113　登录云桌面

图 3-114　Windows 7 虚拟桌面

VMware Horizon View 对 Windows 7 操作系统进行了自定义设置，将用户数据保存在了 D

盘。该用户下次登录虚拟桌面时，桌面、我的文档等位于 D 盘中的数据都不会丢失。E 盘用来保存临时文件，不要保存重要数据。

3.5.2 使用 Android 版 VMware Horizon Client 连接到云桌面

VMware Horizon View 的云桌面不仅可以通过 PC 来访问，使用基于 Android、iOS 等移动平台的手机和平板电脑也可以访问 VMware Horizon View 的云桌面。下面将使用 Android 版的 VMware Horizon Client 连接到 VMware Horizon View 的云桌面。

1）在 Android 手机中安装 Horizon Client，通过 WLAN 连接到网络 192.168.8.0/24 中，打开 Horizon Client，输入服务器名称 "cs.lab.net"，单击 "连接" 按钮，如图 3-115 所示。

2）输入用户名和密码，单击 "连接" 按钮，如图 3-116 所示。

3）单击 "Windows7" 桌面，如图 3-117 所示。

图 3-115　输入服务器名称　　　图 3-116　输入用户名和密码　　　图 3-117　云桌面列表

4）在屏幕左边可以打开云桌面中的 "开始" 菜单，如图 3-118 所示。

5）在屏幕右边为 Horizon Client 的快捷菜单，如图 3-119 所示。

图 3-118　云桌面中的 "开始" 菜单　　　　　图 3-119　Horizon Client 的快捷菜单

3.5.3 通过 Web 访问 VMware Horizon View 云桌面

VMware Horizon View 的云桌面也可以通过支持 HTML5 的浏览器来访问。

1）在浏览器地址栏中输入 "https://cs.lab.net"，出现 VMware Horizon 的 Web 界面，

如图 3-120 所示。

2）单击"VMware Horizon View HTML Access"，输入活动目录中的用户名和密码，单击"登录"按钮，如图 3-121 所示。

图 3-120　浏览器登录

图 3-121　输入用户名和密码

3）以下为通过 Web 访问的云桌面，如图 3-122 所示。

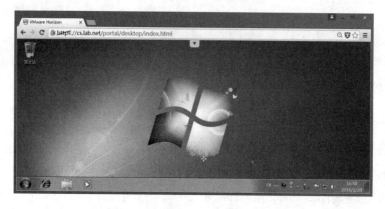

图 3-122　通过 Web 访问的云桌面

项目总结

VMware Horizon View 以托管服务的形式构建虚拟化平台上的个性化云桌面。通过 VMware Horizon View，可以将虚拟桌面整合到数据中心的服务器中，并独立管理操作系统、应用程序和用户数据，从而在获得更高业务灵活性的同时，使最终用户能够获得高性能桌面体验，实现桌面虚拟化的个性化。

部署 VMware Horizon View 的必要服务器组件包括：活动目录域控制器、SQL Server 数据库服务器、VMware ESXi 主机、vCenter Server、Connection Server。对于大型 Horizon View 部署，通常还需要 Composer 组件，以提供虚拟桌面的链接克隆。要支持虚拟桌面的 vMotion、DRS 和 HA 等特性，还需要使用 iSCSI 等共享存储。

练习题

1. 什么是 VMware Horizon View，由哪些部分组成？

2．活动目录域的作用是什么，组织单位与活动目录域有什么关系？

3．DNS 服务在 VMware Horizon View 的部署中有什么作用？

4．DHCP 服务在 VMware Horizon View 的部署中有什么作用？

5．综合实战，使用多台主机联网协作完成，拓扑图与图 3-2 相同。

（1）安装 Windows Server 2008 R2，配置 Active Directory；

（2）安装 vCenter Server 服务器；

（3）制作 Windows 7 模板虚拟机并优化；

（4）在域中配置组织单位及用户；

（5）安装 VMware Horizon View Connection Server；

（6）安装 VMware Horizon View Composer；

（7）配置 VMware Horizon View；

（8）发布 Windows 7 虚拟桌面；

（9）通过 PC 客户端和 Web 访问 VMware Horizon View 云桌面；

（10）通过 Android 手机访问 VMware Horizon View 云桌面。

项目 4　使用 CentOS 搭建企业级虚拟化平台

项目导入

　　某职业院校新建一个 60 个客户端的小型实训室，需要使用单一平台快速实现服务器虚拟化和桌面虚拟化，使用服务器虚拟化实现各种服务，使用桌面虚拟化实现实训环境的管理，为实训室提供全方位的服务和桌面管理。

项目目标

- 了解 CentOS KVM 虚拟化和 Ovirt 虚拟化架构
- 配置和使用 KVM 虚拟化服务
- 配置 CecOS 服务器虚拟化平台
- 配置 CecOS 桌面虚拟化平台

项目设计

　　通过调研，实验室管理员综合考虑方案的成本和灵活性，计划基于 Linux 下的 KVM 虚拟化技术实现机房的管理工作。Linux KVM 是开源的，成本低，灵活性强，可定制性高，得到了项目组的一致认可。

　　实训室管理员计划在实验室中两台服务器上建立基于 Linux 的企业级虚拟化平台架构，通过调研和比较，管理员选择了国内 OPENFANS 社区推出的 CecOS 企业虚拟化产品进行部署，设计实验框架拓扑结构如图 4-1 所示。

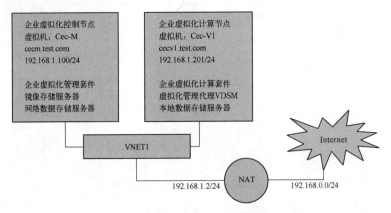

图 4-1　CecOS 企业虚拟化项目实验拓扑结构

　　实验室管理员计划通过两步对项目进行实施：第 1 步首先熟悉 CentOS Linux 上的 KVM 虚拟化技术，了解基本的 KVM 使用方法，方便日后的底层管理；第 2 步利用 CecOS 企业虚拟化建立集服务器虚拟化和桌面虚拟化为一体的实训虚拟化环境。

在本项目中，使用 VMware Workstation 中的一台虚拟机作为 CecOS 企业虚拟化的集成 NFS 共享存储系统的控制节点（Engine Node），使用另外一台虚拟机作为 CecOS 企业虚拟化的计算节点（Virt Node）。

项目所需软件列表：
- VMware Workstation 12
- CentOS6.5 安装镜像：CentOS-6.5-x86_64-bin-DVD1.iso
- CecOS 企业虚拟化基础系统光盘：CecOS-1.4c-Final.iso
- CecOS 企业虚拟化架构系统光盘：CecOSvt-1.4-Final.iso
- Windows 7 操作系统 32 位安装镜像：WIN7-X86-CN.iso
- CPU 虚拟化检测工具：SecurAble.exe

任务 4.1 使用和运维 CentOS 中的 KVM 虚拟化

4.1.1 KVM 虚拟化技术简介

1. KVM 虚拟化技术状况

KVM 是第一个成为原生 Linux 内核（2.6.20）的 hypervisor，它是由 Avi Kivity 开发和维护的，现在归 Red Hat 所有，支持的平台有 AMD 64 架构和 INTEL 64 架构。在 RHEL 6 以上的版本，KVM 模块已经集成在内核里面。其他的一些发行版的 Linux 同时也支持 KVM，只是没有集成在内核里面，需要手动安装 KVM 才能使用。

2. KVM 虚拟化技术对于计算机硬件的需求

CentOS 操作系统下 KVM 虚拟化的启用条件：CPU 需要 64 位，支持 Inter VT-x（指令集 vmx）或 AMD-V（指令集 svm）的辅助虚拟化技术。

通常可以在装好系统的服务器中，Windows 下运行如下 SecurAble 工具，结果为 YES，如图 4-2 所示；在 Linux 下执行命令"grep -E '(vmx|svm)' /proc/cpuinfo"，结果如果不为空，如图 4-3 所示，即可说明 CPU 支持并开启了硬件虚拟化功能。

图 4-2　Windows 下工具软件检测 CPU 虚拟化

在后续的实验中，我们将在 VMware Workstation 软件中开启嵌套的 CPU 硬件虚拟化功能，即在虚拟机中启用 CPU 的硬件虚拟化，以保证在虚拟机中也可以完成虚拟化实验。

图 4-3　Linux 下命令检测 CPU 虚拟化的结果

3. KVM 虚拟化技术架构分析

（1）KVM 的架构

在 CentOS 6 里面，KVM 是通过 libvirt api、libvirt tool、virt-manager、virsh 这 4 个工具来实现对 KVM 的管理。

在 CentOS 里面，KVM 可以运行 Windows、Linux、Unix、Solaris 系统。KVM 是作为内

核模块实现的，因此 Linux 只要加载该模块就会成为一个虚拟化层 hypervisor。可以简单地认为，一个标准的 Linux 内核，只要加载了 KVM 模块，这个内核就成为了一个 hypervisor。但是仅有 hypervisor 是不够的，毕竟 hypervisor 还是内核层面的程序，还需要把虚拟化在用户层面体现出来，这就需要一些模拟器来提供用户层面的操作，如 qemu-kvm 程序。

如图 4-4 所示为 Linux hypervisor 基本架构。

每个 guest（通常我们称为虚拟机，下同）都是通过 /dev/kvm 设备映射的，它们拥有自己的虚拟地址空间，该虚拟地址空间映射到 host 内核的物理地址空间。KVM 使用底层硬件的虚拟化支持来提供完整的（原生）虚拟化。同时，guest 的 I/O 请求通过主机内核映射到在主机上（hypervisor）执行的 QEMU 进程。换言之，每个 guest 的 I/O 请求都是交给/dev/kvm 这个虚拟设备，然后/dev/kvm 通过 hypervisor 访问到 host 底层的硬件资源。如文件的读写，网络发送接收等。

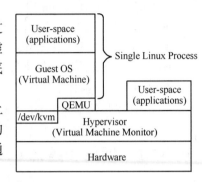

图 4-4　KVM 虚拟化的架构示意图

（2）KVM 的组件

KVM 由以下两个组件实现。

第一个是可加载的 KVM 模块，当 Linux 内核安装该模块之后，它就可以管理虚拟化硬件，并通过 /proc 文件系统公开其功能，该功能在内核空间实现。

第二个组件用于平台模拟，它是由修改版 QEMU 提供的。QEMU 作为用户空间进程执行，并且在 guest 请求方面与内核协调，该功能在用户空间实现。

当新的 guest 在 KVM 上启动时（通过一个称为 KVM 的实用程序），它就成为宿主操作系统的一个进程，因此就可以像其他进程一样调度它。但与传统的 Linux 进程不一样，guest 被 hypervisor 标识为处于"来宾"模式（独立于内核和用户模式）。每个 guest 都是通过 /dev/kvm 设备映射的，它们拥有自己的虚拟地址空间，该空间映射到主机内核的物理地址空间。如前所述，KVM 使用底层硬件的虚拟化支持来提供完整的（原生）虚拟化。I/O 请求通过主机内核映射到在主机上（hypervisor）执行的 QEMU 进程。

（3）libvirt 组件、QEMU 组件与 virt-manager 组件

libvirt 是一个软件集合，便于使用者管理虚拟机和其他虚拟化功能，如存储和网络接口管理等；KVM 的 QEMU 组件用于平台模拟，它是由修改版 QEMU 提供的，类似 vCenter，但功能没有 vCenter 那么强悍。简单地可以理解为，libvirt 是一个工具的集合箱，用来管理 KVM，面向底层管理和操作；QEMU 是用来进行平台模拟的，面向上层管理和操作。

主要组件包介绍如下。

qemu-kvm 包，仅仅安装 KVM 还不是一个完整意义上的虚拟机，只是安装了一个 hypervisor，类似于将 Linux 系统转化成类似于 VMware ESXi 产品的过程，该软件包必须安装一些管理工具软件包配合才能使用。

python-virtinst 包，提供创建虚拟机的 virt-install 命令。

libvirt 包，libvirt 是一个可与管理程序互动的 API 程序库。libvirt 使用 xm 虚拟化构架以及 virsh 命令行工具管理和控制虚拟机。

libvirt-python 包，libvirt-python 软件包中含有一个模块，它允许由 Python 编程语言编写的应用程序使用。

virt-manager 包，virt-manager 也称为 Virtual Machine Manager，它可为管理虚拟机提供图形工具，使用 libvirt 程序库作为管理 API。

（4）KVM 所有组件的安装方法

在已经安装好的 CentOS 系统中，如果没有包含虚拟化功能，可以在配置好 yum 的情况下，使用"yum install qemu-kvm virt-manager libvirt libvirt-python python-virtinst libvirt-client -y"完成虚拟化管理扩展包的安装。这些软件包提供非常丰富的工具用来管理 KVM。有的是命令行工具，有的是图形化工具。

也可以使用 CentOS 中的软件包组进行安装，软件包组名称为 Virtulization，Virtualization Client。

4.1.2 快速安装包含虚拟化技术的图形 CentOS 系统

1）在 VMware Workstation 中使用默认配置新建一台虚拟机，客户机操作系统类型为 "CentOS 64 位"，虚拟机名为"CentOSKVM"，如图 4-5 和图 4-6 所示。

图 4-5　新建实验虚拟机使用模板　　　　　图 4-6　修改虚拟机名称

硬盘设置为"500 GB"和"将虚拟磁盘存储为单个文件"，如图 4-7 所示。在"自定义硬件"设置中，为使虚拟机具备安装和支持"KVM 虚拟化"的条件，修改虚拟机的如下配置：内存 4 GB，处理器数量 2 个，启用"虚拟化 Inter VT-X 或 AMD-V/RVI"，网络设置为双网卡，网卡 1 使用桥接模式（192.168.0.0/24），网卡 2 使用自定义"VMNET1"（IP 网络为 192.168.1.0/24），DVD 光盘设置为"CentOS6.5_X86_64-bin.iso"，设置后如图 4-8 所示。全部创建完毕后启动该虚拟机。

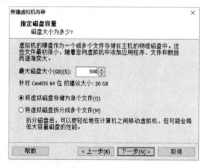 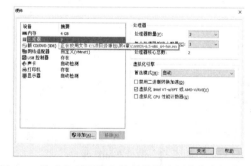

图 4-7　虚拟机硬盘设置　　　　图 4-8　修改各项硬件参数并设置启用嵌套虚拟化支持

2）启动该虚拟机后，看到 CentOS 6.5 安装向导，如图 4-9 所示，选择默认的第一项 "Install or upgrade an existing system"，接着选择"Skip"跳过光盘测试，如果 4-10 所示。

图4-9　CentOS 6.5 安装界面

图4-10　跳过光盘介质检查

3）进入系统安装向导，如图 4-11 所示，选择"Next"；如图 4-12 所示，选择"Chinese（Simplified）（中文（简体））"语言，单击"Next"按钮。

图4-11　安装向导界面

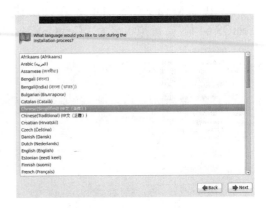

图4-12　安装语言选择

4）如图 4-13 所示，选择"美国英语式"键盘布局，单击"下一步"按钮；如图 4-14 所示，选择"基本存储设备"，单击"下一步"按钮。

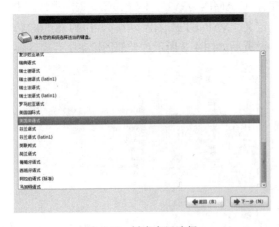

图4-13　键盘布局选择

图4-14　基本存储选择

5）如图 4-15 所示，选择"是，忽略所有数据"，初始化硬盘数据；如图 4-16 所示，设置计算机主机名为"VServer"，单击"下一步"按钮。

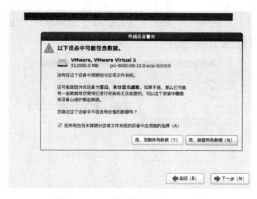

图 4-15　硬盘数据初始化提示　　　　　　　　　图 4-16　设置主机名

6）如图 4-17 所示，选择系统时区为"亚洲/上海"，系统时钟使用 UTC 时间，单击"下一步"按钮；如图 4-18 所示，设置系统根账号的密码，并重复输入两次（请记住输入的根密码，方便在登录系统时使用），单击"下一步"按钮；如果密码过于简单，会出现脆弱密码提示，单击"无论如何都使用"按钮。

图 4-17　系统时区选择　　　　　　　　　　　图 4-18　root 系统账号设置

7）选择"使用所有空间"，用于安装一个新的 CentOS 系统，单击"下一步"按钮，如图 4-19 所示；单击"将修改写入磁盘"按钮，将磁盘进行自动的全盘文件系统创建和格式化等操作，如图 4-20 所示。

图 4-19　系统分区选择　　　　　　　　　　　图 4-20　确认写入磁盘分区

8）如图 4-21 所示，文件系统初始化完毕后，将进入安装软件包类型选择界面，为了启用图形化的 KVM 虚拟化的功能，选择"Desktop"，并选中"现在自定义"，单击"下一步"

按钮；如图 4-22 所示，在软件包选择向导中，选择"虚拟化"功能，再勾选"虚拟化""虚拟化客户端""虚拟化工具""虚拟化平台" 4 个虚拟化包组，单击"下一步"按钮。

图 4-21　安装软件包类型选择界面

图 4-22　自定义软件包组向导

9）如图 4-23 所示，安装向导进入系统软件包的安装过程，大约要花费十几分钟的时间完成；如图 4-24 所示，安装完毕后，选择重新引导。

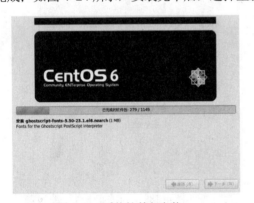

图 4-23　系统软件包安装

图 4-24　安装完毕界面

10）如图 4-25 所示，重新引导系统后，进入"首次设置"的欢迎界面，单击"前进"按钮；如图 4-26 所示，在许可证信息界面，选择"是，我同意许可证协议"，单击"前进"按钮。

图 4-25　首次设置向导

图 4-26　许可证信息向导

11）如图 4-27 所示，在创建用户界面，创建一个 vuser 用户，并设置密码，单击"前进"按钮；如图 4-28 所示，在系统日期和时间界面，直接单击"前进"按钮。

12）如图 4-29 所示，在 Kdump 设置界面，取消"启用 kdump"选项，单击"完成"按钮；如图 4-30 所示，重新启动进入系统登录界面。

图 4-27　创建用户向导

图 4-28　日期和时间设置向导

图 4-29　Kdump 设置向导

图 4-30　系统登录界面

13）如图 4-31 所示，使用 vuser 用户和密码登录系统，选择"应用程序"→"系统工具"→"虚拟系统管理器"，用于确认是否安装了 KVM 虚拟化图形管理器；如图 4-32 所示，打开"虚拟系统管理器"后，用根用户密码验证进入该软件的界面。到此为止，带有虚拟化功能的 CentOS 系统就已经安装好了。

图 4-31　虚拟系统管理器的菜单位置

图 4-32　虚拟系统管理器界面

14）为防止在后续的任务中增加初学者的难度，我们通常在系统安装完毕后关闭系统的 Selinux 和防火墙两项功能。

● 禁用 Selinux：在超级用户终端中使用 vim /etc/sysconfig/selinux 命令，将 SELINUX= enforcing 修改为 SELINUX=disabled。

```
[root@VServer ~]# vim /etc/sysconfig/selinux
# This file controls the state of SELinux on the system.
# SELINUX= can take one of these three values:
#       enforcing - SELinux security policy is enforced.
#       permissive - SELinux prints warnings instead of enforcing.
```

```
#       disabled - No SELinux policy is loaded.
SELINUX=disabled
# SELINUXTYPE= can take one of these two values:
#       targeted - Targeted processes are protected,
#       mls - Multi Level Security protection.
SELINUXTYPE=targeted
```

重新启动系统生效，使用 getenfoce 命令进行检查，如果返回 disabled，即为设置成功。

```
[root@VServer ~]# getenforce
disabled
```

● 禁用防火墙：在超级用户终端中使用执行 chkconfig iptables off 和 service iptables stop 命令，即可关闭服务器。

```
[root@VServer ~]# chkconfig iptables off
[root@VServer ~]# service iptables stop
```

4.1.3　CentOS 图形界面下虚拟机的安装

1. 在虚拟系统管理器中添加一台新的虚拟机

如图 4-33 所示，右击 localhost（QEMU）管理器，选择"新建"命令，出现"新建虚拟机"添加向导，将通过以下 5 步完成虚拟机的创建。

1）如图 4-34 所示，输入虚拟机名称为"ServerTest"，同时确认 VMware Workstation 中是否插入系统光盘，确认后，选择"本地安装介质（ISO 映像或者光驱）"。

图 4-33　新建虚拟机

图 4-34　设置虚拟机名称

2）如图 4-35 所示，选择安装介质和操作系统类型，安装介质选择"使用 CD-ROM 或 DVD"，操作系统类型选择"Linux"，版本为"Red Hat Enterprise Linux 6"，单击"前进"按钮。

3）如图 4-36 所示，设置虚拟机的内存为"1024 MB"，CPU 为"1"个，单击"前进"按钮。

4）如图 4-37 所示，设置"为虚拟机启用存储"，存储磁盘映像大小为"20 GB"，取消"立即分配整个磁盘"选项，单击"前进"按钮。

5）如图 4-38 所示，这里显示了虚拟机的概要信息，可以看到虚拟机硬盘文件存储在"/var/lib/libvirt/images/ServerTest.img"文件中；单击"高级选项"，可以看到，默认的虚拟机网络采用 NAT 模式，虚拟类型为 KVM，架构为 x86_64，单击完成后，如图 4-39 所示，虚拟机自动启动，进入了 CentOS 操作系统的安装过程，可以完成 CentOS 的全部安装流程。

图 4-35　设置安装介质和操作系统类型

图 4-36　设置内存和 CPU

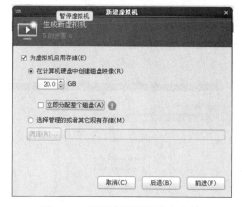

图 4-37　设置虚拟机的磁盘存储

图 4-38　设置虚拟机的网络

2. 虚拟系统的管理

在虚拟系统管理器中，可以使用"编辑"菜单中的"Connection Details"命令，如图 4-40 所示。

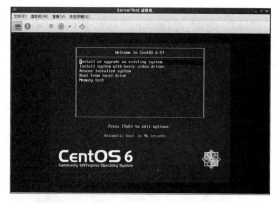

图 4-39　虚拟机启动后的系统安装界面

图 4-40　虚拟机的 Connection Details 菜单

在这里可以对整个虚拟系统的网络和存储进行设置，主要包括 4 个功能选项卡。

概况：整个虚拟系统的信息概况显示、监控和统计，如图 4-41 所示。

虚拟网络：用于设置若干个内部网络的类型，可以实现隔离的内部网络和 NAT 网络两种功能，默认含有一个"default"网络可以实现 NAT 网络转发功能，虚拟机通过该网络可路由到外部网络中，如图4-42 所示。

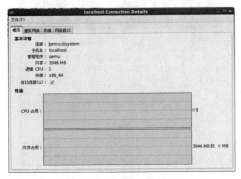

图 4-41　虚拟机概况

图 4-42　虚拟机的虚拟网络

存储：主要设置系统的镜像存储的位置和显示镜像存储的信息，如图4-43 所示。

网络接口：设置虚拟机的接口信息，使虚拟机通过显示的接口列表连接到相应的网络中去，实现网络功能，如图4-44 所示。

图 4-43　虚拟机的存储

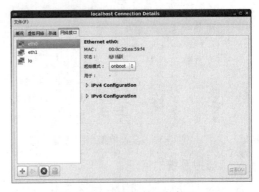

图 4-44　虚拟机的网络接口

（1）虚拟系统网络的设置

NAT 网络：在图形界面中可以看到 NAT 网络"Default"的 IPv4 网络段为 192.168.122.0/24，代表接入该网络的虚拟机将获取该网络段的地址，并自动获取网关为 192.168.122.1，在系统中可以通过"ifconfig virbr0"命令查看 virbr0 的网卡地址为 192.168.122.1，如图4-45 所示。

图 4-45　NAT 网关信息

隔离网络：如图 4-46 所示，在"虚拟网络"中设新建一个虚拟网络命名为 network1；如图 4-47 所示，设置内部网络地址为 192.168.100.0/24。

如图 4-48 所示，设置 DHCP 的 IP 地址分配范围；如图 4-49 所示，设置网络为"隔离的虚拟网络"。

图 4-46　虚拟网络名称

图 4-47　虚拟网络 IP 配置

图 4-48　虚拟网络 DHCP 设置

图 4-49　设置物理网络连接

　　如图 4-50 所示，在生成信息小结后，完成网络的创建。如图 4-51 所示，系统将自动生成一个名为"virbr1"的系统内部网卡作为内部网关，地址为 192.168.100.1。

图 4-50　虚拟网络创建

图 4-51　创建后的虚拟网络信息

（2）虚拟系统存储池的设置

　　在虚拟存储池界面单击"添加"符号，系统支持 8 个类型的存储池设置，如图 4-52 所示，在这里将添加一个名称为"storage"，类型为"dir：文件系统目录"的存储池；如图 4-53 所示，使用"mkdir /storage"命令在根目录下创建一个目录，将该目录设置为存储池的位置。此时可以看到添加后的效果如图 4-54 所示。

图 4-52　存储池名称类型设置

图 4-53　存储池目标路径设置

图 4-54　存储池添加后的信息

（3）网络接口设置（桥接）

在网络接口设置项目中，可以添加和设置网络接口，用于虚拟机接口设备，主要支持 4 种接口模式：桥接、绑定（Bond）、以太网（Ethernet）、虚拟局域网（VLAN）。因为在实际应用中桥接是使用最为广泛的网络连接方式，因此本节介绍一下桥接网络的添加步骤。

单击网络接口界面中的"添加"选项，出现如图 4-55 所示的界面，选择"桥接"模式，单击"前进"按钮；接着添加一个 br0 桥接网卡，并将 br0 桥接到 eth0 外网网卡上，设置 Start mode 为"开机启动（onboot）"，设置为"Activate Now"，单击 IP setinng 的"Configure"按钮，设置静态 IP 为"192.168.0.10"，网关为"192.168.0.1"，设置 Bridge setting 中的 STP 为"off"，如图 4-56～图 4-58 所示。设置完成后可以得到如图 4-59 所示的桥接网卡状况。

图 4-55　接口类型配置

图 4-56　网卡接口信息配置

图 4-57　手动配置桥接接口 IP

图 4-58　桥接设置

图 4-59　设置后的桥接网卡信息

设置完成后可以在系统终端中输入"ifconfig br0"，可以查看到 br0 网卡已经被桥接到外部网络了，今后连接到该接口上的虚拟机就可以直接配置外部地址进行相互访问了。

```
[root@VServer ~]# ifconfig br0
br0          Link encap:Ethernet    HWaddr 00:0C:29:EA:59:F4
inet addr:192.168.0.10  Bcast:192.168.10.255   Mask:255.255.255.0
inet6 addr: fe80::20c:29ff:feea:59f4/64 Scope:Link
             UP BROADCAST RUNNING MULTICAST    MTU:1500    Metric:1
             RX packets:154 errors:0 dropped:0 overruns:0 frame:0
             TX packets:77 errors:0 dropped:0 overruns:0 carrier:0
collisions:0 txqueuelen:0
             RX bytes:34397 (33.5 KiB)    TX bytes:8235 (8.0 KiB)
```

3. 虚拟机系统的安装，设置与使用

（1）虚拟机的安装

在虚拟机启动后，可以按照 CentOS 安装向导，参照本章前面的步骤安装一台 Minimal Desktop 模板的系统，设置主机名为"ServerTest"，关键步骤如图 4-60 所示，安装后效果如图 4-61 所示。

图 4-60　虚拟机安装选择 Minimal Desktop 类型

图 4-61　安装后启动的效果

（2）虚拟机的参数信息

从如图 4-62 所示的虚拟机信息页中，我们可以看到 ServerTest 虚拟机的所有硬件属性，主要内容如下。

图 4-62　虚拟机信息页

Overview：虚拟机概况；

Performance：虚拟机性能监控图表；

Processor：虚拟机处理器信息设置；

Memory：虚拟机内存信息设置；

Boot Options：启动设备参数；

VirtIO Disk 1：虚拟机磁盘信息；

IDE CDROM 1：虚拟光驱信息；

NIC：XX:XX:XX：网卡信息（XX:XX:XX 为网卡 MAC 后 6 段地址）；

表格：虚拟光标设备；

鼠标：虚拟鼠标设备；

显示 VNC（SPICE）：虚拟机显示连接协议；

Sound:ich6：声卡设置；

Serial 1：串口设置；

视频：虚拟机显卡设置；

Controller usb：虚拟 USB 设备控制器；

Controller IDE：虚拟 IDE 设备控制器；

Controller Virtio Serial：虚拟 Virtio 串口控制器。

以上具体功能设置功能均较为简单，使用者可尝试修改一些常规参数任务，如修改系统的内存大小、修改系统文件系统的引导启动顺序、修改 CPU 的个数等；本书接下来将重点介绍网络和显示部分的设置。

（3）虚拟机 NAT 网络的设置

虚拟机安装好后，如果只需要访问外部网络，而不需要被外部网络访问，默认使用的 NAT 网络方式即可实现要求。但是由于 NAT 模式需要系统服务的支持，因此要想实现 NAT 功能，需要在系统中启用路由转发功能方可实现 NAT，具体方法如下。

在超级用户终端中执行 vim sysctl.conf 命令，将"net.ipv4.ip_forward = 0"值修改为"net.ipv4.ip_forward = 1"，操作如下：

```
[root@ServerTest ~]# vim /etc/sysctl.conf
# Kernel sysctl configuration file for Red Hat Linux
#
# For binary values, 0 is disabled, 1 is enabled.    See sysctl(8) and
# sysctl.conf(5) for more details.

# Controls IP packet forwarding
net.ipv4.ip_forward = 1

...
```

然后执行 sysctl -p 命令生效，即可使用 NAT 功能，操作如下：

```
[root@ServerTest ~]# sysctl -p
net.ipv4.ip_forward = 1
net.ipv4.conf.default.rp_filter = 1
net.ipv4.conf.default.accept_source_route = 0
kernel.sysrq = 0
kernel.core_uses_pid = 1
net.ipv4.tcp_syncookies = 1
net.bridge.bridge-nf-call-ip6tables = 0
net.bridge.bridge-nf-call-iptables = 0
```

```
net.bridge.bridge-nf-call-arptables = 0
kernel.msgmnb = 65536
kernel.msgmax = 65536
kernel.shmmax = 68719476736
kernel.shmall = 4294967296
```

我们可以使用 ping 命令测试与外部网络的连通性，结果如下：

```
[root@ServerTest ~]# ifconfig eth0
eth0        Link encap:Ethernet    HWaddr 52:54:00:6C:DE:02
inet addr:192.168.122.151   Bcast:192.168.122.255   Mask:255.255.255.0
inet6 addr: fe80::5054:ff:fe6c:de02/64 Scope:Link
            UP BROADCAST RUNNING MULTICAST   MTU:1500   Metric:1
            RX packets:336 errors:0 dropped:0 overruns:0 frame:0
            TX packets:81 errors:0 dropped:0 overruns:0 carrier:0
collisions:0 txqueuelen:1000
            RX bytes:23419 (22.8 KiB)   TX bytes:11299 (11.0 KiB)
[root@ServerTest ~]# ping www.baidu.com
PING www.a.shifen.com (115.239.210.27) 56(84) bytes of data.
64 bytes from 115.239.210.27: icmp_seq=1 ttl=54 time=11.6 ms
64 bytes from 115.239.210.27: icmp_seq=2 ttl=54 time=11.4 ms
```

（4）虚拟机桥接网络的设置方法

如果需要安装的服务器能够被外部网络访问，一般将虚拟机的网卡设置为使用桥接网络，在虚拟机详细信息页中，将网卡的源设备设置为"主机设备 eth0（桥接'br0'）"，如图 4-63 所示，然后关闭虚拟机并重新启动该虚拟机，虚拟机即可与外部网络直接进行桥接访问了。

图 4-63　虚拟机桥接接口的设置

例如：我们将虚拟机内部的 eth0 网卡地址设置为"192.168.0.10"，网关设置为"192.168.0.1"，DNS 为适当的正确设置，则虚拟机即可访问互联网，如下所示：

```
[root@ServerTest ~]# ifconfig eth0
eth0        Link encap:Ethernet    HWaddr 52:54:00:6C:DE:02
inet addr:192.168.0.10   Bcast:192.168.0.255   Mask:255.255.255.0
inet6 addr: fe80::5054:ff:fe6c:de02/64 Scope:Link
            UP BROADCAST RUNNING MULTICAST   MTU:1500   Metric:1
            RX packets:281 errors:0 dropped:0 overruns:0 frame:0
```

```
            TX packets:104 errors:0 dropped:0 overruns:0 carrier:0
        collisions:0 txqueuelen:1000
            RX bytes:34691 (33.8 KiB)    TX bytes:14171 (13.8 KiB)
```

同时可以被外部的 Windows 主机访问：

```
C:\Users\zxy>ping 192.168.0.10
正在 Ping 192.168.0.10 具有 32 字节的数据:
来自 192.168.0.10 的回复: 字节=32 时间<1ms TTL=64
来自 192.168.0.10 的回复: 字节=32 时间<1ms TTL=64
来自 192.168.0.10 的回复: 字节=32 时间<1ms TTL=64
来自 192.168.0.10 的回复: 字节=32 时间<1ms TTL=64
192.168.0.10 的 Ping 统计信息:
数据包: 已发送 =4，已接收 =4，丢失 =0 (0% 丢失)，
往返行程的估计时间(以毫秒为单位):
最短 =0ms，最长 =0ms，平均 =0ms
```

（5）使用 VNC 和 SPICE 客户端访问虚拟机

虚拟机安装好后，最为简单的访问方法是使用"virt-viewer 命令+虚拟机名"的方法，直接访问该虚拟机，如使用"virt-viewer ServerTest"命令可以直接访问虚拟机，但是该方法具有自动识别 vnc 和 spice 两种连接协议的功能，隐藏了连接细节，无法了解连接过程，因此我们着重介绍使用协议地址连接的方法。

虚拟机安装好后默认使用 VNC 连接，我们可以选择使用 VNC 和 SPICE 两种连接协议中的一种进行连接。当然如果对虚拟机内部进行配置，也可以直接使用微软的 RDP 对虚拟机进行连接，本书主要介绍 VNC 和 SPICE 协议的客户端连接方法。

● VNC 协议访问：在虚拟机详细信息页中删除 VNC 选项，添加一个 VNC 服务器，设置为所有端口监听，如图 4-64 所示。

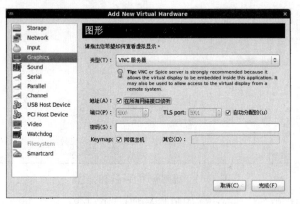

图 4-64　VNC 服务器的设置

在 Linux 客户端中使用 vncviewer 命令可以访问开机状态下的虚拟机，多个虚拟机端口为 5900 向后自动划分端口，访问命令为：

```
[root@ServerTest ~]#vncviewer 192.168.0.10:5900
```

在 Windows 客户端中可以使用资源包中工具软件 virt-viewer，设置连接参数为 vnc://192.168.0.10:5900，即可直接连接到虚拟机中，如图 4-65 和图 4-66 所示。

图 4-65　virt-viewer 客户端 VNC 配置　　　　　　图 4-66　virt-viewer 客户端 VNC 访问效果

● SPICE 协议配置：SPICE 是 Red Hat 公司为了桌面虚拟化专门研发的一项虚拟机桌面连接协议，该协议可以帮助用户进行图形图片处理，可以实现流畅的视频播放。具体配置方式：将虚拟机的 VNC 的配置选项修改为 Spice 协议连接，如图 4-67 所示。

Linux 客户端连接：可以使用命令"spicec -h 192.168.0.10 -p 5900"对桌面进行连接，如图 4-68 所示。

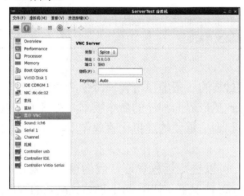

图 4-67　虚拟机的 Spice 连接协议配置　　　　　　图 4-68　Linux 命令 Spice 访问效果

Windows 客户端连接：可以在资源包中安装 32 位或 64 位的客户端连接软件，安装好之后进行设置，即可使用"spice://192.168.0.10:5900"访问到虚拟机，如图 4-69 和图 4-70 所示。

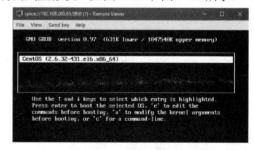

图 4-69　virt-viewer 客户端 SPICE 配置　　　　　　图 4-70　virt-viewer 客户端 SPICE 访问效果

4.1.4　CentOS 下虚拟机的管理和运维命令

1. 常用的运维命令

根据前面对于 CentOS KVM 虚拟化的介绍，除了 virt-manager 的图形管理工具管理 KVM

虚拟化外，还可以使用一系列封装的管理命令进行管理。为了能够更好地进行运维和管理，系统提供了 virt 命令组、virsh 命令和 qemu 命令组，都可以对虚拟机进行管理和运维。

（1）virt 命令组

virt 命令组提供了如下 11 条命令对虚拟机进行管理，见表 4-1。

表 4-1　virt 命令组和功能

命 令 名	功　　　能
virt-clone	克隆虚拟机
virt-convert	转换虚拟机
virt-host-validate	验证虚拟机主机
virt-image	创建虚拟机镜像
virt-install	创建虚拟机
virt-manager	虚拟机管理器
virt-pki-validate	虚拟机证书验证
virt-top	虚拟机监控
virt-viewer	虚拟机访问
virt-what	探测程序是否运行在虚拟机中，是何种虚拟化
virt-xml-validate	虚拟机 XML 配置文件验证

（2）virsh 命令

virsh 命令是 Red Hat 公司为虚拟化技术特意封装的一条虚拟机管理命令，命令含有非常丰富和全面的选项和功能，基本相当于 virt-manager 图形界面程序的命令版本，覆盖了虚拟机的生命周期的全过程，在单个物理服务器虚拟化中起到了重要的虚拟化管理作用，同时也为更为复杂的虚拟化管理提供了坚实的技术基础。

使用 virsh 管理虚拟机，命令行执行效率高，可以进行远程管理，因为很多机器运行在 runlevel 3 或者使用远程管理工具在无法调用 x-windows 情况下，使用 virsh 能达到高效的管理。

同时在实际工作中 virsh 命令还有一个巨大的优势，该命令可以用于统一管理 KVM、LXC、Xen 等各种 Linux 上的虚拟机管理程序，用统一的命令对不同的底层技术实现相同的管理功能。

virsh 命令主要分为以下 12 个功能区域进行了参数划分，见表 4-2。

表 4-2　virsh 命令的功能区

命令选项功能区域名	功　　　能
Domain Management	域管理
Domain Monitoring	域监控
Host and Hypervisor	主机和虚拟层
Interface	接口管理
Network Filter	网络过滤管理
Networking	网络管理
Node Device	节电设备管理
Secret	安全管理
Snapshot	快照管理
Storage Pool	存储池管理
Storage Volume	存储卷管理
Virsh itself	自身管理功能

（3）qemu 命令组（见表 4-3）

qemu 是一个虚拟机管理程序，在 KVM 成为 Linux 虚拟化的主流 Hypervisor 之后，底层一般都将 KVM 与 qemu 结合，形成了 qemu-kvm 管理程序，用于虚拟层的底层管理。该管理程序是所有上层虚拟化功能的底层程序，虽然 Linux 系统下几乎所有的 KVM 虚拟化底层都是通过该管理程序实现，但是仍然不建议用户直接使用该命令。CentOS 系统对该命令进行了隐藏，该程序的二进制程序一般放在/usr/libexec/qemu-kvm，本书仅演示该命令可以实现的一些底层功能，用于了解虚拟机的底层原理和监控，同样不建议用户直接使用该命令对虚拟机进行管理。

表 4-3　qemu 命令组

qemu 命令	功　　能
qemu-kvm	虚拟机管理
qemu-img	镜像管理
qemu-io	接口管理

2. 常用运维命令的使用

（1）使用 virt-install 安装虚拟机

virt-install 是安装虚拟机的命令，方便用户在命令窗口上安装虚拟机，该命令包含许多配置参数。virt-install 的几个主要参数如下：

```
[root@VServer ~]# virt-install --help
Usage: virt-install --name NAME --ram RAM STORAGE INSTALL [options]
Options:
  -h, --help                显示帮助信息
  -n NAME, --name=NAME      虚拟机名称
  -r MEMORY, --ram=MEMORY   以 MB 为单位为客户端事件分配的内存
  --vcpus=VCPUS             配置 CPU 的数量，配置如下：
                            --vcpus 5
                            --vcpus 5,maxcpus=10
                            --vcpus sockets=2,cores=4,threads=2
  -c CDROM, --cdrom=CDROM          光驱安装介质
  -l LOCATION, --location=LOCATION      安装源
  存储配置：
  --disk=DISKOPTS                 存储磁盘，配置如下：
                            --disk path=/my/existing/disk
                            --disk path=/my/new/disk,size=5 (in gigabytes)
                            --disk vol=poolname:volname,device=cdrom,bus=scsi,...
  联网配置：
  -w NETWORK, --network=NETWORK   网络，配置如下：
                            --network bridge=mybr0
                            --network network=my_libvirt_virtual_net
                            --network network=mynet,model=virtio,mac=00:11...
  图形配置：
  --graphics=GRAPHICS              配置显示协议具体，配置如下：

                            --graphics vnc
                            --graphics spice,port=5901,tlsport=5902
```

```
                              --graphics none
                              --graphics vnc,password=foobar,port=5910,keymap=ja
```
其他选项:
```
        --autostart          配置为开机自动启动
```

在命令行中，使用超级用户创建一台虚拟机名为 centos6，内存 1024 MB，硬盘文件 /tmp/centos6.img，10 GB 大小的虚拟机命令，使用物理光驱（请确保系统的 CentOS 6.5 光盘连入虚拟机中）安装系统，命令如下:

```
[root@VServer ~]# virt-install --name centos6 --ram 1024 --vcpus 2 --disk path=/tmp/centos6.img,size=
10,bus=virtio --accelerate --cdrom /dev/cdrom --graphics vnc,listen=0.0.0.0,port=5910 --network bridge:br0,
model=virtio --os-variant rhel6
```

命令执行后，会自动使用 virt-viewer 工具进入虚拟机的图形接口界面，如图 4-71 所示；我们也可以通过 vncviewer 192.168.0.10:5910 访问虚拟机，查看虚拟机中的信息，如图 4-72 所示；用户可根据以上参数对应查看虚拟机的所有信息。

图 4-71　virt-install 创建虚拟机　　　　　图 4-72　vncviewer 访问虚拟机

（2）使用 virsh 命令管理虚拟机

1）使用如下 virsh 查看命令，了解虚拟系统的各项信息。

列出正在运行的虚拟机:

```
[root@VServer ~]#virsh list
Id      名称状态
---------------------------------------------------
4       centos6                          running
```

列出所有的虚拟机:

```
[root@VServer ~]#virsh list --all
Id      名称状态
---------------------------------------------------
4       centos6                          running
-       ServerTest                       关闭
```

显示虚拟机的域信息:

```
[root@VServer ~]#virsh dominfo ServerTest
```

180

```
Id:                    -
名称:           ServerTest
UUID:                  0c8cbf2b-0bc5-b29e-e80b-39b5b720a92f
OS 类型: hvm
状态: 关闭
CPU:                  2
最大内存:   1048576 KiB
使用的内存:   1048576 KiB
Persistent:        yes
自动启动: 禁用
Managed save:    no
安全性模式: none
安全性 DOI:   0
```

显示服务器计算节点的资源信息:

```
[root@VServer ~]#virsh nodeinfo
CPU 型号:         x86_64
CPU:                   2
CPU 频率:        2594 MHz
CPU socket:         2
每个 socket 的内核数:  1
每个内核的线程数:  1
NUMA 单元:          1
内存大小:       4040896 KiB
```

2) 使用如下 virsh 控制命令,控制虚拟机的状态。

启动 ServerTest 虚拟机:

```
[root@VServer ~]#virsh start ServerTest
域 ServerTest 已开始
```

挂起 ServerTest 虚拟机:

```
[root@VServer ~]#virsh suspend ServerTest
域 ServerTest 被挂起
```

恢复 ServerTest 虚拟机:

```
[root@VServer ~]#virsh resume ServerTest
域 ServerTest 被重新恢复
```

重新启动 ServerTest 虚拟机:

```
[root@VServer ~]#virsh reboot ServerTest
域 ServerTest 正在被重新启动
```

关闭 centos6 的虚拟机:

```
[root@VServer ~]#virsh shutdown centos6
域 centos6 被关闭
```

强制关闭 centos6 的虚拟机：

```
[root@VServer ~]#virsh destroy centos6
域 centos6 被删除
```

从系统中删除 centos6 的虚拟机，但不删除虚拟硬盘，虚拟硬盘需要手动删除：

```
[root@VServer ~]#virsh undefine centos6
```

如果需要彻底删除虚拟机，可以使用"virsh undefine 域名 --remove-all-storage"命令，但该命令要求存储已经通过存储池和卷的形式被 virsh 管理，才可以被删除。

（3）使用 virt-clone 命令克隆虚拟机

在虚拟机克隆之前，暂停或者关闭 ServerTest 虚拟机：

```
[root@VServer ~]# virsh suspend ServerTest
```

使用以下命令克隆虚拟机：

```
[root@VServer ~]# virt-clone --connect qemu:///system --original=ServerTest --name=ServerTest2 --file=/var/lib/libvirt/images/ServerTest2.img
```

克隆成功后生成了如下虚拟机文件：

```
[root@VServer ~]#ls /etc/libvirt/qemu
ServerTest.xml ServerTest2.xml
[root@VServer ~]#ls /var/lib/libvirt/images/
ServerTest.img ServerTest2.img
```

然后通过 virsh start ServerTest2 命令启动虚拟机，使用 virt-viewer ServerTest2 访问该虚拟机。此时可以发现，通过克隆技术，迅速地创建了一台新的虚拟机，如图 4-73 所示。

图 4-73　克隆后访问到的新的虚拟机

（4）使用 qemu-img 命令管理磁盘文件

1）使用 qemu-img 命令创建磁盘，格式如下：

```
qemu-img create [-f fmt] [-o options] filename [size]
```

作用：创建一个格式为 fmt，大小为 size，文件名为 filename 的镜像文件，例如：

[root@VServer ~] qemu-img create -f vmdk /tmp/centos6.vmdk 10G

Formatting '/tmp/centos6.vmdk', fmt=vmdk size=10737418240 compat6=off zeroed_grain=off

2）使用 qemu-img 命令转换磁盘文件格式，格式如下：

qemu-img convert [-c] [-f fmt] [-O output_fmt] [-o options] filename output_filename

作用：将 fmt 格式的 filename 镜像文件根据 options 选项转换为格式为 output_fmt 的名为 output_filename 的镜像文件。例如：

[root@VServer ~]qemu-img convert -f vmdk -O qcow2 /tmp/centos6.vmdk /tmp/centos6.img

（5）使用 qemu-kvm 命令创建虚拟机

qemu-kvm 是所有 KVM 虚拟机技术的最底层进程，可以做到随时随地创建，随时随地使用，随时随地关闭释放资源。

[root@VServer ~]/usr/libexec/qemu-kvm -m 1024 -localtime -M pc -smp 1 -drive file=/tmp/centos6.img,cache=writeback,boot=on -net nic,macaddr=00:0c:29:11:11:11 -cdrom /dev/cdrom -boot d -name kvm-centos6,process=kvm-centos6 -vnc :2 -usb -usbdevice tablet &

创建成功后，使用如下命令访问：

[root@VServer ~]vncviewer :2

访问该虚拟机的效果如图 4-74 所示。

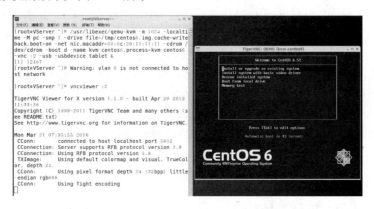

图 4-74　使用 vnc 访问 qemu-kvm 创建的虚拟机

如果要关闭该虚拟机进程，可使用如下两条命令，先显示进程号，再通过进程号关闭进程实现。

[root@VServer ~]# ps -aux | grep qemu-kvm

Warning: bad syntax, perhaps a bogus '-'? See /usr/share/doc/procps-3.2.8/FAQ

root   12467 12.2   7.2 1335084 292432 pts/0   Sl   07:35   0:16 /usr/libexec/qemu-kvm -m 1024 -localtime   -M   pc   -smp   1   -drive   file=/tmp/centos6.img,cache=writeback,boot=on   -net nic,macaddr=00:0c:29:11:11:11 -cdrom /dev/cdrom -boot d -name kvm-centos6,process=kvm-centos6 -vnc :2 -usb -usbdevice tablet

root   12631 0.0   0.0 103256   852 pts/2   S+   07:38   0:00 grep qemu-kvm

[root@VServer ~]# kill 15 12467

任务 4.2 CecOS 企业虚拟化平台的搭建与测试

4.2.1 红帽 RHEL、RHEV 商业项目，Ovirt 开源项目和 CecOS 企业虚拟化平台

Red Hat（红帽）公司最早开始在 Red Hat Enterprise Linux 中引入虚拟化技术，后又首先开发了 Red Hat Enterprise Virtualization 企业虚拟化产品，二者都提供 KVM 虚拟化，得到了用户的认可，但这两者在 KVM 管理、功能与实施中有重大区别。

Red Hat Enterprise Linux（RHEL）适合小型服务器环境，依赖于 KVM 虚拟化。它由 Linux 内核与大量包组成，包括 Apache Web 服务器与MySQL数据库，以及一些 KVM 管理工具。使用 RHEL 6 可以安装并管理少量虚拟机，但不能交付最佳的性能与最优的 KVM 管理平台。当然，在小型环境中，RHEL 6 能满足开源虚拟化的所有要求。

对于企业级 KVM 虚拟化，要的是轻松的 KVM 管理、高可用性、最佳性能与其他高级功能。Red Hat Enterprise Virtualization（RHEV）包含 RHEV Manager（RHEV-M），这是集中的 KVM 管理平台，能同时管理物理与虚拟资源，并且能够满足较大的管理规模。

RHEV-M 能管理虚拟机与其磁盘镜像、安装 ISO、进行高可用性设置、创建虚拟机模板等，这些都能从图形 Web 界面完成，也可使用 RHEV-M 管理两种类型的hypervisor。RHEV 自身带有一个独立的裸机 hypervisor，基于 RHEL 与 KVM 虚拟化，作为托管的物理节点使用；另外，如果想从 RHEV 管理运行在 RHEL 上的虚拟机，可注册 RHEL 服务器到 RHEV-M 控制台。

在开源领域 CentOS 对应 RHEL 操作系统，而 Ovirt 开源项目对应于 Red Hat 的 RHEV 项目，目前这两个商业产品和两个开源社区已经全面归 Red Hat 所有，Red Hat 在开源领域为 CentOS 和 Ovirt 同样提供了完善的社区服务和文档，并免费提供给用户测试和使用，在企业应用领域通过严格的软硬件测试和技术服务，Red Hat 提供给授权客户第一时间全面商业服务。

国内开源社区 OPENFANS 利用自身强大的技术实力和研发能力，将 Ovirt 开源技术进行优化整合以及本地化，推出了称为中国企业云操作系统（Chinese Enterprise Cloud Operating System，CecOS）的企业开源云计算解决方案基础架构，通过二次开发降低了部署的难度，很好地解决了国外社区和商业软件中国本地化和易用度的问题，并以社区开源的形式提供了丰富的文档和一定的技术支持，本书将介绍该平台的搭建与使用。

4.2.2 CecOS 企业虚拟化系统构架

CecOSvt 1.4 的环境包括一个或多个主机（使用 CecOSvt 系统的主机或使用 CecOSvt 的主机），最少一个 CecOSvt Manager，主机使用 KVM （Kernel-based Virtual Machine）虚拟技术运行虚拟机。如图 4-75 所示。

CecOSvt Manager 运行在一个 CecOS 服务器上，它是一个控制和管理 CecOSvt 环境的工具，可以用来管理虚拟机和存储资源、连接协议、用户会话、虚拟机映像文件和高可用性的虚拟机。用户可以在一个网络浏览器中，通过管理界面（Administration Portal）来使用 CecOSvt。

CecOSvt 主机（host）：基于 KVM、用来运行虚拟机的主机，其中含有虚拟化代理和工具程序，即运行在主机上的代理和工具程序（包括 VDSM、QEMU 和 libvirt）。这些工具程序提供了对虚拟机、网络和存储进行本地管理的功能。

CecOSvt 管理主机：一个对 CecOSvt 环境进行中央管理的图形界面平台，用户可以使用

它查看、增添和管理资源。在本文档中有时把它简称为"Manager"。

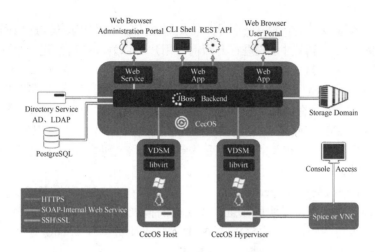

图 4-75　CecOS 虚拟化架构原理图

CecOS 系统架构中还需要以下几种必备的逻辑或物理关键组件。

存储域：用来存储虚拟资源（如虚拟机、模版和 ISO 文件）；

数据库：用来跟踪记录整个环境的变化和状态；

目录服务器：用来提供用户账户以及相关的用户验证功能的外部目录服务器；

网络：用来把整个环境联系在一起，包括物理网络连接和逻辑网络。

CecOSvt 系统的资源可以分为两类：物理资源和逻辑资源。物理资源是指那些物理存在的部件，例如主机和存储服务器。逻辑资源包括非物理存在的组件，如逻辑网络和虚拟机模版。

➢ 数据中心：一个虚拟环境中的最高级别的容器（container），它包括了所有物理和逻辑资源（集群、虚拟机、存储和网络）。

➢ 集群：一个集群由多个物理主机组成，它可以被认为是一个为虚拟机提供资源的资源池。同一个集群中的主机共享相同的网络和存储设备，它们组成为一个迁移域，虚拟机可以在这个迁移域中的主机间进行迁移。

➢ 逻辑网络：一个物理网络的逻辑代表。逻辑网络把 Manager、主机、存储设备和虚拟机之间的网络流量分隔为不同的组。

➢ 主机：一个物理的服务器，在它上面可以运行一个或多个虚拟机。主机会被组成为不同的集群，虚拟机可以在同一个集群中的主机间进行迁移。

➢ 存储池：一个特定存储类型（如 iSCSI、光纤、 NFS 或 POSIX）映像存储仓库的逻辑代表。每个存储池可以包括多个域，用来存储磁盘映像、 ISO 映像或用来导入和导出虚拟机映像。

➢ 虚拟机：包括了一个操作系统和一组应用程序的虚拟台式机（virtual desktop）或虚拟服务器（virtual server）。多个相同的虚拟机可以在一个池（pool）中创建。一般用户可以访问虚拟机，而有特定权限的用户可以创建、管理或删除虚拟机。

➢ 模版：包括了一些特定预设置的虚拟机模型，一个基于某个模版的虚拟机会继承模版中的设置。使用模版是创建大量虚拟机的最快捷的方法。

➢ 虚拟机池：一组可以被用户使用的、具有相同配置的虚拟机。虚拟机池可以被用来满足用户不同的需求，例如，为市场部门创建一个专用的虚拟机池，而为研发部门创建另一个虚拟机池。

➢ 快照（snapshot）：一个虚拟机在一个特定时间点上的操作系统和应用程序的记录。在安装新的应用程序或对系统进行升级前，用户可以为虚拟机创建一个快照。当系统出现问题时，用户可以使用快照来把虚拟机恢复到它原来的状态。

➢ 用户类型：CecOSvt 支持多级的管理员和用户，不同级别的管理员和用户会有不同的权限。系统管理员有权利管理系统级别的物理资源，如数据中心、主机和存储。而用户在获得了相应权利后可以使用单独的虚拟机或虚拟机池中的虚拟机。

➢ 事件和监控：与事件相关的提示、警告等信息。管理员可以使用它们来帮助监控资源的状态和性能。

➢ 报表（report）：基于 JasperReports 的报表模块所产出的各种报表以及从数据仓库中获得的各种报表。报表模块可以生成预定义的报表，也可以生成 ad hoc（特设的）报表。用户也可以使用支持 SQL 的查询工具来从数据仓库中收集相关的数据（如主机、虚拟机和存储设备的数据）来生成报表。

4.2.3 安装 CecOS 企业虚拟化系统基础平台

1. 准备 VMware 虚拟服务器环境

通过项目评估，为了实现本章的项目需求，本项目测试将使用两台 VMware 虚拟机完成测试，其中一台虚拟机名为 Cec-M，作为虚拟化管理节点；一台虚拟机名为 Cec-V1，作为虚拟化计算节点。根据承担的架构角色，Cec-M 的虚拟机参数如图 4-76 所示，Cec-V1 的参数设置如图 4-77 所示，注意 Cec-V1 的主机 CPU 需要开启虚拟化设置。

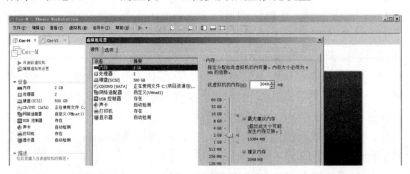

图 4-76　Cec-M 虚拟机创建信息

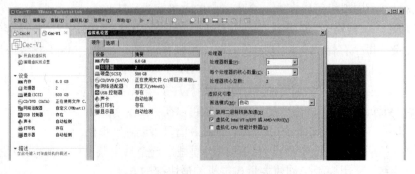

图 4-77　Cec-V1 虚拟机创建信息

2. 安装 Cec-M 和 Cec-V1 系统

在虚拟机 CecOS-M 和 CecOS-V1 上安装 CecOS 基础系统，具体步骤如下：

（1）安装引导

在 VMware 虚拟机中放入 CecOS1.4-Final.iso 系统光盘，打开虚拟机，进入系统安装引导界面，如图 4-78 所示，选择第一个选项，开始安装。

（2）检测光盘介质

是否检测光盘，可以根据实际情况选择"OK"或者"SKIP"，选择"OK"后，开始检测光盘，检测完成后会弹出光驱，这时需要重新载入光盘才能继续安装；选择"SKIP"，则直接开始安装，如图 4-79 所示。

图 4-78　系统启动安装向导

（3）安装欢迎界面

如图 4-80 所示，进入欢迎界面，单击"Next"按钮，进入下一步。

图 4-79　安装介质检测

图 4-80　安装欢迎界面

（4）选择安装过程中的语言

如图 4-81 所示，选择安装语言为"English"，完成后单击"Next"按钮，进入下一步。

（5）选择键盘布局类型

如图 4-82 所示，选择键盘布局，完成后单击"Next"按钮，进入下一步。

图 4-81　语言选择

图 4-82　键盘选择

（6）选择磁盘

如图 4-83 所示，选择需要安装的磁盘类型为"Basic Storage Devices（基本存储设备）"，确定后单击"Next"按钮。

（7）初始化硬盘

如图 4-84 所示，提示是否覆盖数据，根据实际选择覆盖或保留，确定后继续。

图 4-83 基本存储选择　　　　　　　　　　　　图 4-84 磁盘初始化

（8）设置主机名与网络

如图 4-85 所示，确认选择，单击"Next"按钮，进入下一步，设置控制节点主机名为"cecm.test.com"，计算节点主机名为"cecv1.test.com"，同时配置网络，设置控制节点地址为"192.168.1.100/24"，网关为"192.168.1.2"，DNS 为"127.0.0.1"；计算节点地址为"192.168.1.201/24"，网关为"192.168.1.2"，DNS 为"127.0.0.1"，如图 4-86 所示；配置完成进入下一步，选择所在时区，默认为美国纽约，选择为上海，并选择不使用 UTC 时间，如图 4-87 所示。

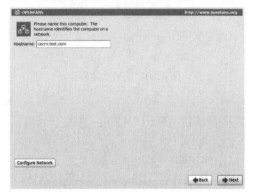

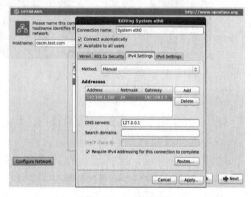

图 4-85 主机名设置　　　　　　　　　　　　图 4-86 网络设置

（9）设置管理员密码（root 密码）

进入设置密码界面，如果密码强度不够，会显示如图 4-88 所示的内容。

图 4-87 时区设置　　　　　　　　　　　　图 4-88 root 密码设置

（10）磁盘分区配置

如图 4-89 所示，选择第一个选项"Use All Space"，并选中底部"Review and modify portioning layout"选项，查看磁盘分区情况；修改系统的分区大小如图 4-90 所示，使/home 分区为 100 GB，/分区使用所有的剩余空间，单击"Next"按钮进入下一步，如图 4-91 所示，系统随后进入格式化进程。

图 4-89　磁盘设置　　　　　　　　　　　　图 4-90　手动磁盘设置

（11）选择安装的软件包（默认）

如图 4-92 所示，选择系统安装组件为"Minimal"，确认后开始安装系统。系统安装完成，单击 Reboot，重新启动系统，如图 4-93 所示。

图 4-91　格式化硬盘　　　　　　　　　　　图 4-92　选择软件包

（12）进入登录界面

如图 4-94 所示，系统重启成功，输入用户名和密码登录系统。

图 4-93　安装完毕　　　　　　　　　　　　图 4-94　登录界面

3. 配置 Cec-M 虚拟化管理系统

（1）确认和修改 Cec-M 系统的基本信息

确认主机名为 cecm.test.com；确认 IP 地址是否正确；修改/etc/hosts 文件，提供两台计算机的解析，添加如下两行：

192.168.1.100　　cecm cecm.test.com

192.168.1.201　　cecv1 cecv1.test.com

修改确认，如图 4-95 所示。

图 4-95　修改主机解析文件

（2）挂载 CecOSvt 光盘，加载预安装环境

在 Cec-M 虚拟机中，挂载 CecOSvt 光盘镜像，打开挂载目录，执行 ./run 命令，加载光盘中预置的 yum 软件仓库，如图 4-96 所示。

图 4-96　挂载光盘和自动创建安装仓库环境

出现如图 4-97 所示的界面，表示 yum 源建立成功。

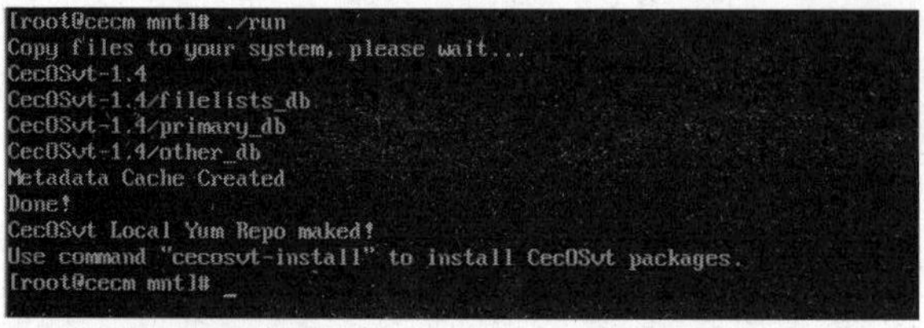

图 4-97　完成仓库和向导脚本创建

（3）安装 Cec-M 管理节点

如图 4-98 所示，根据提示运行 cecosvt-install 命令，出现下图显示界面，选择[1]，安装 Cec-M 软件包。

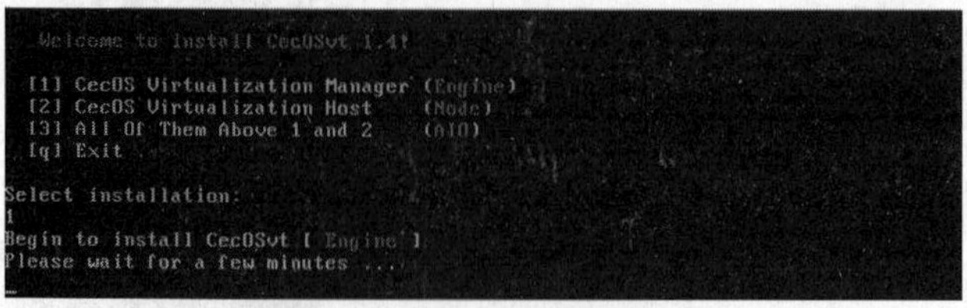

图 4-98　使用向导安装 Cec-M

开始安装 Cec-M 服务后，等待片刻，如图 4-99 所示表示 Cec-M 节点软件包已经安装完成。

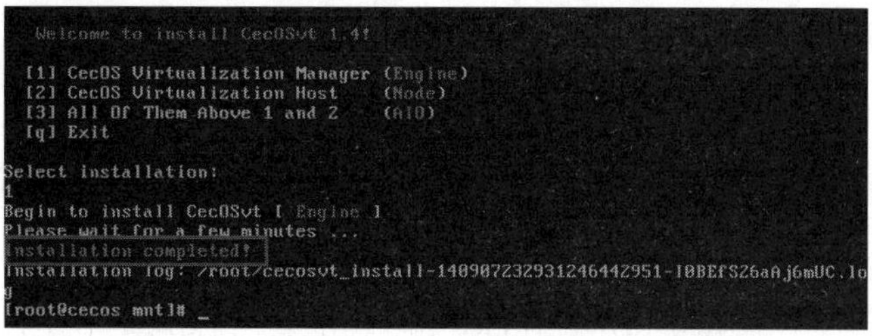

图 4-99　软件包安装完成

（4）配置 Cec-M 管理服务

接下来开始配置 Cec-M 服务，执行 cecvm-setup 命令开始配置，首先配置报表系统，可以根据实际情况选择 "Yes" 或 "No"，本文默认配置报表系统，如图 4-100 所示，选择 "Yes"。

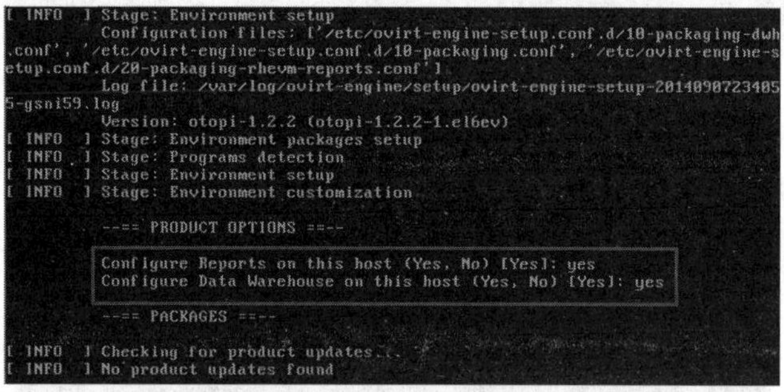

图 4-100　配置 Reports 和 Data Warehouse 报表

下面开始配置主机名、防火墙等，均采用默认配置即可，如图 4-101 所示。

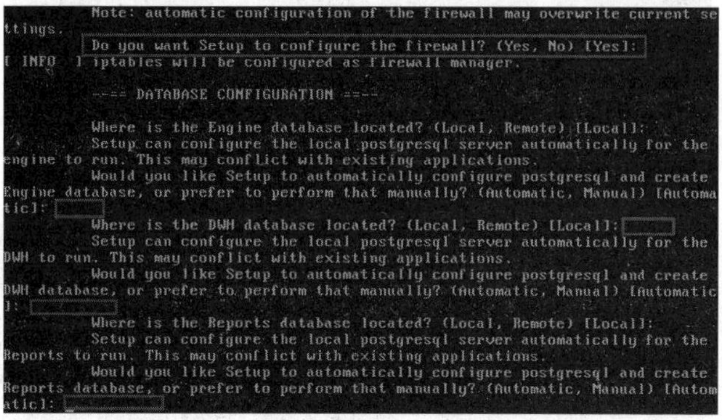

图 4-101　配置主机名和防火墙

配置主机模式和存储模式，主机模式有 Virt 虚拟主机和 Gluster 存储主机两种，默认为 Both 都支持；存储类型支持 NFS、FC、ISCSI、POSIXFS、GLUSTERFS 等，默认使用 NFS 类型；配置管理员密码，输入两次，如果输入的为弱密码，可以输入 yes 强制系统接受，如图 4-102 所示。

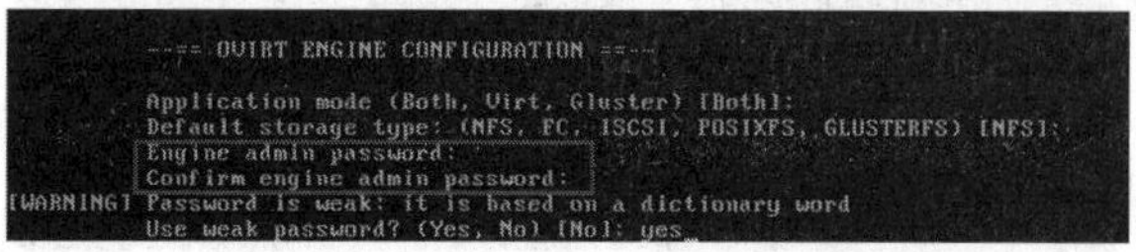

图 4-102　配置主机模式、存储模式和密码

配置 ISO 存储域和报表系统密码，使用默认值，如图 4-103 所示。

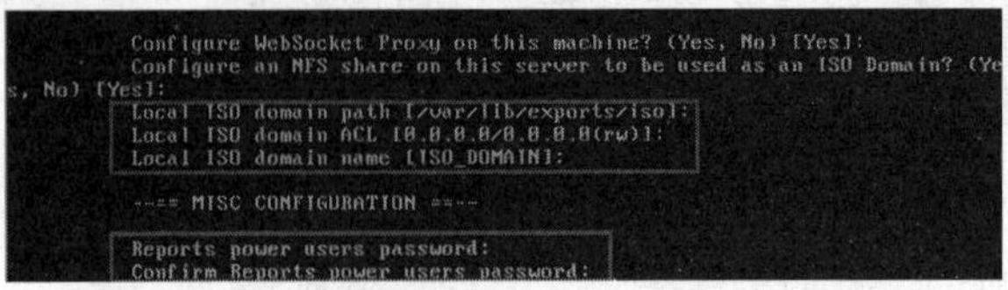

图 4-103　配置 ISO 存储域和报表系统密码

配置完毕后，提示"建议使用 4 GB 以上内存进行配置"，输入"yes"后单击〈Enter〉键确认在 2 GB 的计算机上安装 Cec-M，如图 4-104 所示。

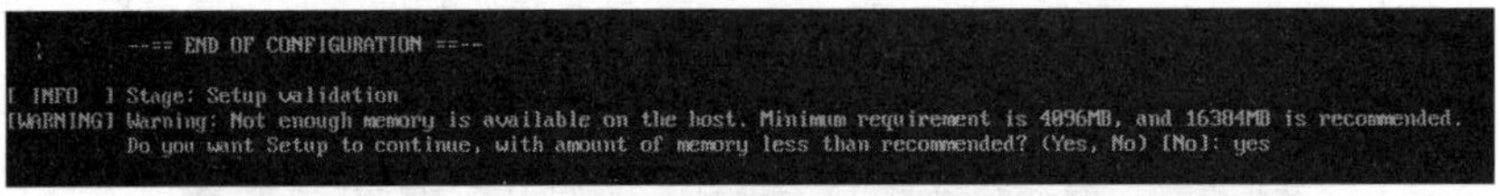

图 4-104　内存验证提示页

出现配置清单页面，确定以上配置是否正确，如果需要改动，输入"Cancel"取消，重新配置服务；若不改动，输入"OK"进入下一步，开始配置系统，如图 4-105 所示。

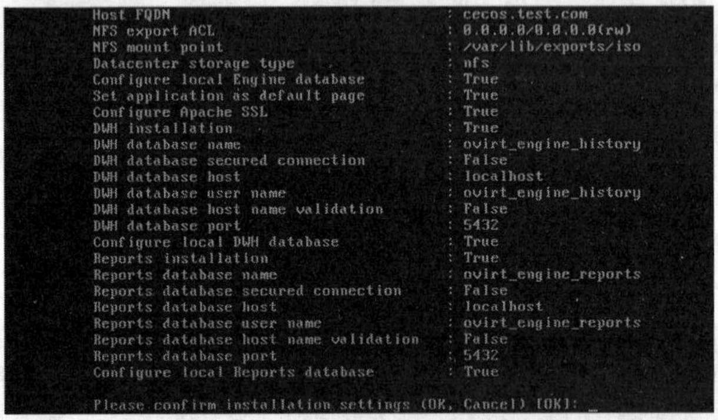

图 4-105　显示系统摘要并确认

直接按〈Enter〉键，开始配置服务，如图 4-106 所示。

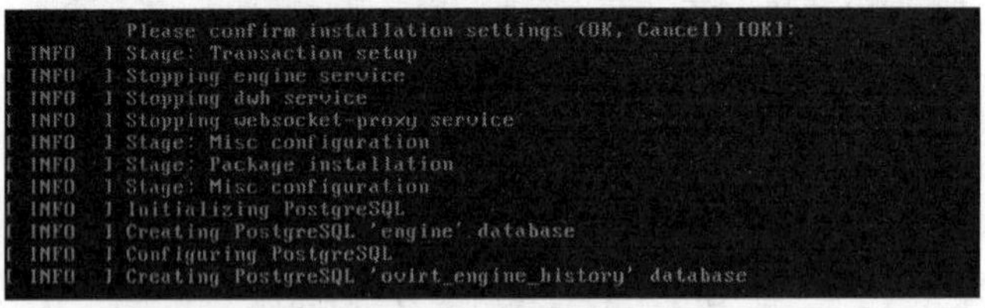

图 4-106　系统自动配置过程

等待服务配置完成，如图 4-107 所示表示 Cec-M 服务配置完成，这时就可以通过域名或者 IP 来访问及管理 Cec-M 服务器了。

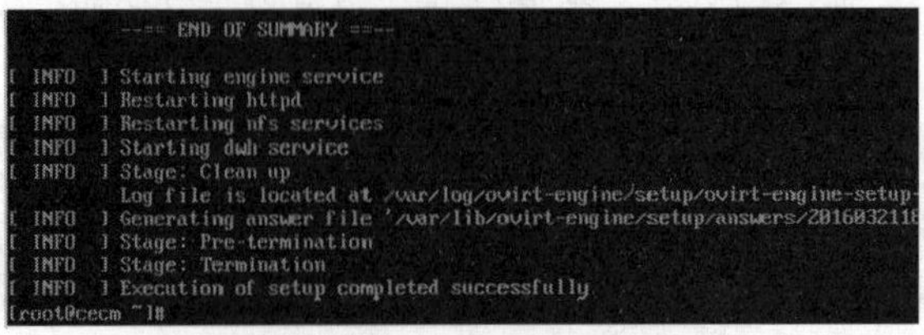

图 4-107　自动配置完毕

4. 在 Cec-M 上配置 NFS 存储服务

因为系统默认将采用 NFS 服务作为存储服务器，在 Cec-M 上进行简单的 NFS 服务器配置以实现存储服务支持，具体步骤如下。

1）创建文件夹。

```
[root@cecm ~]# mkdir -p /data/iso /data/vm
```

2）修改文件夹的权限，使虚拟系统可访问。

```
[root@cecm ~]# chown -R 36.36 /data
[root@cecm ~]# ll /data
total 8
drwxr-xr-x. 2 vdsm kvm 4096 Mar 21 18:24 iso
drwxr-xr-x. 2 vdsm kvm 4096 Mar 21 18:24 vm
```

3）修改 NFS 配置文件，添加两个共享文件夹，提供共享服务。

```
[root@cecm]#vi /etc/exports
...
/data/iso          0.0.0.0/0.0.0.0(rw)
/data/vm           0.0.0.0/0.0.0.0(rw)
[root@cecm ~]# cat /etc/exports
/var/lib/exports/iso      0.0.0.0/0.0.0.0(rw)
/data/iso          0.0.0.0/0.0.0.0(rw)
/data/vm           0.0.0.0/0.0.0.0(rw)
```

4）重启 NFS 服务。

```
[root@cecm ~]# service nfs restart
Shutting down NFS daemon:                          [  OK  ]
Shutting down NFS mountd:                           [  OK  ]
Shutting down NFS services:                         [  OK  ]
Shutting down RPC idmapd:                           [  OK  ]
Starting NFS services:                             [  OK  ]
Starting NFS mountd:                               [  OK  ]
Starting NFS daemon:                               [  OK  ]
Starting RPC idmapd:                               [  OK  ]
```

5）查看 NFS 提供的共享文件服务状态。

```
[root@cecm ~]# showmount -e
Export list for cecm.test.com:
/data/vm            0.0.0.0/0.0.0.0
/data/iso           0.0.0.0/0.0.0.0
/var/lib/exports/iso0.0.0.0/0.0.0.0
```

通过如上步骤配置了一个简单的两个文件夹的简单 NFS 存储空间，一个用于存放光盘，一个用于存放虚拟机。

5. 配置 Cec-V 虚拟化计算系统

（1）确认和修改 Cec-V 系统的基本信息

安装完 Cec-V1 计算机后，确认主机名为 cecv1.test.com；确认 IP 地址是否正确；修改 /etc/hosts 文件，提供两台计算机的解析，添加如下两行：

    192.168.1.100 cecm cecm.test.com
    192.168.1.201 cecv1 cecv1.test.com

修改后如图 4-108 所示。

图 4-108　修改后的主机解析文件

（2）挂载 CecOSvt 光盘，加载预安装环境

在 Cec-V1 虚拟机中，挂载 CecOSvt1.4-Final.iso 光盘镜像，打开挂载目录，执行 ./run 命令，加载光盘中预置的 yum 软件仓库，如图 4-109 所示。

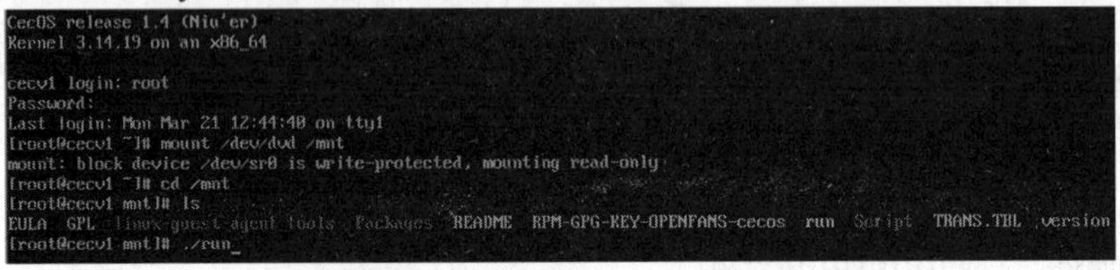

图 4-109　挂载光盘和自动创建安装仓库环境

出现如图 4-110 所示界面表示 yum 源建立成功。

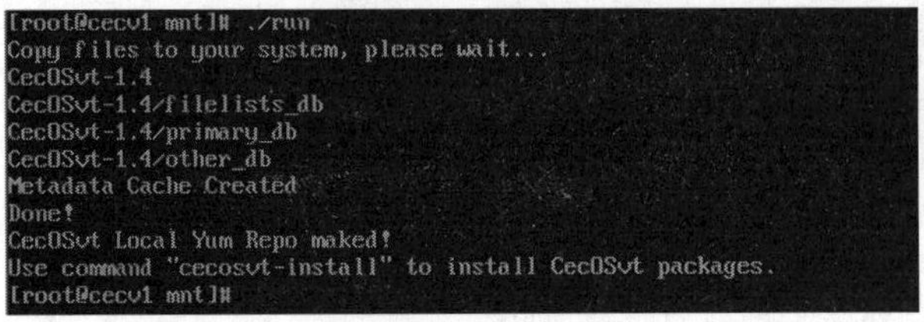

图 4-110　完成仓库和向导脚本创建

（3）安装 Cec-V 计算节点组件

如图 4-111 所示，根据提示运行 cecosvt-install 命令，出现下图显示界面，选择[2]，安装 Cec-V 软件包。

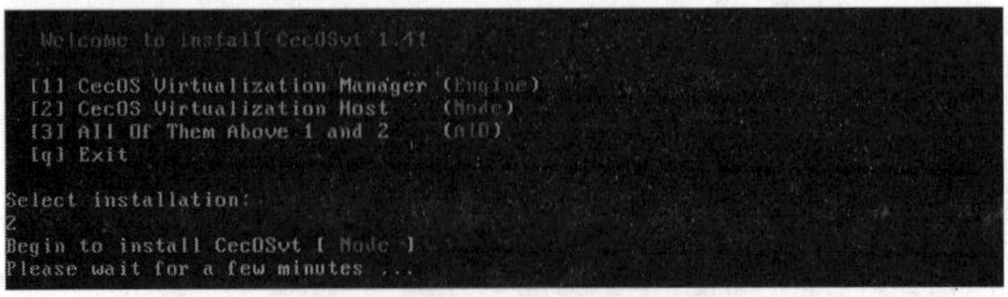

图 4-111　使用向导安装 Cec-V

开始安装 Cec-V 组件后，等待片刻，看到如图 4-112 所示界面表示 Cec-V 节点软件包已经安装设置完成。

图 4-112　软件包安装完成

6. 准备 Cec-V 本地存储系统

CecOS 系统除了支持网络共享存储系统以外，还支持计算节点的本地文件系统存储，为加快测试实验速度，在 Cec-V 系统的本地建立两个存储文件夹用于本地的存储系统测试，具体步骤如下。

（1）创建本地文件夹：

```
[root@cecv1 ~]# mkdir -p /data/vm /data/iso
```

（2）修改本地文件夹的权限：

```
[root@cecv1 ~]# chown -R 36.36 /data
```

（3）修改 NFS 配置文件，添加两个共享文件夹，提供共享服务。

```
[root@cecv1 ~]#vi /etc/exports
/data/iso          0.0.0.0/0.0.0.0(rw)
/data/vm           0.0.0.0/0.0.0.0(rw)
```

（4）重启 NFS 服务。

```
[root@cecv1 ~]# service rpcbind restart
[root@cecv1 ~]# service nfs restart
```

4.2.4　管理 CecOS 数据中心实现服务器虚拟化

1. 访问 CecOS 企业虚拟化管理中心

在 Windows 系统中使用 Firefox 或 Chrome 浏览器访问 https://192.168.1.100 的地址，得到如图 4-113 所示的数据中心访问页面，单击"管理"图标，忽略安全控制或添加例外，进入数据中心管理页面，如图 4-114 所示。

图 4-113　CecOS 主页　　　　　　　　　　图 4-114　数据中心管理登录主页

2. 登录 Cec 数据中心

使用 admin，密码为在安装 Cec-M 时，针对 admin 账户输入的密码，登录系统，进入管理功能主页，如图 4-115 所示。可以看到该页面涵盖数据中心、群集、主机、网络、存储、磁盘、虚拟机、池、模板、卷以及用户的全套管理功能。

图 4-115　CecOS 企业虚拟化平台管理功能主页

3. 添加 Cec-V 虚拟主机

在主机界面单击"添加"按钮，输入 Cec-V 主机的所有参数，如图 4-116 所示。

图 4-116　添加 Cec-V 主机

添加过程中，Cec-M 将与 Cec-V 主机进行通信，安装必要的代理服务，安装完成后，管理界面下方将出现如图 4-117 所示的界面，Cec-V 完成向数据中心的添加，主机前部出现绿色向上的小箭头，Cec-V 主机已经可以通过 Cec-M 平台进行管理了。如果需要添加更多的 Cec-V 主机，可重复该步骤进行。

图 4-117　添加完成的 Cec-V 在 Cec 管理平台下的信息

图 4-117 中的主机信息非常重要，在后续的集群创建中，将使用 CPU 名称这一重要参数。不同的计算机或服务器硬件的 CPU 参数不同，请用户在实际使用中注意该项参数的内容，方便在后续配置中的使用，本书中使用的硬件参数为"Intel Haswell Family"。

4. 添加一个共享的数据中心和集群

在数据中心中，选择"新建"功能，如图 4-118 所示，添加一个名为"dcshare-test"的数据中心，类型选择为"共享的"。

如图 4-119 所示，在接着的引导操作中，选择"配置集群"，添加数据中心的集群，如图 4-120 所示，名称为 clustershare-test，CPU 名称与 Cec-V 的 CPU 名称相同，为"Intel Haswell Family"。在图 4-121 中选择"以后再配置"。

图 4-118　新建数据中心

图 4-119　引导操作界面

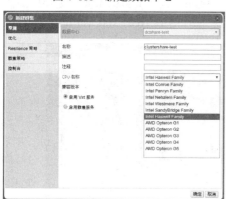

图 4-120　添加集群界面

图 4-121　结束引导操作

5. 修改主机为维护模式

在系统菜单的"主机"页面下，选择 cecv1.test.com 虚拟主机，再选择维护，如图 4-122 所示；如图 4-123 所示为维护中的主机。

图 4-122　选择维护主机

图 4-123　维护中的主机

6. 将主机添加到新的集群

选中主机，单击"编辑"按钮，将 cecv1.test.com 主机修改到"dcshare-test"数据中心的"clustershare-test"集群中，如图 4-124 所示。选择 cecv1.test.com 虚拟主机，再选择"激活"，将主机退出维护模式。

7. 添加数据存储域

在"存储"页面下，单击"新建域"按钮，选择数据中心"dcshare-test"，选择"DATA/NFS 类型"，添加名为"datavm"的数据存储域，存储路径为 NFS 共享的"192.168.1.100:/data/vm"，如图 4-125 所示。CecOS 支持 NFS、POSIX compliant FS、GlusterFS、iSCSI、Fibre Channel 共 5 种共享存储类型。

| 图 4-124 将主机添加到新的集群 | 图 4-125 新建数据域 |

8. 添加 ISO 存储域

在"存储"界面下，选择"ISO_DOMAIN"默认存储域，在下方的"数据中心"选项中，选择"附加"按钮，如图 4-126 所示，将 ISO 存储域添加到"dcshare-test"数据中心中；该存储域为创建数据中心时默认的存储域，该存储域的路径为"192.168.1.100:/var/lib/exports/iso"。

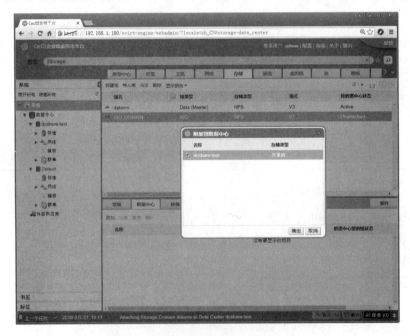

图 4-126 将 ISO 存储域附加到数据中心中

将 DATA 数据域和 ISO 存储域都附加到数据中心后，可以看到数据中心已经启动正常，如图 4-127 所示。

图 4-127 数据中心启动正常的界面

9. 上传镜像

使用 CRT 工具连接到 192.168.100 的 Cec-M 机器中，上传 CentOS 6.5 的镜像到路径 "/var/lib/exports/iso/aa7001f1-607c-4229-9d5a-f47406d1aafd/images/11111111-1111-1111-1111-111111111111" 下，其中 "aa7001f1-607c-4229-9d5a-f47406d1aafd" 为一个随机的 ID，在不同的计算机中路径信息不同，如图 4-128 所示。上传完毕后，可在 Cec 系统的存储界面中查看该文件，如图 4-129 所示。

图 4-128 上传 CentOS 6.5 镜像

图 4-129　在 ISO 域查看上传后的镜像

10. 安装 CentOS 6 虚拟服务器

在虚拟机选项卡中，单击"新建"按钮，添加一台 CentOS 6 的服务器，名称为 CentOS6，网络接口选择"cecos-vmnet/cecos-vmnet"，如图 4-130 所示。

确定后，添加虚拟磁盘，设置硬盘大小为 10 GB，如图 4-131 所示。

图 4-130　添加 CentOS6 虚拟服务器

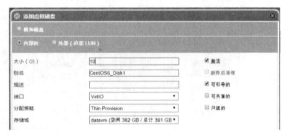

图 4-131　添加 10G 的虚拟磁盘

确认后，虚拟机创建完毕，出现如图 4-132 所示的虚拟机 CentOS6。

11. 启动虚拟机

启动虚拟机，选择虚拟机菜单下的"只运行一次"按钮，调出虚拟机运行配置界面，如图 4-133 所示，设置附加 CD 为"CentOS-6.5-x85_64-bin.iso"光盘，并将引导序列中的 CD-ROM 设置为第一项，单击确定可以看到虚拟机图标由"红色"变成了"绿色"。

12. 安装虚拟服务器调用工具

虚拟机启动后，第一次访问可以右击"控制台"菜单命令，如图 4-134 所示，默认情况下，浏览器会自动下载一个名称为 console.vv 的连接文件，但是该文件无法打开，这是因为虚拟机默认采用的是客户端连接模式，但是客户端没有连接软件造成的。可以通过如下步骤解决该问题。

图 4-133　运行虚拟机启动设置

图 4-132　创建后的虚拟机

图 4-134　控制台访问虚拟机

右击虚拟机，选择"控制台"选项菜单，出现如图 4-135 所示的界面，该界面为虚拟机控制台连接设置界面，CecOS 中的虚拟机支持 SPICE、VNC、远程桌面 3 种连接方式，调用方法支持 Native 客户端、浏览器插件、HTML5 浏览器等多种方法，该界面还包含了若干协议配置选项；默认情况下虚拟机采用 SPICE 协议。

选择该界面左下角的"控制台客户资源"连接，打开软件下载页，如图 4-136 所示，在该界面下选择"用于 64 位 Windows 的 Virt Viewer 超链接"，下载并安装"Virt Viewer"连接工具。

图 4-135　虚拟机的控制台选项界面

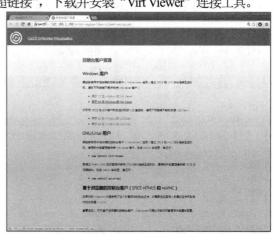

图 4-136　控制台调用工具资源下载页

13. 通过 Virt Viewer 访问虚拟服务器

在虚拟机界面中，再次右击 CentOS6 虚拟机，选择"控制台"菜单命令，下载 console.vv 文件后，自动打开该文件，Virt Viewer 软件将自动访问 CentOS6 虚拟机，如图 4-137 所示。

在该界面下，参考本书前面介绍的安装步骤，安装一台名为"Minimal"的 CentOS6 虚拟机，安装后启动该虚拟机，如图 4-138 所示。

图 4-137 Virt Viewer 访问虚拟服务器　　　　图 4-138 访问安装好之后的虚拟机

14. 通过模板部署新的 CentOS6 虚拟服务器

为了将安装好的服务器快速部署成多台服务器，一般需要通过安装系统→封装→制作模板→部署 4 步来完成多个新服务器的部署，具体操作如下。

（1）封装 Linux 服务器

在安装好的 CentOS 6 系统中，通过 "rm -rf /etc/ssh/ssh_*" 删除所有的 ssh 证书文件，再执行 sys-unconfig 命令，虚拟机将自动进行封装；封装后的虚拟机在启动时将重新生成新的计算机配置，如图 4-139 所示。

图 4-139 封装 Linux 服务器

（2）创建快照

右击虚拟机，在菜单中找到"创建快照"命令，或者在上层菜单中找到"创建快照"按钮，如图 4-140 和图 4-141 所示，创建一个名为"Base"的快照。

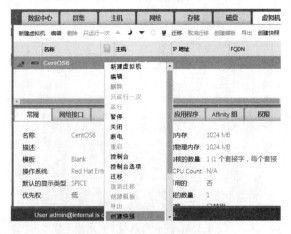

图 4-140 选择创建快照功能

图 4-141 创建快照

（3）创建模板

在虚拟机菜单中选中 CentOS6 虚拟机，右击选择"创建模板"命令，该功能会锁定虚拟机几分钟，然后以此虚拟机为基础，创建一个新的名为"CentOS6-temp"的模板，如图 4-142 所示，创建完毕后在模板页面下能够看到创建完毕的模板，如图 4-143 所示。

（4）从模板创建虚拟机主机

在虚拟机页面下，选择"新建虚拟机"，选择群集，设置基于模板为"CentOS6-temp"，虚拟机名称为"CentOS-Server1"，如图 4-144 所示。稍等片刻后，启动该虚拟机，通过简单密码设置等操作之后，新的虚拟服务器就可以快速访问了，如图 4-145 所示。

图 4-142　创建模板

图 4-143　创建好的模板

图 4-144　从模板新建虚拟服务器

图 4-145　从模板创建好的虚拟服务器

在模板创建完成之后，今后所有需要的服务器都可以通过该模板直接创建生成。通过合理配置 centos6-server1 等服务器，该虚拟机可实现互联网访问，并可以向外提供网络服务。

4.2.5　管理 CecOS 数据中心实现桌面虚拟化

1. 上传 Windows 7 光盘镜像

参考服务器虚拟化的配置，使用 CRT 软件上传一张 Win7_X86_CN.ISO 的 32 位中文版系统到 ISO 存储域。

2. 新建 Windows 7 桌面虚拟机

在虚拟机界面下，单击"新建虚拟机"，设置操作系统为"Windows 7"，名称为

"Win7x86"，优化类型自动选择为"桌面"，网络选择"cecos-vmnet"，如图 4-146 所示。确定后，为虚拟机添加一个 20 GB 的虚拟磁盘，如图 4-147 所示。

图 4-146　新建 Win7 虚拟机

图 4-147　添加虚拟磁盘

3. 启动 Win7x86 桌面虚拟机

使用虚拟机右键菜单中的"只运行一次"按钮。Win7x86 虚拟机的安装配置如图 4-148 所示，附加软盘"virtio-win_x86.vfd"用于安装硬盘驱动，设置附加 CD 为"WIN7_X86_CN.iso"，将引导序列中"CD-ROM"设为首位，确定启动虚拟机。

4. 安装 Windows 7 操作系统

引导进入操作系统，单击"下一步"→"现在安装"→"接受许可"→"自定义（高级）"等界面选项，进入"驱动器"选择界面，提示无法找到硬盘，如图 4-149 所示。单击"加载驱动程序"，如图 4-150 所示，选择"Red Hat VirtIO SCSI controller (A:\i386\Win7\viostor.inf)"，加载磁盘驱动，单击"下一步"按钮。

图 4-148　Win7x86 虚拟机启动设置

图 4-149　无法找到磁盘的界面

图 4-150　选择磁盘驱动文件

如图 4-151 所示，20 GB 的磁盘找到了，选择该硬盘后直接单击"下一步"按钮进行系统的自动安装，如图 4-152 所示。

图 4-151　选择磁盘安装系统

图 4-152　系统安装完成

5. 安装系统驱动程序和虚拟机代理软件

安装完毕的 Windows 7 系统，可以发现很多驱动程序没有被正确安装，如图 4-153 所示。

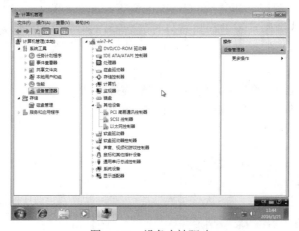
图 4-153　设备未被驱动

如图 4-154 所示，在 Win7x86 虚拟机的右键菜单中选择"修改 CD"命令，选择"cec-tools-setup.iso"，如图 5-155 所示，通过该光盘自动安装驱动和部分工具。

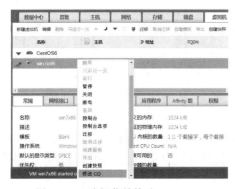
图 4-154　选择菜单修改 CD

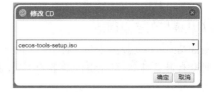
图 4-155　修改 CD 光盘文件

加载完光盘后，双击光盘中的"CecOS Tools Setup"文件，如图 4-156 所示，完成所有驱动程序和代理服务的安装。如图 4-157 所示，安装完毕后重启虚拟机。

图 4-156　选择安装光盘中的工具程序　　　　　图 4-157　安装驱动程序和代理服务

建议同时安装光盘中的"CecOS Application Provisioning Tool",用于部署应用识别代理。

6. 封装桌面操作系统

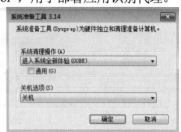

安装完毕的操作系统,执行"C:\Windows\System32\Sysprep\sysprep.exe"对操作系统进行封装,封装后操作系统将自动关机,如图 4-158 所示。

7. 创建快照和模板

参考服务器虚拟机部分的步骤,为 Win7x86 虚拟机创建"Base"快照和"Win7x86-temp"模板,如图 4-159 和图 4-160 所示。

图 4-158　执行封装程序

图 4-159　添加快照　　　　　　　　　　图 4-160　添加模板

8. 从模板创建桌面池

桌面虚拟化与服务器虚拟化最大的不同是需要将桌面作为平台传送给客户,而服务器虚拟化则没有此需求,因此桌面虚拟化中的桌面虚拟机是通过"桌面池"的重要概念来进行批量分配的。

选择"池"页面,单击"新建池"按钮,利用 Win7x86-temp 模板创建一个名为"win7-u"的桌面池,选择"显示高级选项",设置虚拟机的数量为 3,每个用户的最大虚拟机数目为 3,如图 4-161 所示。设置池类型为"手动",如图 4-162 所示。

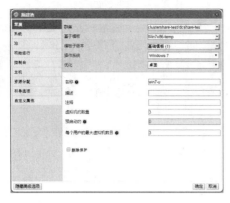

图 4-161　桌面池的常规设置

图 4-162　设置池类型

特别注意，请设置"控制台"中的 USB 支持为"Native"，选中"禁用单点登录"选项，如图 4-163 所示；设置完成后，发现分别出现了 3 台虚拟机，如图 4-164 所示。

图 4-163　设置控制台连接协议和 USB

图 4-164　从池中生成的桌面虚拟机

9. 设置桌面池用户权限

如图 4-165 所示，在"池"页面下的"权限"选项卡中，单击"添加连接"为系统唯一账户 admin 分配一个新角色为 UserRole，并将桌面池的权限分配给该用户，如图 4-166 和图 4-167 所示。

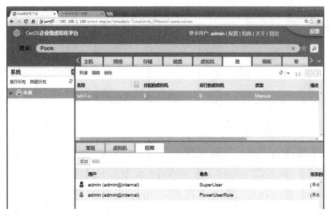

图 4-165　添加池权限信息

图 4-166 添加 admin 为 UserRole 的角色 　　　　图 4-167 配置完成的池权限界面

10. 访问 Win7x86 桌面虚拟机

使用 192.168.1.100 的网址访问系统主页，选择"登录"连接，如图 4-168 所示，输入 admin 账号和密码，登录系统。

选择"基本视图"，可以看到一台名为"win7-u"的虚拟机。启动该虚拟机后，虚拟机启动了一台名为"win7-u-2"的虚拟机，如图 4-169 所示。等待虚拟机就绪后双击该虚拟机的图标，将通过 SPICE 协议连接到虚拟桌面中，简单设置之后，虚拟机就可以通过 192.168.1.0/24 网段的地址进行互联网访问，如图 4-170 所示。

图 4-168 通过账户查看桌面虚拟化

图 4-169 为 admin 用户启动桌面虚拟机 　　　　图 4-170 全屏访问池中的虚拟机

默认连接协议全屏访问，并支持 USB 设置（客户端 U 盘可以直接映射到虚拟机中），在控制器资源网页中下载安装 USB 相应版本重定向软件 USB Clerk，如图 4-171 所示。设置完成后，访问 Win7x86 桌面虚拟机，可以将客户端中的 U 盘映射在桌面虚拟机中，如图 4-172 所示。

208

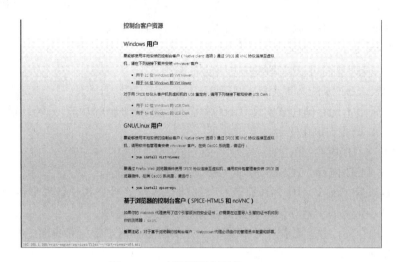

图 4-171　在资源页中下载 USB Clerk

图 4-172　虚拟机中映射 USB 设备

项目小结

实训室管理员通过对 CentOS 上的 KVM 技术的应用和运维，熟悉了 KVM 在 CentOS 系统上的管理和底层命令，同时以该项技术为基础，管理员通过两台服务器，利用社区提供中国企业云操作系统 CecOS，实现了一个单节点的、带有共享存储系统的简单机房虚拟化服务环境，该虚拟化服务同时向实训室提供了服务器虚拟化和桌面虚拟化，实现了 CentOS 6 服务器模板快速部署和服务，以及 Windows 7 操作系统的快速部署和桌面虚拟化的访问，管理员快速、完整、高效地完成了任务，因为所有任务都利用开源平台完成，该项目具有更高的性价比。

练习题

1. KVM 虚拟化和其他的虚拟化的优缺点分别是什么？KVM 虚拟化的特点是什么？
2. KVM 虚拟化由哪些组件组成？分别能够实现怎样的功能？
3. KVM 虚拟化能够使用的显示连接协议有哪些？各有什么优缺点？

4. KVM 虚拟化可以使用哪些连接工具和软件进行连接？

5. CecOS 的主要组件有哪些？

6. CecOS 的管理界面可以管理哪些主要的对象？

7. 综合实战：CecOS 的本地存储的实现。

本书介绍了采用本地存储模式实现 CecOS 企业虚拟化平台的功能，请尝试使用本地存储的模式实现 CecOS 企业虚拟化平台，要求如下：

（1）Cec-M，4 GB 内存，2CPU，实现 CecOS 的 ALLINONE 功能。

（2）Cec-V，4 GB 内存，2CPU，实现 CecOS 的 Node 功能。

（3）将 Cec-M 和 Cec-V 都作为计算节点添加到 CecOS 企业虚拟化管理平台中。

（4）使用 Cec-V 上的本地存储作为数据存储域和 ISO 存储域。

（5）基于本地存储，建立数据中心和集群，并实现服务器虚拟化和桌面虚拟化功能。

8. 拓展学习：

（1）CecOS 的 iSCSI 共享存储设置。

自行搭建一个 iSCSI 服务器，使系统的数据域使用该服务器，随后请完成数据中心的搭建，并启动服务器虚拟机和桌面虚拟机。

（2）CecOS 账户管理。

请尝试搭建一个 LDAP 或 AD 服务器，通过查找网络相关资料，将 CecOS 企业虚拟化平台的账户纳入目录管理，实现多账户的桌面虚拟化配置功能，实现一个账户一个独立的桌面功能。

项目 5　使用 RDO 快速部署 OpenStack 云计算系统

项目导入

某职业院校网络中心打算建立私有云平台，计划进行前期功能测试和验证工作。由于管理人员刚接触云计算系统，计划先使用 Red Hat 的开源 RDO 部署工具进行 OpenStack 云计算 Iaas 平台的快速部署测试和验证。网络中心购买了两台服务器，对 OpenStack 的整体功能和应用进行验证，一台用于 OpenStack 的 ALLINONE 功能测试，一台用于模块的扩展测试。通过该方案确认平台上线的可行性，并了解 OpenStack 平台的基本应用架构和方法。

项目目标

- 了解快速部署 OpenStack 的工具
- 掌握部署 OpenStack 云平台前的准备工作
- 学会使用 RDO 工具快速部署单节点 OpenStack 云计算平台的方法
- 学会使用 RDO 工具扩展 OpenStack 云计算平台的方法

项目设计

网络中心管理员设计了使用单节点进行验证 OpenStack 云计算平台部署，再通过添加一个计算节点进行扩展验证的技术方案，其中一个节点为 ALLINONE 节点，另一个节点为计算服务扩展验证节点，控制节点包含两张网卡，用于管理网络和桥接外网，计算节点包含两个网卡，网卡 1 主要用于与管理网络连接，网卡 2 用于预留未来的功能扩展，主要用于公网连接。

在测试环境中控制节点 ControllerAIO 将使用 ALLINONE 含有的 OpenStack 的全部组件进行环境搭建和测试，计算节点 Compute1 仅以扩展计算功能节点加入云平台，如图 5-1 所示。

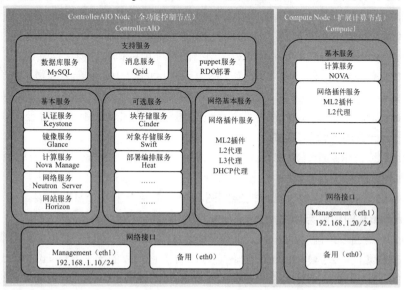

图 5-1　OpenStack RDO 节点部署示意图

项目所需软件列表：

VMware Workstation 12

CentOS-7-x86_64-Everything-1503-01 镜像文件

WAMP 网站服务器软件

RDO 部署资源包

任务 5.1　OpenStack 架构介绍

5.1.1　OpenStack 云计算平台概述

1. OpenStack 的起源和发展

云计算的概念并不是很新。实际上，AWS EC2 已经出现有 8 年左右。虽然 OpenStack 是如今最为流行的一种可用的开源云计算解决方案之一，但它并不是最早的一个。它是在公共和私有领域开发的两种旧解决方案的综合。OpenStack 是一个非常年轻的开源项目，最初是由美国国家航空航天局（NASA）和 Rackspace 合作研发的项目，2010 年 7 月以 Apache 2.0 许可证授权开源，源代码来自于 NASA 的 Nebula 平台和 Rackspace 的分布式云存储（Swift）项目。NASA 最初使用的是 Eucalyptus 云计算平台，当规模持续快速增长后，Eucalyptus 已经不能满足 NASA 的云计算规模，而 Eucalyptus 是不完全开放源代码的（"开放核"模式）。NASA 首席技术官 Chris Kemp 的研究小组为此专门建立了自己的计算引擎，新平台命名为 Nova，并将其开源。2010 年，NASA 和 Rackspace 分别将 Nova 和 Swift 项目代码开源时，已经获得了 25 个企业和组织的支持。

2010 年，美国国家航空航天局联手 Rackspace，在建设美国国家航空航天局的私有云过程中，创建了 OpenStack 项目，之后他们邀请其他供应商提供组件，建立一个完整的开源云计算解决方案。

2010 年诞生的第一个版本 Austin 只包含 Rackspace 和美国国家航空航天局的组件，之后发布的版本包含了已加入该项目的供应商开发的附加组件。最初，Rackspace 独立管理 OpenStack 项目，随着 OpenStack 的不断发展，在 2012 年创建了 OpenStack 基金会，该基金会由选举产生的董事会监管。OpenStack 的技术委员会由每个核心的软件项目和项目领导等组成。

目前，OpenStack.org 有声称来自 87 个国家或地区的 850 个基金会成员。白金会员提供最高水平的支持，其次是黄金会员、赞助企业和个人会员。当前，白金会员有 AT&T、HP、IBM 和 Rackspace 等公司或组织；黄金会员有思科、戴尔、VMware 等公司。开源协议是 Apache 2.0。OpenStack 代码可免费下载。

OpenStack 致力于一个开放式设计过程，每 6 个月开发社区就会举行一次设计峰会来收集需求并写入即将发布版本的规格中。设计峰会是完全对公众开放的，包括用户、开发者和上游项目。社区收集需求和制定经过批准的线路图，用于指导未来 6 个月的发展。

2. OpenStack 的功能与作用

OpenStack 是当今最流行的开源云平台管理项目，可以控制整个数据中心计算、存储和网络资源的大型资源池。从 OpenStack 的名字可以看出它大致的含义，Open 顾名思义为开源软件，开放式的设计理念、开放式的开发模式、开放式的社区，Stack 意为堆，可以理解为云计算是靠每一块小瓦砾堆砌而成。OpenStack 并不是单独的一个软件，它由多个组件一起协作完成某些具体工作。OpenStack 本身就是一个巨大的开源软件集合，集各种开源软件之大成。若要寻找 AWS EC2 的替代品，OpenStack 将是一个不错的选择。

OpenStack 是一个可以管理整个数据中心里大量资源池的云操作系统，包括计算、存储及网络资源。管理员可以通过管理台管理整个系统，并可以通过 Web 接口为用户划定资源。

OpenStack 的主要目标是管理数据中心的资源，简化资源分派。它管理以下 3 部分资源。

计算资源：OpenStack 可以规划并管理大量虚拟机，从而允许企业或服务提供商按需提供计算资源；开发者可以通过 API 访问计算资源从而创建云应用，管理员与用户则可以通过 Web 访问这些资源。

存储资源：OpenStack 可以为云服务或云应用提供所需的对象及块存储资源。因对性能及价格有需求，很多组织已经不能满足于传统的企业级存储技术，因此 OpenStack 可以根据用户需要提供可配置的对象存储或块存储功能。

网络资源：如今的数据中心存在大量的设备，如服务器、网络设备、存储设备、安全设备，而它们还将被划分成更多的虚拟设备或虚拟网络，这会导致 IP 地址的数量、路由配置、安全规则爆炸式增长；传统的网络管理技术无法真正的可高扩展、高自动化地管理下一代网络；因而 OpenStack 提供了插件式、可扩展、API 驱动型的网络及 IP 管理。

OpenStack 的优势：

- 解除厂商绑定。
- 具有可扩展性及很好的弹性，可定制化 IaaS。
- 良好的社区氛围。

OpenStack 的劣势：

- 入手难、学习曲线较高，在对整体把握不足的情况下，很难快速上手。
- 偏底层，需要根据实际应用场景进行二次开发。
- 现阶段的厂商支持较弱，商业设备的 OpenStack 驱动相对不够全面。

5.1.2 OpenStack 的主要项目和架构关系

1. OpenStack 的主要项目

OpenStack 包含了许多组件。有些组件会首先出现在孵化项目中，待成熟以后进入下一个 OpenStack 发行版的核心服务中。同时也有部分项目是为了更好地支持 OpenStack 社区和项目开发管理，不包含在发行版代码中。

根据 OpenStack.org 社区自己的定义，OpenStack 的核心服务包括：

- Nova 计算服务（Compute as a Service）
- Keystone 认证服务（Identity as a Service）
- Neutron 网络服务（Networking as a Service）
- Swift 对象存储服务（Object Storage as a Service）
- Cinder 块存储服务（Block Storage as a Service）
- Glance 镜像服务（Image as a Service）
- Keystone 认证服务（Identity as a Service）

如图 5-2 所示，截至目前 OpenStack 最新保留的可选及孵化服务项目包括：

- Horizon 仪表盘服务（Dashboard as a Service）
- Ceilometer 计费&监控服务（Telemetry as a Service）

- Heat 编排服务（Orchestration as a Service）
- Trove 数据库服务（DataBase as a Service）
- Sahara 大数据处理（MapReduce as a Service）
- Ironic 物理设备服务（Bare Metal as a Service）
- Zaqar 消息服务（Messaging as a Service）
- Manlila 文件共享服务（Share Filesystems as Service）
- DesignateDNS 域名服务（DNS Service as a Service）
- Barbican 密钥管理服务（Key Management as a Service）
- Magum 容器服务（Containers as a Service）
- Murano 应用目录（Application Catalog as a Service）
- Congress 策略框架（Govermence as a Service）

由于 OpenStack 社区非常活跃，更新很快，因此曾经在各个版本上出现过的各个组件和服务，本书将在后续加以专门介绍。

Optional Services (13 Results)

NAME	SERVICE	MATURITY	AGE	ADOPTION	DETAILS
Horizon	Dashboard	4 of 5	4 Yrs	95 %	More Details
Ceilometer	Telemetry	2 of 5	3 Yrs	61 %	More Details
Heat	Orchestration	4 of 5	3 Yrs	68 %	More Details
Trove	Database	1 of 5	2 Yrs	27 %	More Details
Sahara	Elastic Map Reduce	1 of 5	2 Yrs	20 %	More Details
Ironic	Bare-Metal Provisioning	2 of 5	2 Yrs	17 %	More Details
Zaqar	Messaging Service	1 of 5	2 Yrs	1 %	More Details
Manila	Shared Filesystems	2 of 5	2 Yrs	8 %	More Details
Designate	DNS Service	1 of 5	2 Yrs	25 %	More Details
Barbican	Key Management	2 of 5	2 Yrs	4 %	More Details
Magnum	Containers	1 of 5	1 Yrs	7 %	More Details
Murano	Application Catalog	1 of 5	1 Yrs	7 %	More Details
Congress	Governance	1 of 5	1 Yrs	1 %	More Details

图 5-2　OpenStack 可选项目活跃度

OpenStack 的其他项目涉及：
- Infrastructure OpenStack 社区建设项目
- Documentation OpenStack 文档管理项目
- Tripleo OpenStack 部署项目
- DevStack OpenStack 开发者项目
- QA OpenStack 质量管理项目
- Release Cycle Management 版本控制项目

这些 OpenStack 项目有一些共同点，比如：
- OpenStack 项目组件由多个子组件组成，子组件有各自的模块。
- 每个项目都会选举 PTL（Project Technical Leader）。
- 每个项目都有单独的开发人员和设计团队。
- 每个项目都有具有优良设计的公共 API，API 基于 RESTful，同时支持 JSON 和 XML。

- 每个项目都有单独的数据库和隔离的持久层。
- 每个项目都可以单独部署，对外提供服务，也可以在一起协同完成某项工作。
- 每个项目都有各自的 client 项目，如 Nova 有 nova-client 作为其命令行调用 RESTful 的实现。除了以上项目，OpenStack 的其他项目或多或少也会需要 Database（数据库）、MessageQueue（消息队列）进行数据持久化、通信。

2. OpenStack 核心和关键组件的关系

OpenStack 的核心项目其实就是在 Linux 上配置 9 个相互关联的服务器组件，让它们一起协同工作，如图 5-3 所示。

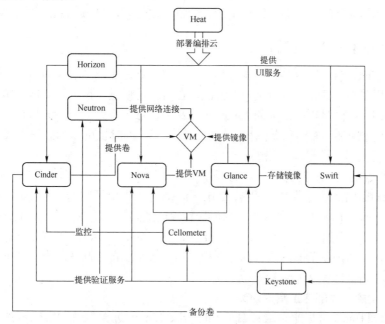

图 5-3　OpenStack 各个组件关系表

计算（Compute）：Nova。一套控制器，用于为单个用户或使用群组管理虚拟机实例的整个生命周期，根据用户需求来提供虚拟服务。负责虚拟机创建、开机、关机、挂起、暂停、调整、迁移、重启、销毁等操作，配置 CPU、内存等信息规格。自 Austin 版本集成到项目中。

对象存储（Object Storage）：Swift。一套用于在大规模可扩展系统中通过内置冗余及高容错机制实现对象存储的系统，允许进行存储或者检索文件。可为 Glance 提供镜像存储，为 Cinder 提供卷备份服务。自 Austin 版本集成到项目中。

镜像服务（Image Service）：Glance。一套虚拟机镜像查找及检索系统，支持多种虚拟机镜像格式（AKI、AMI、ARI、ISO、QCOW2、Raw、VDI、VHD、VMDK），有创建上传镜像、删除镜像、编辑镜像基本信息的功能。自 Bexar 版本集成到项目中。

身份服务（Identity Service）：Keystone。为 OpenStack 其他服务提供身份验证、服务规则和服务令牌的功能，管理 Domains、Projects、Users、Groups、Roles。自 Essex 版本集成到项目中。

网络&地址管理（Network）：Neutron。提供云计算的网络虚拟化技术，为 OpenStack 其他服务提供网络连接服务。为用户提供接口，可以定义 Network、Subnet、Router，配置 DHCP、DNS、负载均衡、L3 服务，网络支持 GRE、VLAN。插件架构支持许多主流的网络厂家和技术，如 OpenvSwitch。自 Folsom 版本集成到项目中。

块存储（Block Storage）：Cinder。为运行实例提供稳定的数据块存储服务，它的插件驱动架构有利于块设备的创建和管理，如创建卷、删除卷，在实例上挂载和卸载卷。自 Folsom 版本集成到项目中。

UI 界面（Dashboard）：Horizon。OpenStack 中各种服务的 Web 管理门户，用于简化用户对服务的操作，例如启动实例、分配 IP 地址、配置访问控制等。自 Essex 版本集成到项目中。

测量（Metering）：Ceilometer。像一个漏斗一样，能把 OpenStack 内部发生的几乎所有的事件都收集起来，然后为计费和监控以及其他服务提供数据支撑。自 Havana 版本集成到项目中。

部署编排（Orchestration）：Heat。提供了一种通过模板定义的协同部署方式，实现云基础设施软件运行环境（计算、存储和网络资源）的自动化部署。自 Havana 版本集成到项目中。

5.1.3　OpenStack 部署工具简介

由于 OpenStack 组件比较多，在发布初期，部署一直是比较难解决的问题。针对部署难的问题，社区采用了规范开发和细化文档的方法，在版本的演进过程中，文档不断细化，手动部署的难度不断缩小，同时也有众多的 Linux 公司和云计算公司为 OpenStack 开发不少快速部署工具，用于简化 OpenStack 的部署流程，提供工作效果，同时也可以为系统测试加快进度。

目前主流的部署工具有以下几个。

1. 功能强大的商业部署工具——Fuel

这是 Mirantis 出品的部署安装工具，2013 年 10 月份推出了它的 3.2 版本，让人很震撼，而且不断跟进 OpenStack 的社区版本，目前最新版已经到了 6.1 版，可以部署 OpenStack 的 Kilo 版系统。该系统基本把所有的 OpenStack 部署都 Web 化了，可以直接进行架构设计和选择，快速部署，尤其是复杂的网络和存储架构，而且系统还自带开发的集群高可用组件，是目前最成功的 OpenStack 商业化部署工具。

2. 快速好用的开源部署工具 RDO

RDO 是 Red Hat 企业云平台 Red Hat Enterprise Linux OpenStack Platform 的社区版，类似前面介绍的 RHEL 和 CentOS、RHEV 和 oVirt 的关系，就是 Red Hat 公司支持一个开源项目。RDO 项目的原理是整合上游的 OpenStack 版本，利用部署软件集成技术，根据 Red Hat 的系统做裁剪和定制，帮助用户进行选择，对用户来说，仅需简单的几步即可完成 OpenStack 的部署。值得肯定的是虽然部署非常快速，但是 Red Hat 公司依然在 RDO 项目中提供了丰富的部署配置选项，国内有众多中小公司利用 RDO 工具直接进行了企业化部署的多次尝试。

3. 开发人员利器——DevStack

这应该算是 OpenStack 最早的安装脚本，它是通过直接 git 源码进行安装，目的是让开发者可以快速搭建一个环境。目前这套脚本可以在 Ubuntu 和 Fedora 下运行得很好。

任务 5.2　使用 RDO 的 ALLINONE 功能快速安装单个节点的 OpenStack

使用 RDO 部署 OpenStack，需要若干简单步骤，本章将重点介绍在 CentOS 7 操作系统上部署 OpenStack Kilo 版本的全过程，主要按照如下步骤进行：

● 安装准备一个 CentOS 7 操作系统；
● 配置系统的网络和主机基本信息；
● 获取可用的 RDO 网络源或准备含有 RDO 工具的 OpenStack 本地资源包；

- 配置主机网络安装源；
- 安装 RDO 工具的 PackStack 包；
- 根据网络和存储状况生成和修改应答文件；
- 使用 PackStack 命令部署 OpenStack Kilo 系统；
- 测试 OpenStack DashBoard 图形界面。

以下将介绍在 VMware WorkStaition 12 中模拟实验的过程。

5.2.1 准备 CentOS 7 最小化操作系统

1）在硬盘分区中为虚拟机准备 100 GB 的剩余空间用于存放实验虚拟机。

2）新建一台虚拟机命名为 ControllerAIO，具体配置清单如下。

网卡：网卡 1 接桥接（IP：192.168.0.0/24）用于平台连接外网，网卡 2 接 VNET1（192.168.1.0/24）用于平台管理，硬盘 500 GB，CPU 双核支持虚拟化技术，内存 4 GB，如图 5-4 所示。

3）如图 5-5 所示，放入 CenOS 7 的系统光盘，启动虚拟机进入安装向导，如图 5-6 所示，进行 CentOS 7 系统的快速安装。

图 5-4　ControllerAIO 虚拟机的创建

图 5-5　放入 CentOS 7 光盘界面

图 5-6　安装 CentOS 7 界面

4）如图 5-7 所示，选择安装语言为英文（English），单击"Continue（继续）"按钮，进入安装向导，如图 5-8 所示。

图 5-7　选择安装语言

图 5-8　安装向导概述

5）如图 5-9 所示，设置系统时区为亚洲/上海（Asia/Shanghai）。

6）如图 5-10 所示，单击 INATALLATION DESTINATION，直接单击"DONE"按钮，选择自动分区。

图 5-9　系统时区设置向导

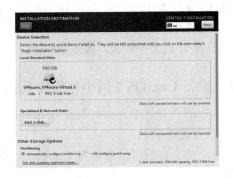

图 5-10　硬盘安装位置向导

7）如图 5-11 所示，禁用 Kdump 功能。

8）如图 5-12 所示，确认软件安装类型为"最小化安装（Minimal Install）"。

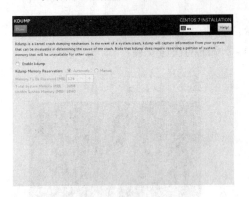

图 5-11　禁用 Kdump 功能

图 5-12　确认软件安装类型

9）开始安装，如图 5-13 和图 5-14 所示，在安装时设置系统根用户的密码，单击"Done"按钮两次。

图 5-13　设置 root 密码

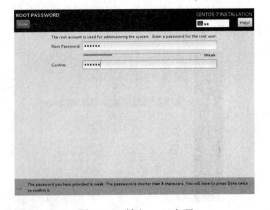

图 5-14　输入 root 密码

10）如图 5-15 所示，安装完毕。如图 5-16 所示，进行登录测试。

图 5-15　安装完毕界面

图 5-16　登录测试界面

5.2.2　配置系统的网络和主机信息

1）通过命令"hostnamectl set-hostname controller"设置系统用户名，如图 5-17 所示。

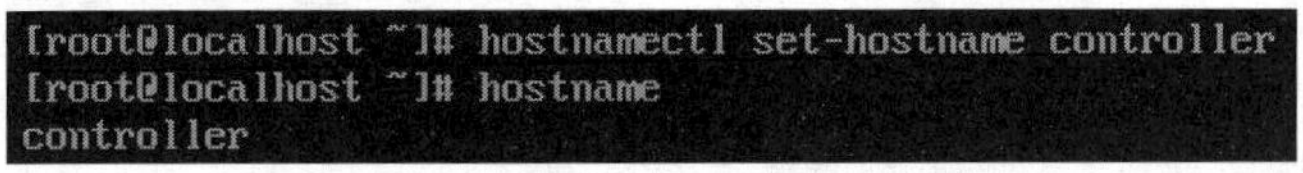

```
[root@localhost ~]# hostnamectl set-hostname controller
[root@localhost ~]# hostname
controller
```

图 5-17　设置计算机名为 controller

2）使用"vi /etc/sysconfig/network-script/ifcfg-eno3XXXXXXX"编辑网络配置文件，修改 BOOTPROTO=static，修改 ONBOOT=yes，增加 IPADDR=192.168.1.10，NETMASK= 255.255.255.0，保存退出，如图 5-18 所示。然后使用"systemctl restart NetworkManager"命令重启网络，使用 ip -a 命令检查 IP 配置是否生效，如图 5-19 所示。

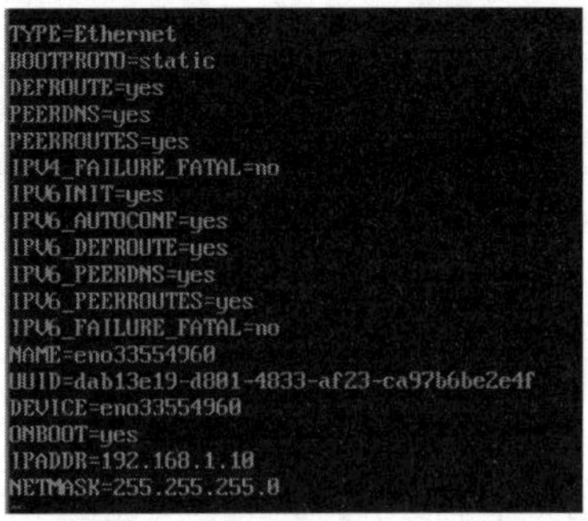

图 5-18　设置计算机名为 IP 地址

图 5-19　查看计算机 IP 信息

3）使用"vi /etc/resolv.conf"，在其中添加一行 "nameserver 127.0.0.1"，配置系统的 DNS 服务器地址 为 127.0.0.1。

4）重启计算机，使用 hostname 命令和 ip -a 命令 检查配置信息是否正确。

5）在 Windows 中打开 SecureCRT 软件，使用 192.168.1.10 的地址访问虚拟机，进行后续命令配置，如图 5-20 所示。

图 5-20　CRT 软件连接界面

5.2.3 准备 RDO 安装资源库或配置网络源

下载本书提供的 RDO 资源库，按照如下操作进行。

1）在操作系统中将前面书中已经存在的 VNET1 虚拟网卡地址 192.168.1.1 作为 HTTP 服务器地址。

2）从资源包中找到 WAMP 安装软件安装到操作系统非 C 盘的盘符下，如 D:\，如图 5-21～图 5-26 所示。

图 5-21　WAMP 安装向导

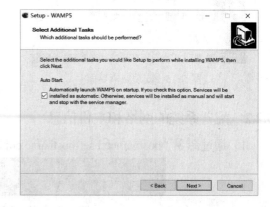

图 5-22　设置自动启动

图 5-23　设置浏览器位置

图 5-24　设置默认浏览器

图 5-25　安装完毕 WAMP

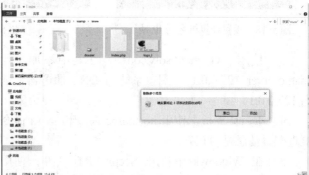

图 5-26　删除 WAMP 主页文件信息

3）如图 5-27 所示，将资源包中的 yum 文件夹复制到 WAMP 安装目录下的 www 文件夹下。

4）配置 WAMP 服务器，如图 5-28～图 5-30 所示，修改几个服务器的重要参数。

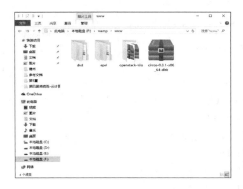

图 5-27　复制资源库文件

图 5-28　删除原始主页文件

图 5-29　修改配置文件 ServerName

图 5-30　修改配置文件权限控制

5）使用状态栏 WAMP 菜单重启服务器，测试 http://192.168.1.1 网址中的内容，看是否能够访问到所有资源包，如图 5-31 所示。

6）在虚拟机中插入系统光盘，如图 5-32 所示。

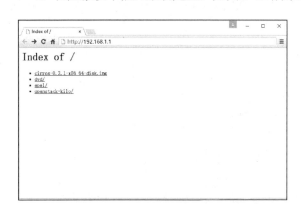

图 5-31　访问资源库网站的效果

图 5-32　插入 CentOS7 的系统光盘

7）在/etc/fstab 文件中添加一行，使系统每次自动挂载光盘到/mnt 目录下。

```
[root@contoller ~]# vi /etc/fstab
/dev/cdrom          /mnt      iso9660 defaults 0 0
```

8）使用 mount -a 命令，检查光盘挂载情况。

```
[root@contoller ~]# mount -a
mount: /dev/sr0 is write-protected, mounting read-only
[root@contoller ~]# df -h
Filesystem                 Size  Used Avail Use% Mounted on
/dev/mapper/centos-root     50G  787M   50G   2% /
devtmpfs                   2.0G     0  2.0G   0% /dev
tmpfs                      2.0G     0  2.0G   0% /dev/shm
tmpfs                      2.0G  8.5M  2.0G   1% /run
tmpfs                      2.0G     0  2.0G   0% /sys/fs/cgroup
/dev/mapper/centos-home    446G   33M  446G   1% /home
/dev/sda1                  497M  102M  395M  21% /boot
/dev/sr0                   7.1G  7.1G     0 100% /mnt
```

9）删除/etc/yum.repos.d/目录下所有的*.repo 的文件。

```
[root@controller ~]# cd /etc/yum.repos.d/
[root@controller yum.repos.d]# rm -rf *
[root@controller yum.repos.d]# ls
[root@controller yum.repos.d]#
```

10）使用 vi 创建并编辑"/etc/yum.repos.d/rdo.repo"的文件内容，设置 epel、OpenStack-kilo、base 这 3 个 yum 软件仓库，分别对于 RDO 资源包、OpenStack Kilo 资源包和 DVD 光盘资源包，并通过 yum repolist 命令进行验证。

```
[root@controller yum.repos.d]# vi   rdo.repo
[epel]
name=epel
baseurl=http://192.168.1.1/epel
enabled=1
gpgcheck=0

[OpenStack-kilo]
name=OpenStack-kilo
baseurl=http://192.168.1.1/OpenStack-kilo
enabled=1
gpgcheck=0

[base]
name=centos7
baseurl=file:///mnt
enabled=1
gpgcheck=0

[root@controller yum.repos.d]# yum repolist
Loaded plugins: fastestmirror
base                                      | 3.6 KB       00:00
```

epel		| 2.9 KB	00:00
OpenStack-kilo		| 2.9 KB	00:00
(1/4): base/group_gz		| 154 KB	00:00
(2/4): OpenStack-kilo/primary_db		|410 KB	00:00
(3/4): base/primary_db		| 5.1 MB	00:00
(4/4): epel/primary_db		| 4.6 MB	00:00

```
Determining fastest mirrors
repo id                      repo name              status
base                          centos7                8,652
epel                          epel                   9,170
OpenStack-kilo                epel                     879
repolist: 18,701
```

5.2.4 安装和使用 RDO 工具

1. 安装 OpenStack-packstack

使用 yum -y install OpenStack-packstack 命令安装 RDO 软件包。

```
[root@controller ~]# yum -y install OpenStack-packstack
```

2. 禁用防火墙和 Selinux

为防止安装问题，使用 setenforce 和 systemctl stop firewalld 命令，临时关闭系统的 Selinux 系统安全增强和 Firewall 防火墙功能。

```
[root@contoller ~]# setenforce 0

[root@contoller ~]# vi /etc/selinux/config
SELINUX=permissive

[root@contoller ~]# systemctl stop firewalld
[root@contoller ~]# systemctl status firewalld
firewalld.service - firewalld - dynamic firewall daemon
   Loaded: loaded (/usr/lib/systemd/system/firewalld.service; enabled)
   Active: inactive (dead) since Wed 2016-02-03 07:42:28 CST; 8s ago
  Process: 866 ExecStart=/usr/sbin/firewalld --nofork --nopid $FIREWALLD_ARGS (code=exited, status=0/SUCCESS)
   Main PID: 866 (code=exited, status=0/SUCCESS)

Feb 03 07:31:19 contoller systemd[1]: Starting firewal...
Feb 03 07:31:20 contoller systemd[1]: Started firewall...
Feb 03 07:42:27 contoller systemd[1]: Stopping firewal...
Feb 03 07:42:28 contoller systemd[1]: Stopped firewall...
Hint: Some lines were ellipsized, use -l to show in full.
```

完成该步骤后为虚拟机建立一个开机快照，设置快照名称为"BeforePack"。

3. packstack 命令的部署参数设置方法

packstack 命令有如下两种使用方法。

1）直接使用 packstack 命令增加选项的方式进行直接部署设置，可以使用 packstack --help

命令查看该种方式的帮助。

```
[root@controller ~]# packstack --help
用法: packstack [选项] [--help]
选项:
  --version                显示版本
  -h, --help               显示帮助并推出
  --gen-answer-file=GEN_ANSWER_FILE 生成模板应答文件
  --answer-file=ANSWER_FILE  使用模板应答文件
  --install-hosts=INSTALL_HOSTS 安装到的主机
  --allinone               所有功能安装到一台主机上
  ...
Global Options:
  ...
AMQP Config parameters:
  ...
MariaDB Config parameters:
  ...
Keystone Config parameters:
  ...
Glance Config parameters:
  ...
Cinder Config parameters:
  ...
Nova Options:
  ...
Neutron config:
  ...
```

可以看到 packstack 的选项十分丰富，基本涵盖了所有的 OpenStack 组件以及重要的配置参数，所有配置参数大部分只需要设置 y 或者 n 即可实现配置，大大降低了 OpenStack 配置的复杂度。

通常情况下，使用 packstack 部署测试，最常用的命令为"packstack –allinone"，即使用 ALLINONE 模式进行部署，这也是 RDO 官方网站上提供向导模式。但是该模式无法让部署者了解 RDO 部署的细节，而且很多参数无法与实际环境相符，因此本书将不采用该种部署模式。

2）通过 packstack 命令生成模板文件，编辑后再执行的部署方法。

生成 AIO.txt 的模板应答文件，并查看该应答文件。

```
[root@controller ~]# packstack --gen-answer-file=AIO.txt
[root@controller ~]# vi AIO.txt
[general]
CONFIG_SSH_KEY=/root/.ssh/id_rsa.pub
...
CONFIG_DEFAULT_PASSWORD=
...
CONFIG_MARIADB_INSTALL=y
```

```
...
CONFIG_GLANCE_INSTALL=y
...
CONFIG_CINDER_INSTALL=y
...
CONFIG_MANILA_INSTALL=n
...
CONFIG_NOVA_INSTALL=y
...
CONFIG_NEUTRON_INSTALL=y
...
CONFIG_HORIZON_INSTALL=y
...
CONFIG_SWIFT_INSTALL=y
...
CONFIG_CEILOMETER_INSTALL=y
...
CONFIG_HEAT_INSTALL=n
...
CONFIG_SAHARA_INSTALL=n
...
CONFIG_TROVE_INSTALL=n
...
CONFIG_IRONIC_INSTALL=n
...
CONFIG_CLIENT_INSTALL=y
...
CONFIG_NTP_SERVERS=
...
CONFIG_NAGIOS_INSTALL=y
...
CONFIG_CONTROLLER_HOST=127.0.0.1
...
CONFIG_COMPUTE_HOSTS=127.0.0.1
...
CONFIG_NETWORK_HOSTS=127.0.0.1
...
```

可以看到该模板文件非常长，包含了所有的组件部署设置和内部的详细参数，使用者只需要在配置参数的后面直接设置要使用的数值即可实现配置。该文件配置结构清晰，配置内容明了，适合于部署时使用，并且非常适用于实际的生产部署环境的参数设置，因此本书将采用该种模式进行部署。

4. 编辑应答文件

根据本次部署的环境，要部署一台 IP 为 192.168.1.10 的 ALLINONE 主机，可通过修改 AIO.txt 文件来实现，具体修改步骤如下。

1）使用 vi 编辑 AIO.txt 文件，在命令模式下使用"%s/127.0.0.1/192.168.1.10"，将所有的

127.0.0.1 的 IP 参数设置为 192.168.1.10 的 IP 地址，总共替换了 10 行参数。

2）修改如下其他配置参数：

```
CONFIG_DEFAULT_PASSWORD=123456 //设置默认密码为 123456
CONFIG_CEILOMETER_INSTALL=n    //不安装测量服务
CONFIG_HEAT_INSTALL=y          //安装编排服务
CONFIG_NAGIOS_INSTALL=n        // 不安装监控服务
CONFIG_KEYSTONE_ADMIN_PW=123456 //修改管理员密码为 123456
CONFIG_KEYSTONE_DEMO_PW=123456 //修改 DEMO 账户密码为 123456
CONFIG_USE_EPEL=y              //使用 EPEL 包源
CONFIG_PROVISION_IMAGE_URL=http://192.168.1.1/cirros-0.3.1-x86_64-disk.img //自动部署镜像位置
```

修改完成后保存文件。

5. 使用 packstack 命令进行部署测试

```
[root@controller ~]# packstack --answer-file=AIO.txt
Welcome to the Packstack setup utility
The installation log file is available at: /var/tmp/packstack/20160316-044809-5b_sHq/OpenStack-setup.log
Installing:
Clean Up                                                    [ DONE ]
Discovering ip protocol version                             [ DONE ]
Setting up ssh keys                                         [ DONE ]
Preparing servers                                           [ DONE ]
Pre installing Puppet and discovering hosts' details        [ DONE ]
Adding pre install manifest entries                         [ DONE ]
Setting up CACERT                                           [ DONE ]
Adding AMQP manifest entries                                [ DONE ]
Adding MariaDB manifest entries                             [ DONE ]
Fixing Keystone LDAP config parameters to be undef if empty [ DONE ]
Adding Keystone manifest entries                            [ DONE ]
Adding Glance Keystone manifest entries                     [ DONE ]
Adding Glance manifest entries                              [ DONE ]
Adding Cinder Keystone manifest entries                     [ DONE ]
Checking if the Cinder server has a cinder-volumes vg       [ DONE ]
Adding Cinder manifest entries                              [ DONE ]
Adding Nova API manifest entries                            [ DONE ]
Adding Nova Keystone manifest entries                       [ DONE ]
Adding Nova Cert manifest entries                           [ DONE ]
Adding Nova Conductor manifest entries                      [ DONE ]
Creating ssh keys for Nova migration                        [ DONE ]
Gathering ssh host keys for Nova migration                  [ DONE ]
Adding Nova Compute manifest entries                        [ DONE ]
Adding Nova Scheduler manifest entries                      [ DONE ]
Adding Nova VNC Proxy manifest entries                      [ DONE ]
Adding OpenStack Network-related Nova manifest entries      [ DONE ]
Adding Nova Common manifest entries                         [ DONE ]
Adding Neutron FWaaS Agent manifest entries                 [ DONE ]
Adding Neutron LBaaS Agent manifest entries                 [ DONE ]
Adding Neutron API manifest entries                         [ DONE ]
```

```
Adding Neutron Keystone manifest entries                   [ DONE ]
Adding Neutron L3 manifest entries                         [ DONE ]
Adding Neutron L2 Agent manifest entries                   [ DONE ]
Adding Neutron DHCP Agent manifest entries                 [ DONE ]
Adding Neutron Metering Agent manifest entries             [ DONE ]
Adding Neutron Metadata Agent manifest entries             [ DONE ]
Checking if NetworkManager is enabled and running          [ DONE ]
Adding OpenStack Client manifest entries                   [ DONE ]
Adding Horizon manifest entries                            [ DONE ]
Adding Swift Keystone manifest entries                     [ DONE ]
Adding Swift builder manifest entries                      [ DONE ]
Adding Swift proxy manifest entries                        [ DONE ]
Adding Swift storage manifest entries                      [ DONE ]
Adding Swift common manifest entries                       [ DONE ]
Adding Heat manifest entries                               [ DONE ]
Adding Provisioning Demo manifest entries                  [ DONE ]
Adding Provisioning Glance manifest entries                [ DONE ]
Adding post install manifest entries                       [ DONE ]
Copying Puppet modules and manifests                       [ DONE ]
Applying 192.168.1.10_prescript.pp
192.168.1.10_prescript.pp:                                 [ DONE ]
Applying 192.168.1.10_amqp.pp
Applying 192.168.1.10_mariadb.pp
192.168.1.10_amqp.pp:                                      [ DONE ]
192.168.1.10_mariadb.pp:                                   [ DONE ]
Applying 192.168.1.10_keystone.pp
Applying 192.168.1.10_glance.pp
Applying 192.168.1.10_cinder.pp
192.168.1.10_keystone.pp:                                  [ DONE ]
192.168.1.10_cinder.pp:                                    [ DONE ]
192.168.1.10_glance.pp:                                    [ DONE ]
Applying 192.168.1.10_api_nova.pp
192.168.1.10_api_nova.pp:                                  [ DONE ]
Applying 192.168.1.10_nova.pp
192.168.1.10_nova.pp:                                      [ DONE ]
Applying 192.168.1.10_neutron.pp
192.168.1.10_neutron.pp:                                   [ DONE ]
Applying 192.168.1.10_osclient.pp
Applying 192.168.1.10_horizon.pp
192.168.1.10_osclient.pp:                                  [ DONE ]
192.168.1.10_horizon.pp:                                   [ DONE ]
Applying 192.168.1.10_ring_swift.pp
192.168.1.10_ring_swift.pp:                                [ DONE ]
Applying 192.168.1.10_swift.pp
192.168.1.10_swift.pp:                                     [ DONE ]
Applying 192.168.1.10_heat.pp
192.168.1.10_heat.pp:                                      [ DONE ]
Applying 192.168.1.10_provision_demo.pp
```

```
Applying 192.168.1.10_provision_glance
192.168.1.10_provision_demo.pp:                      [ DONE ]
192.168.1.10_provision_glance:                       [ DONE ]
Applying 192.168.1.10_postscript.pp
192.168.1.10_postscript.pp:                          [ DONE ]
Applying Puppet manifests                            [ DONE ]
Finalizing                                           [ DONE ]

**** Installation completed successfully ******

Additional information:
    * Time synchronization installation was skipped. Please note that unsynchronized time on server instances
might be problem for some OpenStack components.
    * File /root/keystonerc_admin has been created on OpenStack client host 192.168.1.10. To use the
command line tools you need to source the file.
    * To access the OpenStack Dashboard browse to http://192.168.1.10/dashboard .
Please, find your login credentials stored in the keystonerc_admin in your home directory.
    * The installation log file is available at: /var/tmp/packstack/20160316-044809-5b_sHq/OpenStack-setup.log
    * The generated manifests are available at: /var/tmp/packstack/20160316-044809-5b_sHq/manifests
```

系统将自动进行 ALLINONE 的 OpenStack 部署，此过程大概需要等待 20～30min。部署过程中，可以看到 RDO 部署工具，大量使用 puppet 部署工具对 OpenStack 的各个组件和功能进行部署工作。

6. 验证安装

部署完成后，可以看到对于 OpenStack Dashboard 访问接口的地址http://192.168.1.10/dashboard，但是由于 OpenStack Dashboard 对于中文支持的小 bug 问题，需要使用"vi/etc/OpenStack-dashboard/local-settings"命令，在该文件的第 2 行后增加如下代码，然后重新启动 httpd 服务，解决图形界面中文界面操作的小 bug。

```
...
import sys
reload(sys)
sys.setdefaultencoding('utf-8')
...
[root@controller ~]# systemctl restart httpd
```

5.2.5　访问和查看 ALLINONE 的 OpenStack DashBoard 界面信息

1）使用"http://192.168.1.10/dashboard"访问 ALLINONE 的 OpenStack Kilo 的主页，如图 5-33 所示。

2）查看/root/keystonerc_admin 文件，admin 账户的密码为 123456，然后使用 admin 账户和该密码登录 OpenStack 图形界面系统，可以看到 OpenStack 的主管理界面和内容，如图 5-34 所示。

3）在图形界面下 OpenStack 系统的系统信息中可以查看所有服务对应的名称界面，如图 5-35 所示。

图 5-33　部署后的 OpenStack 登录主页

图 5-34　登录后的 OpenStack 管理主页

图 5-35　OpenStack 组件信息

4）查看图形界面下 OpenStack 的核心服务。GLANCE 云镜像服务对应的云镜像功能界面。如图 5-36 所示，可以发现因为在定制中的设置，GLANCE 云镜像服务对应的云镜像界面所在的位置，里面含有一个 Cirros 的镜像，该镜像在系统部署时就已经设置并部署完毕了。

图 5-36　OpenStack 镜像组件管理信息

5）查看图形界面下 OpenStack 的核心服务：CINDER 块存储服务对应的云硬盘功能界面，如图 5-37 所示。

图 5-37　OpenStack 云硬盘组件管理信息

6）查看图形界面下 OpenStack 的核心服务。SWIFT 对象存储服务的对象存储功能界面，如图 5-38 所示。

图 5-38　OpenStack 对象存储组件管理信息

7）查看图形界面下 OpenStack 的核心服务。NOVA 计算服务对应的服务列表功能界面，如图 5-39 所示。

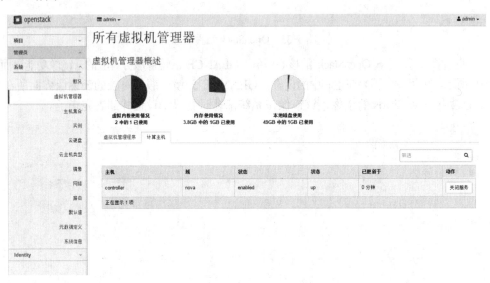

图 5-39　OpenStack 计算组件管理信息

8）查看图形界面下 OpenStack 的核心服务。KEYSTONE 账号管理对应的账户管理界面，如图 5-40 所示。

图 5-40　OpenStack 账户组件管理信息

9）查看图形界面下 OpenStack 的核心服务。NEUTRON 网络服务对应的服务状态界面以及网络拓扑、网络等界面，如图 5-41 所示。

图 5-41　OpenStack 网络组件拓扑信息

10）查看图形界面下 OpenStack 的可选服务 HEAT 的界面，如图 5-42 所示。

图 5-42　OpenStack 部署编排组件管理信息

5.2.6　为云主机的公共网络访问准备条件

1）修改网卡 1 的配置文件。

```
[root@controller ~]# vi /etc/sysconfig/network-scripts/ifcfg-eno33554960
DEVICE= eno33554960
```

```
TYPE=OVSPort
DEVICETYPE=ovs
OVS_BRIDGE=br-ex
ONBOOT=yes
HWADDR=00:0C:29:39:36:53
# IPV6INIT=no
# UUID=0e6e86b5-721d-4219-a9fd-2076990f9e1f
# BOOTPROTO=none
# IPADDR=192.168.1.10
# PREFIX=24
# GATEWAY=192.168.1.2
# DNS1=202.106.0.20
# DEFROUTE=yes
# IPV4_FAILURE_FATAL=yes
# LAST_CONNECT=1401649435
```

2）创建 ifcfg-br-ex 配置文件，并把 IP 地址设置为 192.168.1.10。

```
[root@controller ~]# vi /etc/sysconfig/network-scripts/ifcfg-br-ex
DEVICE=br-ex
DEVICETYPE=ovs
TYPE=OVSBridge
BOOTPROTO=static
IPADDR=192.168.1.10
NETMASK=255.255.255.0
GATEWAY=192.168.1.2
ONBOOT=yes


[root@controller ~]systemctl restart network
```

3）在图形界面中设置一个公网地址池以及两个网络之间的路由。

调整 public 网络，修改了公网地址，并重新创建了虚拟路由，用于实现各个网络的通讯，公网地址调整为 192.168.1.0/24，公网网关为 192.168.1.2，如图 5-43 所示，形成新的拓扑图。

图 5-43　调整桥接后新的网络拓扑图

5.2.7 探索 OpenStack 的云主机操作

1. 添加一台私有网络云主机

如图 5-44 所示，添加一台网络云主机 test，网络使用 private 网络，该主机自动获得一个 10.0.0.0 段的网络 IP 地址，图中获得了一个 10.0.0.3 的 IP。

图 5-44　创建成功的云主机

2. 测试该主机的网络连接

如图 5-45 所示，访问该虚拟机的控制台，测试该虚拟机可连接到互联网中，访问互联网。

图 5-45　访问百度的连通结果

3. 通过绑定 IP 将该主机映射成网络服务器

如图 5-46 所示，可以为云主机绑定一个浮动 IP 地址；通过设置访问和安全策略可以分别开放该 IP 的 ICMP 报文和 SSH 访问权限，如图 5-47 所示；开放策略后，可以从外网 ping 通该服务器，如图 5-54 所示；同时可以 ping 和使用 SSH 远程连接到该服务器，如图 5-48 和图 5-49 所示；通过以上设置，一台内网的服务器就具有了外网的访问权限和接口，实现了远程的管理和连接。

图 5-46　通过绑定浮动 IP 给虚拟机分配公网 IP 地址

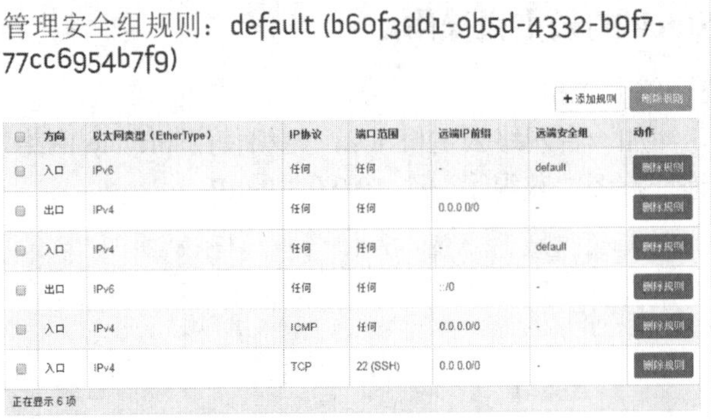

管理安全组规则：default (b60f3dd1-9b5d-4332-b9f7-77cc6954b7f9)

	方向	以太网类型（EtherType）	IP协议	端口范围	远端IP前缀	远端安全组	动作
	入口	IPv6	任何	任何	-	default	删除规则
	出口	IPv4	任何	任何	0.0.0.0/0	-	删除规则
	入口	IPv4	任何	任何	-	default	删除规则
	出口	IPv6	任何	任何	::/0	-	删除规则
	入口	IPv4	ICMP	任何	0.0.0.0/0	-	删除规则
	入口	IPv4	TCP	22 (SSH)	0.0.0.0/0	-	删除规则

正在显示 6 项

图 5-47　添加远程的开放访问策略

图 5-48　远程 ping 通主机浮动地址

图 5-49　远程 SSH 连接主机

任务 5.3　使用 RDO 定制部署计算节点

5.3.1　计算节点环境准备

参考第 5.2.1～5.2.3 节中的步骤做好节点准备，设置虚拟机名称为"Compute1"，如图 5-50 所示，配置如下。

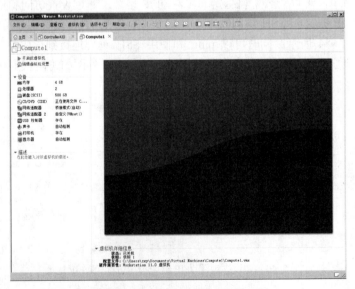

图 5-50　扩展计算节点虚拟机的配置

将计算机的 IP 地址设置为"192.168.1.20",同时修改 ControllerAIO 和 Compute1 上的 /etc/hosts 文件。

```
192.168.1.10 controller
192.168.1.20 compute1
```

5.3.2　计算节点的配置

1）使用 rpm -qa | grep OpenStack-packstack 命令检查控制节点是否已经安装 packstack 包。

```
[root@controller ~]# rpm -qa | grep OpenStack-packstack
OpenStack-packstack-2015.1-0.14.dev1616.g5526c38.el7.noarch
OpenStack-packstack-puppet-2015.1-0.14.dev1616.g5526c38.el7.noarch
```

2）复制部署控制节点时所使用的 AIO.txt 文件,改名为 COMPUTE.txt。

```
[root@controller ~]# cp AIO.txt COMPUTE.txt
```

3）修改 COMPUTE.txt 文件中的配置。

修改的重点思路:保留 GLANCE、NOVA、NEUTRON 的安装选项为 y,其他全部设置为 n;设置 EXCLUDE_SERVERS 为"192.168.1.10",使部署时不操作控制节点;修改 CONFIG_COMPUTE_HOSTS 为"192.168.1.20",添加一台计算节点。

修改后的主要内容如下,其他内容不变。

```
[root@controller ~]# vi COMPUTE.txt
CONFIG_MARIADB_INSTALL=n
CONFIG_CINDER_INSTALL=n
CONFIG_HORIZON_INSTALL=n
CONFIG_SWIFT_INSTALL=n
CONFIG_CEILOMETER_INSTALL=n
CONFIG_HEAT_INSTALL=n
CONFIG_CLIENT_INSTALL=n
CONFIG_NAGIOS_INSTALL=n
EXCLUDE_SERVERS=192.168.1.10
CONFIG_CONTROLLER_HOST=192.168.1.10
CONFIG_COMPUTE_HOSTS=192.168.1.20
```

4）使用 packstack 命令部署添加新的计算节点,注意如果没有数值 SSH 秘钥,该步骤需要输入 Compute1 计算机的密码,然后才会进入到部署流程。

```
[root@controller ~]# packstack --answer-file=COMPUTE.txt
Welcome to the Packstack setup utility
The installation log file is available at: /var/tmp/packstack/20160316-083858-jdWK1d/OpenStack-setup.log
Installing:
Clean Up                                    [ DONE ]
Discovering ip protocol version             [ DONE ]
root@192.168.1.20's password:
Setting up ssh keys                         [ DONE ]
Preparing servers                           [ DONE ]
```

Pre installing Puppet and discovering hosts' details [DONE]
Adding pre install manifest entries   [DONE]
Setting up CACERT   [DONE]
Adding AMQP manifest entries   [DONE]
Adding MariaDB manifest entries   [DONE]
Fixing Keystone LDAP config parameters to be undef if empty[DONE]
Adding Keystone manifest entries   [DONE]
Adding Glance Keystone manifest entries   [DONE]
Adding Glance manifest entries   [DONE]
Adding Nova API manifest entries   [DONE]
Adding Nova Keystone manifest entries   [DONE]
Adding Nova Cert manifest entries   [DONE]
Adding Nova Conductor manifest entries   [DONE]
Creating ssh keys for Nova migration   [DONE]
Gathering ssh host keys for Nova migration   [DONE]
Adding Nova Compute manifest entries   [DONE]
Adding Nova Scheduler manifest entries   [DONE]
Adding Nova VNC Proxy manifest entries   [DONE]
Adding OpenStack Network-related Nova manifest entries[DONE]
Adding Nova Common manifest entries   [DONE]
Adding Neutron FWaaS Agent manifest entries   [DONE]
Adding Neutron LBaaS Agent manifest entries   [DONE]
Adding Neutron API manifest entries   [DONE]
Adding Neutron Keystone manifest entries   [DONE]
Adding Neutron L3 manifest entries   [DONE]
Adding Neutron L2 Agent manifest entries   [DONE]
Adding Neutron DHCP Agent manifest entries   [DONE]
Adding Neutron Metering Agent manifest entries   [DONE]
Adding Neutron Metadata Agent manifest entries   [DONE]
Checking if NetworkManager is enabled and running   [DONE]
Adding Provisioning Demo manifest entries   [DONE]
Adding Provisioning Glance manifest entries   [DONE]
Adding post install manifest entries   [DONE]
Copying Puppet modules and manifests   [DONE]
Applying 192.168.1.20_prescript.pp
Testing if puppet apply is finished: 192.168.1.20_prescript.pp
192.168.1.20_prescript.pp: [DONE]
Applying 192.168.1.20_nova.pp
Testing if puppet apply is finished: 192.168.1.20_nova.pp
192.168.1.20_nova.pp: [DONE]
Applying 192.168.1.20_neutron.pp
Testing if puppet apply is finished: 192.168.1.20_neutron.pp
192.168.1.20_neutron.pp: [DONE]
Applying 192.168.1.20_postscript.pp
Testing if puppet apply is finished: 192.168.1.20_postscr192.168.1.20_postscript.pp:
        [DONE]

Applying Puppet manifests   [DONE]
Finalizing
**** Installation completed successfully ******

Additional information:

　　* Time synchronization installation was skipped. Please note that unsynchronized time on server instances might be problem for some OpenStack components.

　　* Warning: NetworkManager is active on 192.168.1.20. OpenStack networking currently does not work on systems that have the Network Manager service enabled.

　　* The installation log file is available at: /var/tmp/packstack/20160316-083858-jdWK1d/OpenStack-setup.log

　　* The generated manifests are available at: /var/tmp/packstack/20160316-083858-jdWK1d/manifests

以上步骤完成之后，一台新的计算节点就加入到 OpenStack 云平台中了。

5.3.3　部署结果的查看

1）访问 http://192.168.1.10/dashboard 的控制节点服务器，在虚拟机一项中查看有两台计算节点主机，如图 5-51 所示。

图 5-51　OpenStack 扩展计算节点后的效果

2）查看系统服务中的计算节点状态，可以跟踪到 Compute1 上的 Nova Compute 服务状态，如图 5-52 和图 5-53 所示。

图 5-52　OpenStack 计算服务的信息概览

图 5-53　OpenStack 网络组件的信息概览

项目总结

通过本项目的测试，网络中心的管理人员很快部署了一个简单的云，开展了很多云功能测试工作，同时熟悉了 OpenStack 的云架构的基本概念，并且可以很快地进行云计算节点的快速扩展和快速部署，为下一步的云架构设计和运维管理打下了良好的基础。下一章团队将通过本章的经验手动配置 OpenStack，进行更为深入的探索和了解。

练习题

1．什么是 RDO 项目？RDO 项目使用哪些流行的开源技术？

2．OpenStack 项目主要的版本有哪些？目前的组件发展状况如何？

3．RDO 部署使用的主要命令是什么？如何使用该命令？

4．双节点的 OpenStack 通过 RDO 部署，需要怎样修改应答文件？

5．综合实战：

（1）通过 RDO 部署技术，实现一个 3 节点的 OpenStack 云，其中节点 1 为控制节点（不含计算节点功能），节点 2 为计算节点，节点 3 为计算节点。请写出控制节点上的应答文件，并进行调试。

（2）通过资料的收集，实现一个复杂的 3 节点 OpenStack 云，其中节点 1 为控制节点，节点 2 为网络节点，节点 3 为计算节点。请写出控制节点上的应答文件，并进行调试。

项目 6　使用 CentOS 搭建和运维 OpenStack 多节点云计算系统

项目导入

　　某职业院校网络中心建设私有云应用服务，选择搭建安全的云计算平台是首要任务，云计算平台可以实现计算资源的池化弹性管理，通过统一安全认证、授权管理来实现学校应用的集中管理。

　　经过企业调研，该职业院校网络中心决定选用 OpenStack 项目来搭建云计算 IaaS 平台。网络中心系统管理员和应用维护人员需要进行云计算架构的设计、部署和管理。由于技术人员要先熟悉搭建步骤，所以决定先利用 VMware Workstation 虚拟机软件来搭建测试环境。

项目目标

- 了解 OpenStack 多节点云计算系统
- 配置云计算控制节点和计算节点
- 使用 Dashboard 管理 OpenStack
- 配置云计算块存储服务
- 使用命令行管理 OpenStack

项目设计

　　网络中心管理员设计了一个简单的云计算平台双节点测试环境，如图 6-1 所示，该拓扑结构其中一个节点为控制节点（controller node），另一个节点为计算节点（compute node）。控制节点包含一个网卡 eth0，用于管理网络。计算节点包含两个网卡，eth0 用于管理网络，eth1 用于外部网络。

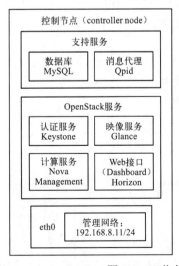
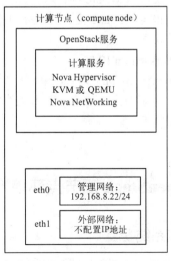

图 6-1　双节点拓扑结构规划

在测试环境中将使用较简单的传统网络（legacy networking），即使用 nova-network 实现 OpenStack 网络连接，不需要配置 Neutron 组件。

对于云计算块存储服务，在双节点 OpenStack 部署环境中增加一个块存储节点，安装 OpenStack 块存储服务。

块存储服务可以与计算服务协作，用来为虚拟机实例提供云硬盘。块存储服务可管理云硬盘、云硬盘快照和云硬盘类型。OpenStack 使用 Cinder 组件提供块存储服务。

如图 6-2 所示为 3 节点 OpenStack 案例拓扑结构规划图，图中包含控制节点和块存储节点（图中没有画出计算节点，是因为计算节点的软硬件规划与双节点 OpenStack 部署相同）。块存储节点包含一个网卡 eth0，用于管理网络。

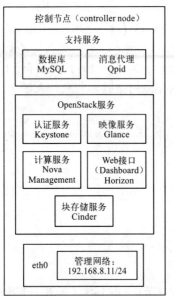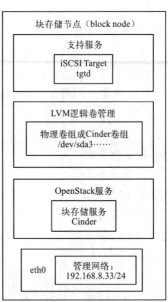

图 6-2　3 节点拓扑结构规划

在本项目中，使用 VMware Workstation 运行云计算控制节点、计算节点和块存储节点，项目需要使用 vmnet8 和 vmnet1 虚拟网络分别作为管理网络和外部网络。

项目所需软件列表：

- VMware Workstation 12.0
- CentOS-6.6-x86_64-bin-DVD1.ISO 镜像文件
- 控制节点、计算节点、块存储节点软件包
- SecureCRT
- Windows 7

任务 6.1　OpenStack 双节点环境准备

6.1.1　控制节点系统安装

在 VMware Workstation 中新建 CentOS 64 位虚拟机，为虚拟机分配 2.5 GB 内存，虚拟硬

盘大小为 100 GB，选择 CentOS-6.6-x86_64-bin-DVD1.iso 作为安装光盘。为虚拟机配置一块网卡，网络连接方式为 NAT。从光盘安装操作系统，将主机名设置为"controller"，如图 6-3 和图 6-4 所示。

 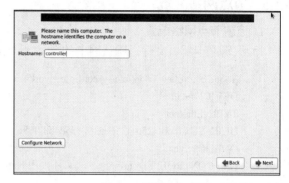

图 6-3　控制节点虚拟机硬件配置　　　　　　　　　　图 6-4　设置主机名

在分区界面使用"Use All Space（即自动分区）"，在软件包选择界面使用"Minimal"安装方式，如图 6-5 和图 6-6 所示。

 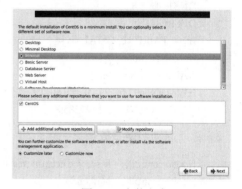

图 6-5　自动分区　　　　　　　　　　　　　　　　　图 6-6　安装方式

6.1.2　计算节点系统安装

在 VMware Workstation 中新建 CentOS 64 位虚拟机。为虚拟机分配 2.5 GB 内存，并在处理器配置中选中"虚拟化 Intel VT-x/EPT 或 AMD-V/RVI"。虚拟硬盘大小为 100 GB，选择"CentOS-6.6-x86_64-bin-DVD1.iso"作为安装光盘。为虚拟机配置两块网卡，第 1 块网卡的网络连接方式为 NAT，第 2 块网卡的网络连接方式为仅主机模式。从光盘安装操作系统，将主机名设置为"compute"，如图 6-7 和图 6-8 所示。

 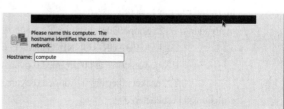

图 6-7　计算节点虚拟机硬件配置　　　　　　　　　　图 6-8　设置主机名

在分区界面，使用自动分区，在软件包选择界面使用"Minimal"安装方式，以上操作和控制节点安装步骤一致，在这里不再赘述。

6.1.3 节点网络配置

1. 控制节点网络配置

1）编辑网卡配置文件，确认网卡的 IP 地址配置，使 CentOS 能够连接到 Internet。

```
[root@controller ~]# vi /etc/sysconfig/network-scripts/ifcfg-eth0
DEVICE=eth0
TYPE=Ethernet
UUID=2bbafbcb-4250-4356-a26f-f56d4b37f086          # 网卡的唯一 ID，不要改变此配置
ONBOOT=yes
NM_CONTROLLED=no               # 不使用 NetworkManager 控制此网卡，通常只需要修改这一项
BOOTPROTO=static
IPADDR=192.168.8.11
PREFIX=24
GATEWAY=192.168.8.2
DNS1=8.8.8.8
DEFROUTE=yes
IPV4_FAILURE_FATAL=yes
IPV6INIT=no
NAME="System eth0"
HWADDR=00:0C:29:DE:EE:BF          # 网卡的 MAC 地址，不要改变此配置
LAST_CONNECT=1427285903
```

2）重新启动网络服务。

```
[root@controller ~]# service network restart
[root@controller ~]# ifconfig
eth0          Link encap:Ethernet    HWaddr 00:0C:29:DE:EE:BF
inet addr:192.168.8.11   Bcast:192.168.8.255   Mask:255.255.255.0
inet6 addr: fe80::20c:29ff:fede:eebf/64 Scope:Link
              UP BROADCAST RUNNING MULTICAST    MTU:1500   Metric:1
              RX packets:400 errors:0 dropped:0 overruns:0 frame:0
              TX packets:274 errors:0 dropped:0 overruns:0 carrier:0
collisions:0 txqueuelen:1000
              RX bytes:34862 (34.0 KiB)    TX bytes:29839 (29.1 KiB)

lo          Link encap:Local Loopback
inet addr:127.0.0.1   Mask:255.0.0.0
inet6 addr: ::1/128 Scope:Host
              UP LOOPBACK RUNNING   MTU:65536   Metric:1
              RX packets:0 errors:0 dropped:0 overruns:0 frame:0
              TX packets:0 errors:0 dropped:0 overruns:0 carrier:0
collisions:0 txqueuelen:0
              RX bytes:0 (0.0 b)    TX bytes:0 (0.0 b)
```

3）配置本地名称解析，实现 controller 和 compute 节点的本地地址解析。

```
[root@controller ~]# vi /etc/hosts
127.0.0.1       localhost localhost.localdomain localhost4 localhost4.localdomain4
::1             localhost localhost.localdomain localhost6 localhost6.localdomain6
192.168.8.11        controller
192.168.8.22        compute
```

2. 计算节点网络配置

1）编辑网卡配置文件，确认网卡的 IP 地址配置，使 CentOS 能够连接到 Internet。

```
[root@compute ~]# vi /etc/sysconfig/network-scripts/ifcfg-eth0
DEVICE=eth0
TYPE=Ethernet
UUID=251c00d2-2a0f-461b-b9d1-e6692769e290
ONBOOT=yes
NM_CONTROLLED=no        # 不使用 NetworkManager 控制此网卡，通常只需要修改这一项
BOOTPROTO=static
HWADDR=00:0C:29:48:B3:10
IPADDR=192.168.8.22
PREFIX=24
GATEWAY=192.168.8.2
DNS1=8.8.8.8
DEFROUTE=yes
IPV4_FAILURE_FATAL=yes
IPV6INIT=no
NAME="System eth0"


[root@compute ~]# vi /etc/sysconfig/network-scripts/ifcfg-eth1
DEVICE=eth1
HWADDR=00:0C:29:48:B3:1A
TYPE=Ethernet
UUID=834d90f3-ae1e-4f7f-b6a2-0e5a470218da
ONBOOT=yes                      # 开机自动启用此网卡
NM_CONTROLLED=no                # 不使用 NetworkManager 控制此网卡
BOOTPROTO=none                  # 不使用 DHCP 方式获取 IP 地址
```

2）重新启动网络服务。

```
[root@compute ~]# service network restart
[root@compute ~]# ifconfig
eth0        Link encap:Ethernet    HWaddr 00:0C:29:48:B3:10
inet addr:192.168.8.22    Bcast:192.168.8.255    Mask:255.255.255.0
inet6 addr: fe80::20c:29ff:fe48:b310/64 Scope:Link
            UP BROADCAST RUNNING MULTICAST    MTU:1500    Metric:1
            RX packets:421 errors:0 dropped:0 overruns:0 frame:0
            TX packets:270 errors:0 dropped:0 overruns:0 carrier:0
collisions:0 txqueuelen:1000
```

RX bytes:35753 (34.9 KiB)   TX bytes:33620 (32.8 KiB)

eth1   Link encap:Ethernet   HWaddr 00:0C:29:48:B3:1A
inet6 addr: fe80::20c:29ff:fe48:b31a/64 Scope:Link
              UP BROADCAST RUNNING MULTICAST   MTU:1500   Metric:1
              RX packets:0 errors:0 dropped:0 overruns:0 frame:0
              TX packets:6 errors:0 dropped:0 overruns:0 carrier:0
collisions:0 txqueuelen:1000
              RX bytes:0 (0.0 b)   TX bytes:468 (468.0 b)

lo   Link encap:Local Loopback
inet addr:127.0.0.1   Mask:255.0.0.0
inet6 addr: ::1/128 Scope:Host
              UP LOOPBACK RUNNING   MTU:65536   Metric:1
              RX packets:0 errors:0 dropped:0 overruns:0 frame:0
              TX packets:0 errors:0 dropped:0 overruns:0 carrier:0
collisions:0 txqueuelen:0
              RX bytes:0 (0.0 b)   TX bytes:0 (0.0 b)

3）配置本地名称解析，实现 controller 和 compute 节点的本地地址解析。

[root@compute ~]# vi /etc/hosts
127.0.0.1   localhost localhost.localdomain localhost4 localhost4.localdomain4
::1   localhost localhost.localdomain localhost6 localhost6.localdomain6
192.168.8.11   controller
192.168.8.22   compute

6.1.4　节点防火墙和 SELinux 配置

1. 防火墙设置

在控制和计算节点上分别执行以下操作进行防火墙设置。

1）停止 iptables 服务。

[root@controller ~]# service iptables stop
iptables: Setting chains to policy ACCEPT: filter   [OK   ]
iptables: Flushing firewall rules: [OK   ]
iptables: Unloading modules: [OK   ]

2）将 iptables 服务配置为开机不自动启动。

[root@controller ~]# chkconfig iptables off

2. SELinux 设置

在控制和计算节点上分别执行以下操作进行 SELinux 设置。

1）编辑 SELinux 的配置文件。

[root@controller ~]# vi /etc/sysconfig/selinux

This file controls the state of SELinux on the system.

```
# SELINUX= can take one of these three values:
#       enforcing - SELinux security policy is enforced.
#       permissive - SELinux prints warnings instead of enforcing.
#       disabled - No SELinux policy is loaded.
SELINUX=permissive        # 将 SELinux 配置为允许模式
# SELINUXTYPE= can take one of these two values:
#       targeted - Targeted processes are protected,
#       mls - Multi Level Security protection.
SELINUXTYPE=targeted
```

2）重新启动系统。

配置完成后，重新启动控制节点和计算节点。

6.1.5 配置 NTP 服务

1. 控制节点 NTP 配置

1）安装 NTP 服务器。

```
[root@controller ~]# yum install ntp
```

2）编辑 NTP 服务器的主配置文件。

```
[root@controller ~]# vi /etc/ntp.conf
添加以下配置：
restrict 192.168.8.0 mask 255.255.255.0 nomodify      # 允许 192.168.8.0/24 网段使用此服务器

修改以下配置：
#server 0.centos.pool.ntp.org iburst
#server 1.centos.pool.ntp.org iburst
#server 2.centos.pool.ntp.org iburst
#server 3.centos.pool.ntp.org iburst
server 127.127.1.0
fudge 127.127.1.0 stratum 10
```

3）启动 NTP 服务器，并将服务配置为开机自动启动。

```
[root@controller ~]# service ntpd start
Starting ntpd:                                         [  OK  ]
[root@controller ~]# chkconfig ntpd on
```

4）检查 NTP 服务的配置结果。

```
[root@controller ~]# ntpstat         # 查看 NTP 服务器是否已经从上层服务器时间获得时间
synchronised to local net at stratum 11
time correct to within 7948 ms
polling server every 64 s

[root@controller ~]# ntpq -p         # 查看已经连接的上层 NTP 服务器，*表示正在使用中
     remote          refid     st t when poll reach   delay   offset  jitter
==============================================================================
*LOCAL(0)        .LOCL.        10 l    2   64     3   0.000    0.000   0.000
```

2. 计算节点 NTP 配置

1）安装 NTP 服务器。

```
[root@compute ~]# yum install ntp
```

2）编辑 NTP 服务器的主配置文件。

```
[root@compute ~]# vi /etc/ntp.conf
restrict 192.168.8.11                    # 放行 NTP 服务器来源
#server 0.centos.pool.ntp.org iburst     # 去掉默认的 Internet 上层 NTP 服务器
#server 1.centos.pool.ntp.org iburst
#server 2.centos.pool.ntp.org iburst
#server 3.centos.pool.ntp.org iburst
server 192.168.8.11                      # 将上层 NTP 服务器配置为 controller 的 IP 地址
```

3）启动 NTP 服务器，并将服务配置为开机自动启动。

```
[root@compute ~]# service ntpd start
Starting ntpd:                                            [  OK  ]
[root@compute ~]# chkconfig ntpd on
```

4）检查 NTP 服务的配置结果。

等待 5～15min，检查 compute 是否已经与 controller 的 NTP 服务器同步。

```
[root@compute ~]# ntpstat
synchronised to NTP server (192.168.8.11) at stratum 4
time correct to within 1135 ms
polling server every 64 s

[root@compute ~]# ntpq -p
remote          refid         st t when poll reach   delay   offset  jitter
==============================================================================
*controller     202.112.29.82  3 u   40   64    17   0.519  -20.792  0.565
```

6.1.6 配置数据库服务

OpenStack 内部组件交互需要 MySQL 数据库的支持，需要在控制节点安装 MySQL 服务并进行相应的配置。

1. 控制节点 MySQL 服务安装及配置

1）在控制节点，安装 MySQL 客户端和服务器以及 MySQL Python 库。

```
[root@controller ~]# yum install mysql mysql-server MySQL-python
```

2）编辑 MySQL 的主配置文件。

```
[root@controller ~]# vi /etc/my.cnf
```

在 [mysqld] 配置段落，添加以下配置：

```
bind-address = 192.168.8.11
default-storage-engine = innodb
```

```
innodb_file_per_table
collation-server = utf8_general_ci
init-connect = 'SET NAMES utf8'
character-set-server = utf8
```

3）启动 MySQL 服务器。

```
[root@controller ~]# service mysqld start
```

4）将 MySQL 服务器配置为开机自动启动。

```
[root@controller ~]# chkconfig mysqld on
```

5）安装 MySQL 数据库。

```
[root@controller ~]# mysql_install_db
```

6）使用 mysql_secure_installation 加强 MySQL 服务器的安全性。

```
[root@controller ~]# mysql_secure_installation
```

NOTE: RUNNING ALL PARTS OF THIS SCRIPT IS RECOMMENDED FOR ALL MySQL
SERVERS IN PRODUCTION USE!   PLEASE READ EACH STEP CAREFULLY!

In order to log into MySQL to secure it, we'll need the current
password for the root user.   If you've just installed MySQL, and
you haven't set the root password yet, the password will be blank,
so you should just press enter here.

Enter current password for root (enter for none):   # 输入 MySQL 数据库 root 用户密码，开始为空
OK, successfully used password, moving on...

Setting the root password ensures that nobody can log into the MySQL
root user without the proper authorisation.

You already have a root password set, so you can safely answer 'n'.

Change the root password? [Y/n] Y
输入新的 root 密码：000000
 ... skipping.

By default, a MySQL installation has an anonymous user, allowing anyone
to log into MySQL without having to have a user account created for
them.   This is intended only for testing, and to make the installation
go a bit smoother.   You should remove them before moving into a
production environment.

Remove anonymous users? [Y/n] y
 ... Success!

Normally, root should only be allowed to connect from 'localhost'. This
ensures that someone cannot guess at the root password from the network.

Disallow root login remotely? [Y/n] y
 ... Success!

By default, MySQL comes with a database named 'test' that anyone can
access. This is also intended only for testing, and should be removed
before moving into a production environment.

Remove test database and access to it? [Y/n] y
- Dropping test database...
 ... Success!
- Removing privileges on test database...
 ... Success!

Reloading the privilege tables will ensure that all changes made so far
will take effect immediately.

Reload privilege tables now? [Y/n] y
 ... Success!

Cleaning up...

All done! If you've completed all of the above steps, your MySQL
installation should now be secure.

Thanks for using MySQL!

2. 计算节点安装 MySQL Python 库

[root@compute ~]# yum install MySQL-python

6.1.7 配置 OpenStack 软件源

在控制节点和计算节点上分别执行以下配置，以控制节点为例。

1. 安装插件及添加安装源

1）安装 yum-plugin-priorities 插件。

yum-plugin-priorities 插件使 yum 能够安排已配置安装源的相对优先级，该组件是 Openstack RDO 发行版软件包必需的。

[root@controller ~]# yum install yum-plugin-priorities

2）添加 EPEL 和 Openstack RDO 安装源。

从http://dl.fedoraproject.org/pub/epel/6/x86_64/epel-release-6-8.noarch.rpm下载，将文件通过 SFTP 或其他方式传输到 CentOS 的/root 目录中。

使用浏览器打开网址 https://repos.fedorapeople.org/repos/openstack/EOL/openstack-icehouse/，

下载 rpm 文件 rdo-release-icehouse-4.noarch.rpm，将文件通过 SFTP 或其他方式传输到 CentOS 的/root 目录中。

使用浏览器打开网址 http://mirrors.aliyun.com，单击文件列表中 epel 右边的"help"，查看帮助信息。

使用浏览器打开网址 http://mirrors.aliyun.com/repo，下载 epel-6.repo，将文件通过 SFTP 或其他方式传输到 CentOS 的/root 目录中。

```
[root@controller ~]# rpm -ivh rdo-release-icehouse-4.noarch.rpm
warning: rdo-release-icehouse-4.noarch.rpm: Header V4 RSA/SHA1 Signature, key ID 0e4fbd28: NOKEY
Preparing...                        ######################################### [100%]
    1:rdo-release                    ######################################### [100%]


[root@controller ~]# rpm -ivh epel-release-6-8.noarch.rpm
warning: epel-release-6-8.noarch.rpm: Header V3 RSA/SHA256 Signature, key ID 0608b895: NOKEY
Preparing...                        ######################################### [100%]
    1:epel-release                   ######################################### [100%]


[root@controller ~]# cd /etc/yum.repos.d/


[root@controller yum.repos.d]# ls
CentOS-Base.repo            CentOS-Media.repo    epel-testing.repo    rdo-release.repo
CentOS-Debuginfo.repo    CentOS-Vault.repo    foreman.repo
CentOS-fasttrack.repo    epel.repo            puppetlabs.repo


[root@controller yum.repos.d]# mv epel.repo epel.repo.bak


[root@controller yum.repos.d]# cp /root/epel-6.repo .


[root@controller yum.repos.d]# vi rdo-release.repo
```

将 baseurl 行改为：

```
baseurl=http://repos.fedorapeople.org/repos/openstack/EOL/openstack-icehouse/epel-6/
```

2. 更新及安装相应的软件包

1）更新软件包列表。

```
[root@controller yum.repos.d]# yum makecache
```

2）安装 openstack-utils 软件包。

openstack-utils 能够使 OpenStack 的安装和配置过程更简单。

```
[root@controller yum.repos.d]# yum install openstack-utils
```

3）安装 openstack-selinux 软件包。

openstack-selinux 包含在 RHEL 和 CentOS 上安装 Openstack 时所需的用来配置 SELinux 的策略文件。

```
[root@controller yum.repos.d]# yum install openstack-selinux
```

4）升级系统软件包，升级完毕后重新启动系统。

```
[root@controller yum.repos.d]# yum upgrade
```

6.1.8 配置消息服务器

只需要在控制节点安装消息服务器，具体配置如下。

1. 安装软件包及编辑配置文件

1）安装 qpid-cpp-server。

```
[root@controller ~]# yum install qpid-cpp-server
```

2）编辑 Qpid 主配置文件。

为了简化 Openstack 的安装过程，建议禁用消息代理服务的身份验证。

```
[root@controller ~]# vi /etc/qpidd.conf
```

更改以下配置：

```
auth=no
```

2. 启动消息服务器并设置为开机自动启动

1）启动 Qpid 消息服务器。

```
[root@controller ~]# service qpidd start
Starting Qpid AMQP daemon:                                    [  OK  ]
```

2）将 Qpid 消息服务器设置为开机自动启动。

```
[root@controller ~]# chkconfig qpidd on
```

任务 6.2　配置认证服务 Keystone

OpenStack 认证服务提供用户管理和服务编目功能。其中，用户管理功能包括管理用户和用户的权限、跟踪用户行为；服务编目功能提供 OpenStack 服务目录，包括服务项和 API Endpoints。

OpenStack 使用 Keystone 提供认证服务，只需要在控制节点（controller node）上配置认证服务，其他节点的 OpenStack 服务则在控制节点的认证服务上注册即可。

6.2.1 安装认证服务

运行以下命令安装 keystone 和 python-keystoneclient。

```
[root@controller ~]# yum install openstack-keystone python-keystoneclient
```

6.2.2 配置数据库连接

认证服务使用数据库来存储信息，需要在 keystone 的配置文件中指定数据库的位置。这里将使用控制节点上的 MySQL 数据库，设置数据库用户名为"keystone"，密码为"000000"。

```
[root@controller    ~]#openstack-config    --set    /etc/keystone/keystone.conf    database    connection
```

mysql://keystone:000000@controller/keystone

1）创建数据库用户 keystone，密码为 000000。

```
[root@controller ~]# mysql -u root -p
Enter password:   # 输入 MySQL 的 root 用户的密码 000000

mysql> CREATE DATABASE keystone;
mysql> GRANT ALL PRIVILEGES ON keystone.* TO 'keystone'@'localhost' IDENTIFIED BY '000000';
mysql> GRANT ALL PRIVILEGES ON keystone.* TO 'keystone'@'%' IDENTIFIED BY '000000';
mysql> exit
```

2）为认证服务创建数据库表。

```
[root@controller ~]# su -s /bin/sh -c "keystone-manage db_sync" keystone
```

6.2.3 定义授权令牌

定义一个授权令牌作为共享密钥，该共享密钥将在认证服务与 OpenStack 其他服务之间的交流中使用。使用 openssl 创建一个随机令牌，并把它存储在配置文件中。

```
[root@controller ~]# ADMIN_TOKEN=$(openssl rand -hex 10)
[root@controller ~]# echo $ADMIN_TOKEN
1d15ab04f8e9d1c74fab        # openssl 产生的随机令牌，在后续配置中会使用到

[root@controller  ~]#  openstack-config  --set  /etc/keystone/keystone.conf  DEFAULT  admin_token
$ADMIN_TOKEN
```

1）Keystone 默认使用 PKI 令牌，需要创建签名密钥和数字证书并限制权限。

```
[root@controller ~]# keystone-manage pki_setup --keystone-user keystone --keystone-group keystone
Generating RSA private key, 2048 bit long modulus
.....................................+++
.................................................+++
e is 65537 (0x10001)
Generating RSA private key, 2048 bit long modulus
.................+++
.................................................................+++
e is 65537 (0x10001)
Using configuration from /etc/keystone/ssl/certs/openssl.conf
Check that the request matches the signature
Signature ok
The Subject's Distinguished Name is as follows
countryName               :PRINTABLE:'US'
stateOrProvinceName   :ASN.1 12:'Unset'
localityName               :ASN.1 12:'Unset'
organizationName        :ASN.1 12:'Unset'
commonName                :ASN.1 12:'www.example.com'
Certificate is to be certified until Mar 29 01:34:56 2025 GMT (3650 days)
```

```
Write out database with 1 new entries
Data Base Updated

[root@controller ~]# chown -R keystone:keystone /etc/keystone/ssl
[root@controller ~]# chmod -R o-rwx /etc/keystone/ssl
```

2）启动认证服务，并将其配置为开机自动启动。

```
[root@controller ~]# service openstack-keystone start
Starting keystone:                                              [  OK  ]

[root@controller ~]# chkconfig openstack-keystone on
```

3）创建计划任务，定期清空过期的令牌。

```
[root@controller ~]# (crontab -l -u keystone 2>&1 | grep -q token_flush) || echo '@hourly /usr/bin/keystone-
manage token_flush >/var/log/keystone/keystone-tokenflush.log 2>&1' >> /var/spool/cron/keystone
```

检查计划任务配置：

```
[root@controller ~]# crontab -l -u keystone
@hourly /usr/bin/keystone-manage token_flush >/var/log/keystone/keystone-tokenflush.log 2>&1
```

6.2.4 创建用户、租户和角色

1. 创建管理员用户 admin

1）配置环境变量。

```
[root@controller ~]# export OS_SERVICE_TOKEN=$ADMIN_TOKEN
[root@controller ~]# export OS_SERVICE_ENDPOINT=http://controller:35357/v2.0
```

2）创建管理用户 admin，密码为 000000，邮箱为 admin@localhost。

```
[root@controller ~]# keystone user-create --name=admin --pass=000000 --email=admin@localhost
```

3）创建角色 admin。

```
[root@controller ~]# keystone role-create --name=admin
```

4）创建租户 admin。

```
[root@controller ~]# keystone tenant-create --name=admin --description="Admin Tenant"
```

5）将 admin 用户、admin 角色和 admin 租户关联起来。

```
[root@controller ~]# keystone user-role-add --user=admin --tenant=admin --role=admin
```

6）将 admin 用户、_member_ 角色和 admin 租户关联起来。

```
[root@controller ~]# keystone user-role-add --user=admin --role=_member_ --tenant=admin
```

2. 创建普通用户 demo

1）创建普通用户 demo，密码为 000000，邮箱为 demo@localhost。

252
```
```

```
[root@controller ~]# keystone user-create --name=demo --pass=000000 --email=demo@localhost
```

2）创建租户 demo。

```
[root@controller ~]# keystone tenant-create --name=demo --description="Demo Tenant"
```

3）将 demo 用户、_member_ 角色和 demo 租户关联起来。

```
[root@controller ~]# keystone user-role-add --user=demo --role=_member_ --tenant=demo
```

3. 创建租户 service

创建租户 service，该租户将在安装和配置其他 OpenStack 服务时使用。

```
[root@controller ~]# keystone tenant-create --name=service --description="Service Tenant"
```

6.2.5 定义服务和 API 端点

1）创建认证服务的服务入口。

```
[root@controller ~]# keystone service-create --name=keystone --type=identity --description="OpenStack Identity"
```

2）为认证服务指定 API endpoint。

```
[root@controller ~]# keystone endpoint-create \
--service-id=$(keystone service-list | awk '/ identity / {print $2}') \
--publicurl=http://controller:5000/v2.0 \
--internalurl=http://controller:5000/v2.0 \
--adminurl=http://controller:35357/v2.0
```

6.2.6 验证认证服务

1）清除环境变量 OS_SERVICE_TOKEN 和 OS_SERVICE_ENDPOINT。

```
[root@controller ~]# unset OS_SERVICE_TOKEN OS_SERVICE_ENDPOINT
```

2）使用 admin 用户（密码为 000000）请求一个认证令牌。

```
[root@controller ~]# keystone --os-username=admin --os-password=000000 --os-auth-url=http://controller:35357/v2.0 token-get
```

3）为租户请求授权，验证授权行为（admin 用户的密码为 000000）。

```
[root@controller ~]# keystone --os-username=admin --os-password=000000 --os-tenant-name=admin --os-auth-url=http://controller:35357/v2.0 token-get
```

4）创建 OpenStack RC 文件，该文件用来设置环境变量（admin 用户的密码为 000000）。

```
[root@controller ~]# vi admin-openrc.sh
export OS_USERNAME=admin
export OS_PASSWORD=000000
export OS_TENANT_NAME=admin
export OS_AUTH_URL=http://controller:35357/v2.0
```

5）使环境变量生效。

```
[root@controller ~]# source admin-openrc.sh
```

6）验证环境变量。

```
[root@controller ~]# keystone token-get
```

7）验证 admin 用户是否有权执行管理命令。

```
[root@controller ~]# keystone user-list
```

```
[root@controller ~]# keystone user-role-list --user admin --tenant admin
```

任务 6.3 配置映像服务 Glance

OpenStack 映像服务使用户能够发现、注册、检索虚拟机映像。用户通过 OpenStack 映像服务存储虚拟机映像，存储的位置既可以位于简单的 Linux 文件系统，也可以位于 OpenStack 对象存储服务 Swift 中。

OpenStack 使用 Glance 提供映像服务，只需要在控制节点（controller node）上配置映像服务。为了简化配置，在这里将使用 Linux 文件系统作为映像存储位置，即把虚拟机映像存储在映像服务所在的主机中（即 controller），默认的目录是/var/lib/glance/images/。

6.3.1 安装映像服务

1）应用管理用户的环境变量。

```
[root@controller ~]# source admin-openrc.sh
```

2）安装映像服务 glance。

```
[root@controller ~]# yum install openstack-glance python-glanceclient
```

6.3.2 配置数据库连接

映像服务将映像信息存储在数据库中，这里将使用 controller 节点上的 MySQL 数据库服务。数据库用户名为 glance，密码为 000000。

```
[root@controller    ~]#  openstack-config  --set  /etc/glance/glance-api.conf  database  connection
mysql://glance:000000@controller/glance
[root@controller    ~]#  openstack-config  --set  /etc/glance/glance-registry.conf  database  connection
mysql://glance:000000@controller/glance
```

6.3.3 配置映像服务

1）创建数据库用户名 glance，密码为 000000。

```
[root@controller ~]# mysql -u root -p
Enter password:  # 输入数据库用户 root 的密码 000000
```

```
mysql> CREATE DATABASE glance;
mysql> GRANT ALL PRIVILEGES ON glance.* TO 'glance'@'localhost' IDENTIFIED BY '000000';
mysql> GRANT ALL PRIVILEGES ON glance.* TO 'glance'@'%' IDENTIFIED BY '000000';
mysql> exit
```

2）为映像服务创建数据库表。

```
[root@controller ~]# su -s /bin/sh -c "glance-manage db_sync" glance
/usr/lib64/python2.6/site-packages/Crypto/Util/number.py:57:    PowmInsecureWarning:    Not    using
mpz_powm_sec.    You should rebuild using libgmp >= 5 to avoid timing attack vulnerability.
    _warn("Not using mpz_powm_sec.    You should rebuild using libgmp >= 5 to avoid timing attack
vulnerability.", PowmInsecureWarning)    # 安全风险警告，暂忽略
```

3）在 Keystone 中为映像服务创建用户 glance，密码为 000000，邮箱为 glance@ localhost。将该用户关联到租户 service，角色为 admin。

```
[root@controller ~]# keystone user-create --name=glance --pass=000000 --email=glance@localhost


[root@controller ~]# keystone user-role-add --user=glance --tenant=service --role=admin
```

4）配置映像服务 Glance 使用 Keystone 进行认证，用户 glance 的密码为 000000。

```
# openstack-config --set /etc/glance/glance-api.conf keystone_authtoken auth_uri http://controller:5000
# openstack-config --set /etc/glance/glance-api.conf keystone_authtoken auth_host controller
# openstack-config --set /etc/glance/glance-api.conf keystone_authtoken auth_port 35357
# openstack-config --set /etc/glance/glance-api.conf keystone_authtoken auth_protocol http
# openstack-config --set /etc/glance/glance-api.conf keystone_authtoken admin_tenant_name service
# openstack-config --set /etc/glance/glance-api.conf keystone_authtoken admin_user glance
# openstack-config --set /etc/glance/glance-api.conf keystone_authtoken admin_password 000000
# openstack-config --set /etc/glance/glance-api.conf paste_deploy flavor keystone
# openstack-config --set /etc/glance/glance-registry.conf keystone_authtoken auth_uri http://controller:5000
# openstack-config --set /etc/glance/glance-registry.conf keystone_authtoken auth_host controller
# openstack-config --set /etc/glance/glance-registry.conf keystone_authtoken auth_port 35357
# openstack-config --set /etc/glance/glance-registry.conf keystone_authtoken auth_protocol http
# openstack-config --set /etc/glance/glance-registry.conf keystone_authtoken admin_tenant_name service
# openstack-config --set /etc/glance/glance-registry.conf keystone_authtoken admin_user glance
# openstack-config --set /etc/glance/glance-registry.conf keystone_authtoken admin_password 000000
# openstack-config --set /etc/glance/glance-registry.conf paste_deploy flavor keystone
```

6.3.4   注册服务、创建 API 端点

1）向认证服务 Keystone 注册映像服务 Glance，并创建 Endpoint。

```
[root@controller ~]# keystone service-create --name=glance --type=image --description="OpenStack Image
Service"


[root@controller ~]# keystone endpoint-create \
    --service-id=$(keystone service-list | awk '/ image / {print $2}') \
```

```
    --publicurl=http://controller:9292 \
    --internalurl=http://controller:9292 \
    --adminurl=http://controller:9292
```

2）启动 glance-api 和 glance-registry 服务，并将服务配置为开机自动启动。

```
[root@controller ~]# service openstack-glance-api start
Starting openstack-glance-api:                              [  OK  ]

[root@controller ~]# service openstack-glance-registry start
Starting openstack-glance-registry:                         [  OK  ]

[root@controller ~]# chkconfig openstack-glance-api on
[root@controller ~]# chkconfig openstack-glance-registry on
```

6.3.5　上传云主机映像

为了验证映像服务是否安装成功，需要下载并创建至少一个虚拟机映像。Cirros 是一个常用于 OpenStack 部署测试的极小 Linux 操作系统映像，这里将使用 64 位版的 Cirros Qcow2 格式映像。

1）下载 Cirros 映像。

浏览"https://download.cirros-cloud.net/"，进入 0.3.3 目录，下载 cirros-0.3.3-x86_64-disk.img 文件，大小为 12.5 MB，使用 SFTP 或其他方式将文件传输到 controller 中的/root 目录中。

2）使用 file 命令查看文件格式，确定映像格式为 Qcow2。

```
[root@controller ~]# file cirros-0.3.3-x86_64-disk.img
cirros-0.3.3-x86_64-disk.img: Qemu Image, Format: Qcow , Version: 2
```

3）将 Cirros 映像上传到 Glance 映像服务，指定映像名称为"cirros-0.3.3-x86_64"，映像格式为 Qcow2，容器类型为 bare，允许所有用户使用此映像。

```
[root@controller ~]# glance image-create --name "cirros-0.3.3-x86_64" --disk-format qcow2 --container-
format bare --is-public True --progress < cirros-0.3.3-x86_64-disk.img
```

4）确认映像是否上传成功。

```
[root@controller ~]# glance image-list
```

5）上传 CentOS 映像。

Cirros 只能用于测试 OpenStack 环境，通常不能满足云服务器的需求。很多 Linux 发行版都提供了适用于 OpenStack 云的映像，以下为常用的云映像下载地址。

```
CentOS 6：http://cloud.centos.org/centos/6/images/
CentOS 7：http://cloud.centos.org/centos/7/images/
Ubuntu：http://cloud-images.ubuntu.com/
RHEL 6：https://rhn.redhat.com/rhn/software/channel/downloads/Download.do?cid=16952
RHEL 7：https://access.redhat.com/downloads/content/69/ver=/rhel---7/7.0/x86_64/product-downloads
Fedora：https://getfedora.org/en/cloud/download/
Debian：http://cdimage.debian.org/cdimage/openstack/
```

这里将使用 CentOS 6 映像。下载 CentOS 6 映像下载页面中的"CentOS-6-x86_64-GenericCloud-1508.qcow2"文件，大小为 1.09 GB，使用 SFTP 或其他方式将文件传输到 controller 中的/root 目录中，如图 6-9 所示。

图 6-9　CentOS 6 映像下载页面

① 使用 file 命令查看文件格式，确定映像格式为 Qcow2。

```
[root@controller ~]# file CentOS-6-x86_64-GenericCloud-1508.qcow2
CentOS-6-x86_64-GenericCloud-1508.qcow2: Qemu Image, Format: Qcow , Version: 2
```

② 将 CentOS 映像上传到 Glance 映像服务，指定映像名称为 CentOS6，映像格式为 Qcow2，容器类型为 bare，允许所有用户使用此映像。

```
[root@controller ~]# glance image-create --name CentOS6 --disk-format qcow2 --container-format bare --is-public True --progress --file CentOS-6-x86_64-GenericCloud-1508.qcow2
```

③ 确认映像是否上传成功。

```
[root@controller ~]# glance image-list
```

任务 6.4　配置计算服务 Nova

计算服务是 IaaS 云计算系统的核心部分，用来运行和管理云操作系统。计算服务通过认证服务实现身份验证，通过映像服务获取云操作系统映像，通过 Dashboard 实现用户的 Web 接口。计算服务可以使用标准硬件实现水平方向扩展，根据需求下载映像并启动虚拟机实例。

OpenStack 使用 Nova 提供计算服务，Nova 包含多个组件，使用户可以启动虚拟机实例，既可以将所有计算服务组件安装在同一个节点上，也可以分别安装在不同的节点。在这里，将把计算服务的多数组件安装在控制节点上，把用来启动虚拟机的组件安装在计算节点上。

6.4.1　在控制节点安装计算服务

1）应用管理用户的环境变量。

```
[root@controller ~]# source admin-openrc.sh
```

2）安装控制节点所需的计算服务组件。

```
[root@controller ~]# yum install openstack-nova-api openstack-nova-cert openstack-nova-conductor openstack-nova-console openstack-nova-novncproxy openstack-nova-scheduler python-novaclient
```

6.4.2　在控制节点配置数据库连接

计算服务将信息存储在数据库中，这里将使用 controller 节点上的 MySQL 数据库服务。数据库用户名为 nova，密码为 000000。

```
[root@controller ~]# openstack-config --set /etc/nova/nova.conf database connection mysql://nova:000000@controller/nova
```

6.4.3　在控制节点配置计算服务

1）配置计算服务使用 Qpid 消息代理。

```
[root@controller ~]# openstack-config --set /etc/nova/nova.conf DEFAULT rpc_backend qpid
[root@controller ~]# openstack-config --set /etc/nova/nova.conf DEFAULT qpid_hostname controller
```

2）将 my_ip、vncserver_listen 和 vncserver_proxyclient_address 选项设置为控制节点管理接口（eth0）的 IP 地址 192.168.8.11。

```
[root@controller ~]# openstack-config --set /etc/nova/nova.conf DEFAULT my_ip 192.168.8.11
[root@controller ~]# openstack-config --set /etc/nova/nova.conf DEFAULT vncserver_listen 192.168.8.11
[root@controller ~]# openstack-config --set /etc/nova/nova.conf DEFAULT vncserver_proxyclient_address 192.168.8.11
```

3）创建数据库用户名 nova，密码为 000000。

```
[root@controller ~]# mysql -u root -p
Enter password:  # 输入数据库用户 root 的密码 000000

mysql> CREATE DATABASE nova;
mysql> GRANT ALL PRIVILEGES ON nova.* TO 'nova'@'localhost' IDENTIFIED BY '000000';
mysql> GRANT ALL PRIVILEGES ON nova.* TO 'nova'@'%' IDENTIFIED BY '000000';
mysql> exit
```

4）为计算服务创建数据库表。

```
[root@controller ~]# su -s /bin/sh -c "nova-manage db sync" nova
```

5）在 Keystone 中为计算服务创建用户 nova，密码为 000000，邮箱为 nova@localhost。将该用户关联到租户 service，角色为 admin。

```
[root@controller ~]# keystone user-create --name=nova --pass=000000 --email=nova@localhost

[root@controller ~]# keystone user-role-add --user=nova --tenant=service --role=admin
```

6）配置计算服务 Nova 使用 Keystone 进行认证，用户 nova 的密码为 000000。

```
# openstack-config --set /etc/nova/nova.conf DEFAULT auth_strategy keystone
# openstack-config --set /etc/nova/nova.conf keystone_authtoken auth_uri http://controller:5000
# openstack-config --set /etc/nova/nova.conf keystone_authtoken auth_host controller
# openstack-config --set /etc/nova/nova.conf keystone_authtoken auth_protocol http
# openstack-config --set /etc/nova/nova.conf keystone_authtoken auth_port 35357
```

```
# openstack-config --set /etc/nova/nova.conf keystone_authtoken admin_user nova
# openstack-config --set /etc/nova/nova.conf keystone_authtoken admin_tenant_name service
# openstack-config --set /etc/nova/nova.conf keystone_authtoken admin_password 000000
```

6.4.4 在控制节点注册服务和 API 端口

1）向认证服务 Keystone 注册计算服务 Nova，并创建 Endpoint。

```
[root@controller ~]# keystone service-create --name=nova --type=compute --description="OpenStack Compute"
```

```
[root@controller ~]# keystone endpoint-create \
    --service-id=$(keystone service-list | awk '/ compute / {print $2}') \
    --publicurl=http://controller:8774/v2/%\(tenant_id\)s \
    --internalurl=http://controller:8774/v2/%\(tenant_id\)s \
    --adminurl=http://controller:8774/v2/%\(tenant_id\)s
```

2）启动计算服务，并将服务配置为开机自动启动。

```
[root@controller ~]# service openstack-nova-api start
Starting openstack-nova-api:                              [  OK  ]

[root@controller ~]# service openstack-nova-cert start
Starting openstack-nova-cert:                             [  OK  ]

[root@controller ~]# service openstack-nova-consoleauth start
Starting openstack-nova-consoleauth:                      [  OK  ]

[root@controller ~]# service openstack-nova-scheduler start
Starting openstack-nova-scheduler:                        [  OK  ]

[root@controller ~]# service openstack-nova-conductor start
Starting openstack-nova-conductor:                        [  OK  ]

[root@controller ~]# service openstack-nova-novncproxy start
Starting openstack-nova-novncproxy:                       [  OK  ]

[root@controller ~]# chkconfig openstack-nova-api on
[root@controller ~]# chkconfig openstack-nova-cert on
[root@controller ~]# chkconfig openstack-nova-consoleauth on
[root@controller ~]# chkconfig openstack-nova-scheduler on
[root@controller ~]# chkconfig openstack-nova-conductor on
[root@controller ~]# chkconfig openstack-nova-novncproxy on
```

3）验证 Nova 安装。

```
[root@controller ~]# nova image-list
```

6.4.5 在计算节点安装和配置计算服务

计算节点根据从控制节点接收的请求运行虚拟机，计算服务依靠虚拟化引擎运行虚拟机，OpenStack 可以使用多种虚拟化引擎，这里使用 Linux KVM。

1）安装计算服务。

```
[root@compute ~]# yum install openstack-nova-compute
```

2）为 Nova 配置数据库的位置，并配置 Nova 使用 Keystone 进行认证。其中数据库用户 nova 以及认证服务中 nova 用户的密码都是 000000。

```
# openstack-config --set /etc/nova/nova.conf database connection mysql://nova:000000@controller/nova
# openstack-config --set /etc/nova/nova.conf DEFAULT auth_strategy keystone
# openstack-config --set /etc/nova/nova.conf keystone_authtoken auth_uri http://controller:5000
# openstack-config --set /etc/nova/nova.conf keystone_authtoken auth_host controller
# openstack-config --set /etc/nova/nova.conf keystone_authtoken auth_protocol http
# openstack-config --set /etc/nova/nova.conf keystone_authtoken auth_port 35357
# openstack-config --set /etc/nova/nova.conf keystone_authtoken admin_user nova
# openstack-config --set /etc/nova/nova.conf keystone_authtoken admin_tenant_name service
# openstack-config --set /etc/nova/nova.conf keystone_authtoken admin_password 000000
```

3）配置计算服务使用控制节点的 Qpid 消息代理。

```
[root@compute ~]# openstack-config --set /etc/nova/nova.conf DEFAULT rpc_backend qpid
[root@compute ~]# openstack-config --set /etc/nova/nova.conf DEFAULT qpid_hostname controller
```

4）配置计算服务提供到虚拟机实例的远程控制台访问，其中 192.168.8.22 是计算节点管理网络接口（eth0）的 IP 地址。

```
[root@compute ~]# openstack-config --set /etc/nova/nova.conf DEFAULT my_ip 192.168.8.22
[root@compute ~]# openstack-config --set /etc/nova/nova.conf DEFAULT vnc_enabled True
[root@compute ~]# openstack-config --set /etc/nova/nova.conf DEFAULT vncserver_listen 0.0.0.0
[root@compute ~]# openstack-config --set /etc/nova/nova.conf DEFAULT \
vncserver_proxyclient_address 192.168.8.22
[root@compute ~]# openstack-config --set /etc/nova/nova.conf DEFAULT novncproxy_base_url
http://controller:6080/vnc_auto.html
```

5）指定运行映像服务的节点（即控制节点）。

```
[root@compute ~]# openstack-config --set /etc/nova/nova.conf DEFAULT glance_host controller
```

6）判断计算节点是否支持 CPU 虚拟化。

```
[root@compute ~]# egrep -c '(vmx|svm)' /proc/cpuinfo
4
```

如果该命令返回大于或等于 1 的数值，表示计算节点支持 CPU 虚拟化。如果该命令返回的数字为 0，表示计算节点不支持 CPU 虚拟化，需要更换为其他主机。

7）启动计算服务及其依赖的服务并将服务配置为开机自动启动。

```
[root@compute ~]# service libvirtd start
[root@compute ~]# service messagebus start
```

```
[root@compute ~]# service openstack-nova-compute start

[root@compute ~]# chkconfig libvirtd on
[root@compute ~]# chkconfig messagebus on
[root@compute ~]# chkconfig openstack-nova-compute on
```

任务 6.5 配置网络服务 Nova-network

6.5.1 配置控制节点

1）配置 Nova 使用 nova-network 网络。

```
[root@controller    ~]#    openstack-config    --set    /etc/nova/nova.conf    DEFAULT    network_api_class
nova.network.api.API
[root@controller ~]# openstack-config --set /etc/nova/nova.conf DEFAULT security_group_api nova
```

2）重新启动计算服务。

```
[root@controller ~]# service openstack-nova-api restart
Stopping openstack-nova-api:                              [   OK   ]
Starting openstack-nova-api:                              [   OK   ]

[root@controller ~]# service openstack-nova-scheduler restart
Stopping openstack-nova-scheduler:                       [   OK   ]
Starting openstack-nova-scheduler:                       [   OK   ]

[root@controller ~]# service openstack-nova-conductor restart
Stopping openstack-nova-conductor:                       [   OK   ]
Starting openstack-nova-conductor:                       [   OK   ]
```

6.5.2 安装网络组件及配置 Nova

这里将在计算节点配置使用 flat 网络，并通过 DHCP 为虚拟机实例分配 IP 地址。

1）安装传统网络组件 nova-network。

```
[root@compute ~]# yum install openstack-nova-network openstack-nova-api
```

2）配置 Nova 使用 nova-network 网络，其中外部网络接口为 eth1。

```
# openstack-config --set /etc/nova/nova.conf DEFAULT network_api_class nova.network.api.API
# openstack-config --set /etc/nova/nova.conf DEFAULT security_group_api nova
# openstack-config --set /etc/nova/nova.conf DEFAULT \
network_manager    nova.network.manager.FlatDHCPManager
# openstack-config --set /etc/nova/nova.conf DEFAULT \
firewall_driver nova.virt.libvirt.firewall.IptablesFirewallDriver
# openstack-config --set /etc/nova/nova.conf DEFAULT network_size 254
# openstack-config --set /etc/nova/nova.conf DEFAULT allow_same_net_traffic False
# openstack-config --set /etc/nova/nova.conf DEFAULT multi_host True
# openstack-config --set /etc/nova/nova.conf DEFAULT send_arp_for_ha True
# openstack-config --set /etc/nova/nova.conf DEFAULT share_dhcp_address True
```

```
# openstack-config --set /etc/nova/nova.conf DEFAULT force_dhcp_release True
# openstack-config --set /etc/nova/nova.conf DEFAULT flat_network_bridge br100
# openstack-config --set /etc/nova/nova.conf DEFAULT flat_interface eth1
# openstack-config --set /etc/nova/nova.conf DEFAULT public_interface eth1
```

3）启动 nova-network 服务，并将服务配置为开机自动启动。

```
[root@compute ~]# service openstack-nova-network start
[root@compute ~]# service openstack-nova-metadata-api start

[root@compute ~]# chkconfig openstack-nova-network on
[root@compute ~]# chkconfig openstack-nova-metadata-api on
```

6.5.3 创建初始网络

在计算节点上，虚拟机实例通过 br100 桥接到 eth1，从而连接到外部网络，因此创建的外部网络需要在 eth1 所在的物理网络中选择一部分地址。

假如计算节点的 eth1 连接到的物理网络为 192.168.1.0/24，其中 192.168.1.1 已经被其他设备（计算节点的 br100 网卡）占用，因此可以选择除了 192.168.1.1 以外的所有地址，在这里选择 192.168.1.0/24 作为初始外部网络，需要在控制节点上运行以下命令。

1）应用 admin 用户环境变量。

```
[root@controller ~]# source admin-openrc.sh
```

2）创建初始网络。

```
[root@controller ~]# nova network-create demo-net --bridge br100 --multi-host T --fixed-range-v4
192.168.1.0/24
```

3）验证创建的网络。

```
[root@controller ~]# nova net-list
```

4）计算节点的 eth1 网卡使用的 VMware Workstation 虚拟网络类型为"仅主机模式"。这里需要把 VMware Network Adapter VMnet1 的 IP 地址改为 192.168.1.1 以外的地址，如图 6-10 所示。

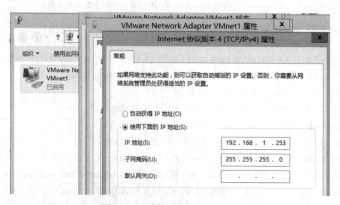

图 6-10 本机虚拟网卡设置

任务 6.6 配置 Web 用户接口 Dashboard

Dashboard 提供了 OpenStack 云计算系统的 Web 访问接口。Dashboard 又称作 Horizon，允许云管理员或普通用户管理多种 OpenStack 资源和服务。

除了 Dashboard，用户也可以直接使用 OpenStack 命令行客户端管理和使用 OpenStack。这里将在控制节点上安装 Dashboard。

6.6.1 安装 Dashboard

运行以下命令安装 Dashboard。

```
[root@controller ~]# yum install memcached python-memcached mod_wsgi openstack-dashboard
```

6.6.2 配置 Dashboard

1）编辑 Dashboard 配置文件。

```
vi /etc/openstack-dashboard/local_settings
# 将时区修改为亚洲/上海：
TIME_ZONE = "Asia/Shanghai"

# 允许所有主机访问 Dashboard：
ALLOWED_HOSTS = ['*']

# 指定控制节点的主机名：
OPENSTACK_HOST = "controller"
```

2）配置 SELinux 布尔值，允许到 HTTP 服务器的访问。

```
[root@controller ~]# setsebool -P httpd_can_network_connect on
```

3）编辑 Web 服务器的配置文件。

```
vi /etc/httpd/conf/httpd.conf
添加配置：
ServerName 192.168.8.11:80
```

4）启动 Web 服务器和 Memcached 服务。

```
[root@controller ~]# service httpd start
[root@controller ~]# service memcached start

[root@controller ~]# chkconfig httpd on
[root@controller ~]# chkconfig memcached on
```

6.6.3 访问 Dashboard

打开浏览器输入"http://192.168.8.11/dashboard"，用户名处输入"admin"或"demo"，这两个用户在配置认证服务时创建，其中 admin 为管理用户，demo 为普通用户，密码都是000000。如图 6-11 所示。

图 6-11　访问 Dashboard

任务 6.7　使用 Dashboard 管理 OpenStack

6.7.1　OpenStack 用户管理

我们以用户名 admin、密码 000000 登录到 OpenStack Dashboard 平台之后，单击"认证面板"的"用户"选项，可以看到已有的如 nova、glance 等用户，如图 6-12 所示。可以单击创建用户，输入"用户名""密码"，选择相应的"主项目""角色"进行新用户的创建，如图 6-13 所示。

图 6-12　选择用户选项

图 6-13　创建用户

6.7.2　云主机管理

1. 云主机的创建

1）单击"项目"→"Compute"→"实例"，进入实例界面，如图 6-14 所示。单击右上方的"启动云主机"按钮，在"启动云主机"对话框中按照以下说明配置：可用域为"nova"，云主机名称处随意填写，云主机类型保持为"m1.tiny"，云主机数量为"1"，云主机启动源选择"从镜像启动",镜像名称选择"cirros",单击"运行"按钮启动云主机,如图 6-15 所示。

图 6-14　实例界面

图 6-15　启动云主机

2)开始创建云主机,根据计算机硬件配置,过程可能会持续 1~10min 不等。当"状态"从 Build 变成 Active 后,云主机创建完成,分配到的 IP 地址为 192.168.1.2,如图 6-16 所示。

图 6-16　云主机创建成功

2. 云主机控制台

(1)配置本机地址解析

编辑本机的 C:\Windows\System32\drivers\etc\hosts 文件,增加一行。

192.168.8.11　　　controller

如果因为用户权限不够导致不能保存文件,可以打开"命令提示符(管理员)",按照以下步骤操作。

```
C:\Windows\system32> cd drivers\etc
C:\Windows\System32\drivers\etc> echo 192.168.8.11 controller >> hosts
```

(2)进入控制台

单击云主机名称 test1,选择控制台,在"Connected (unencrypted) to: QEMU (instance-00000003)"单击一次,即可使用本地控制台(即本地显示器输出)操作云主机。如果控制台无响应,单击"单击此处只显示控制台",如图 6-17 所示。

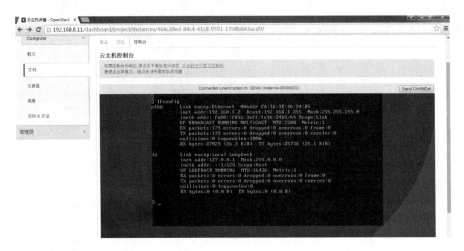

图 6-17　云主机控制台

6.7.3　配置安全组规则

按照默认配置，云主机可以不受限制的访问外部网络，而外部网络无法访问云主机。即外出方向的数据全部允许，进入方向的数据全部拒绝。

想要让外部网络可以访问云主机，需要配置安全组。选择"项目"→"Compute"→"访问&安全"，可以看到默认存在的安全组 default，单击"管理规则"按钮，如图 6-18 所示。在管理安全组规则"default"处，单击"添加规则"按钮，如图 6-19 所示。

图 6-18　管理规则

图 6-19　添加规则

设置规则为"ALL ICMP"，远程为"CIDR"，CIDR 为"0.0.0.0/0"，允许来自外部网络所有 IP 地址的 ICMP 数据包，单击"添加"按钮，如图 6-20 所示，即可以在外部 Ping 通云主机。要允许到云主机的 SSH 访问，需要继续添加规则，设置规则处为"SSH"，远程为"CIDR"，CIDR 为"0.0.0.0/0"，允许来自外部网络的 SSH 数据包，单击"添加"按钮，如图 6-21 所示，即外部主机可以远程 SSH 到云主机。

图 6-20　ALL ICMP 规则

图 6-21　SSH 规则

以下为配置好的 default 安全组规则，如果需要允许到云主机的其他数据，可以继续添加其他规则，如图 6-22 所示。

图 6-22　安全组规则

6.7.4　云主机镜像管理

选择"创建镜像"→"Compute"→"镜像"，进入镜像界面，目前系统中已存在 Cirros 镜像，通过镜像界面右上角的"删除镜像"按钮可以删除镜像，如图 6-23 所示。选择"创建镜像"，输入名称"centos"，镜像源选择"镜像文件"，格式化选择"QCOW2-QEMU 模拟器"，公有选项打上勾，单击"创建镜像"按钮，如图 6-24 所示。

图 6-23　镜像界面　　　　　　　　　　　　图 6-24　创建镜像

6.7.5　使用公钥认证登录云主机

CirrOS 支持 SSH 的用户名/密码方式认证，但是常见的 OpenStack 云主机操作系统只支持 SSH 公钥认证，这里将在 Dashboard 中产生 RSA 密钥对，将密钥导入 SSH 客户端，通过 SSH 公钥认证登录云主机。

1）选择"项目"→"Compute"→"访问&安全"，选择"密钥对"选项卡，单击"创建密钥对"按钮，如图 6-25 所示。在密钥对名称处输入"RSA-Dashboard"，单击"创建密钥对"按钮，如图 6-26 所示。

图 6-25　密钥对界面　　　　　　　　　　　　　　图 6-26　创建密钥对

2）将密钥文件下载到本机，因为某些下载软件可能会下载到错误的文件，建议使用 Internet Explorer、Chrome 等浏览器的浏览器内置下载工具下载。密钥对文件内容如图 6-27 所示。Dashboard 中显示的密钥对信息如图 6-28 所示。

-----BEGIN RSA PRIVATE KEY-----
MIIEowIBAAKCAQEAwFunpwKZNG7QdIg8ozIeqGXJnWHcROOhfGM/DgDcsWiPvV3J
1pYrwioWO73rbS9IN7TescBjXntkFD91/IEq20JSOxAUmZP1vbU/NZ97kISpcV70
k/gpBhRrWMFFIEWgRygb9fkyzMx7M6RY753oFzi2w+Loq9IPVuAOVTwYnZOWrcuF
F5W+EORbRzr7yUOsbEO6Lj9BS2nfiSRdTTsKSwqjVni9GQMw2+xf6GAFsWAbL2pP
YWrvOShtnSlpKL+vWWEounNc5Zz40iAEg2s/P1rTOFNo6DZR1J+zctbaDZ1+K17o2
c2Ut6yNfKTWYPmKBF/gzHwfiLsN2jsCXXgotiwIBIwKCAQEAjuUAMuv8r91KZOjc
1n0A1N3mOmXOF66VN9Syf25az06Wqe3aZOSV1OwQhCau42TzzqOeHaTcGkOIhBHW
vaoClD/1UHJYchYYYQpMNnZ5DEVKq/110rhY/TO9dSHblFD6uIQyBy4lvLUoUj+S
hh2H1rxqguNTPc8+aE6rj8Y+K+++0R9LSxkkJ5TSeSjov39ZONsdFLbHrj/841/R
s9OU3TklzUL6g4Jaca3DkDXz48vz4hiXelWKxCH8qo6pr8au8+M1P58hia10gmfD
EfxmduPZWhQXK1Ab5QeYiBCZzwadMFDUy7UbmGjCDpvI3h3xqschBSO1Y8JHwAGZ
BnxgqwKBgQDwFmfqXBCW8RnhORDK7O3HKBFRfQJKbE4r4+SbE6LRPqv14rvFn6wh
Z9Y5rdl19r+PSGdjkF7QWy4vbNdJfgaNq4W4eHkhLnHfbQhsq1GeQsj67/0mCSIZ
T31D/x1QS5UOc8p95NeDoCQh3SHOv8g+c8Uoni3HVm2x4AHYa+K1YwKBgQDNG2q1
YETFOUcP801GUL30Om3o7fglJcWQcysUPayh4pG/fPZ+3AAjFiJj5LQpL1zDmRzk
OmsaOGoHmX51oJAieCZhiczNiVVjfx5BSIMJzOLzol+SXdU2/L38nFkEmMttdpaa
Gd7KEYXpTBqLP+ga29g2qx0/SDKy3YGEpIAcuQKBgQD1XhkS4ZW+rkt31+0pY7gTD
FyZFhH6Ar0Jj5X/FakkObkpc3RdxMCXzmGr17Q7LBefQPPPEKkrEczostxQguKcX
3DxANwMfSQxHr/IADz5TY4pLrxNBHo3dWZNdXkalw5sq4jPzCvcVtD9TIPQhExvj
HLKUAtqOofJl4dXartz/gQKBgEwuwTwNOGaC/SMuek1RN161Yk8zOTJefJS9EAAO
Ki2ACJ/PVD2/bcFjpl+eFwf7phzDl4gw5fQERKO8qOkOUsr5bVdtsng6UupxCzzR
ykV431p+I3+B8Bu89hv/yjPLCbrxiGUfjUO9XZ/LzlhK7892011ywbhrRgfr36ZL
uo5TAoGBAJZ31hM405eaq10aU4JCPzobCRaC3cKOWouZvYrwQsgrZnOfLV+D6AUH
Pj4bdbaNAg6sXgMcTQHc40SuZCBulHOsOpHCLQKwZPjdWNdFO0zaoJBhGXCr3NvY
vjyrPJ+UrrIacu3T7hXylGhXHg21kcYazznUb/VB+NTplbqK4UK6

图 6-27　密钥对内容　　　　　　　　　　　　　图 6-28　Dashboard 显示密钥对信息

3）选择"项目"→"Compute"→"实例"，单击右上方的"启动云主机"。在"启动云主机"对话框中设置可用域为"nova"，云主机名称随意填写，云主机类型为"m1.small"，云主机数量为"1"，云主机启动源为"从镜像启动"，镜像文件选择已上传的"centos"镜像。切换到"访问&安全"选项卡，确认值对为"RSA-Dashboard"，单击运行，启动云主机，如图 6-29 所示。如图 6-30 所示为运行起来的云主机，值对为"RSA-Dashboard"，IP 地址为 192.168.1.2。

图 6-29　选择值对　　　　　　　　　　　　　　图 6-30　启动的云主机

4）打开 SecureCRT 软件，选择"快速连接"，输入云主机的 IP 地址"192.168.1.2"，在"鉴权"选项组中将"密码"前面的勾去掉，选择"公钥"，如图 6-31 所示。单击"属性"按钮，加载下的密钥文件，如图 6-32 所示，就可以使用公钥登录，无需再输入密码。

图 6-31　快速连接界面　　　　　　　　　　　　图 6-32　公钥属性设置

6.7.6　创建和使用云主机快照

（1）创建云主机快照

选择"项目"→"Compute"→"实例"，单击"创建快照"按钮，如图 6-33 所示。在"创建快照"界面中输入快照名称即可，如图 6-34 所示。

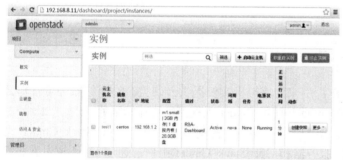

图 6-33　实例界面　　　　　　　　　　　　图 6-34　创建快照

选择"项目"→"Compute"→"镜像"，就可以看到创建的快照 snap1，如图 6-35 所示。

图 6-35　快照创建成功

（2）使用云主机快照

选择"项目"→"Compute"→"实例"，单击右上角的"启动云主机"，设置云主机启动源为"从快照启动"，云主机快照为"snap1"，如图 6-36 所示。单击运行，云主机即可创建成功，如图 6-37 所示。

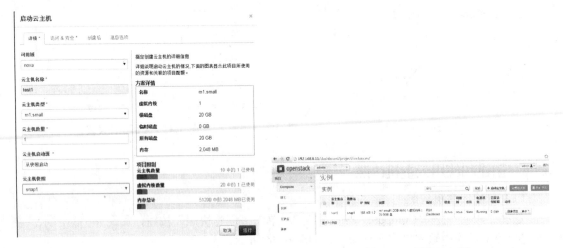

图 6-36　使用快照启动云主机　　　　　　　　　图 6-37　创建云主机

任务 6.8　添加块存储服务 Cinder

块存储服务可以与计算服务协作，用来为虚拟机实例提供云硬盘。块存储服务可管理云硬盘、云硬盘快照和云硬盘类型。OpenStack 使用 Cinder 组件提供块存储服务。

块存储节点包含一个网卡 eth0，用于管理网络。在控制节点上添加 OpenStack Cinder 组件，在块存储节点上安装 iSCSI 目标服务器和 OpenStack Cinder 组件，通过 LVM 逻辑卷服务提供云硬盘卷。3 节点的拓扑图在图 6-2 中已经描述。

6.8.1　块存储节点系统安装

在 VMware Workstation 中新建 CentOS 64 位虚拟机。为虚拟机分配 1 GB 内存，虚拟硬盘大小为 100 GB，选择"CentOS-6.6-x86_64-bin-DVD1.iso"作为安装光盘。为虚拟机配置一块网卡，网络连接方式为"NAT"。从光盘安装操作系统，将主机名设置为"block"，为 eth0 网卡手工配置 IP 地址、子网掩码、默认网关和 DNS 服务器，使虚拟机可以连接到 Internet。在这里将 eth0 的 IP 地址配置为"192.168.8.33"。在分区界面，使用自定义分区，如图 6-38 所示。创建一个 500 MB 的主分区，挂载到/boot。创建一个 50 GB 的分区用来作为物理卷，使用该物理卷创建一个卷组 vg_block，在卷组 vg_block 中创建两个逻辑卷。其中一个逻辑卷为 4 GB，用来作为交换分区，另一个逻辑卷使用卷组 vg_block 中所有剩余空间，挂载到 / 目录。剩余 50699 MB 将来给 Cinder 云硬盘卷使用，如图 6-39 所示。在软件包选择界面，使用"Minimal"安装方式。

图 6-38　自定义分区

图 6-39　分区详情

6.8.2　安装块存储服务

1. 基本环境配置

在控制节点和计算节点上，修改/etc/hosts 文件，添加有关 block 节点的地址解析配置。

```
[root@controller ~]# vi /etc/hosts
192.168.8.11        controller
192.168.8.22        compute
192.168.8.33        block

[root@compute ~]# vi /etc/hosts
192.168.8.11        controller
192.168.8.22        compute
192.168.8.33        block
```

2. 在块存储节点上配置网络

1）编辑网卡配置文件，确认网卡的 IP 地址配置，使 CentOS 能够连接到 Internet。

```
[root@block ~]# vi /etc/sysconfig/network-scripts/ifcfg-eth0
DEVICE=eth0
TYPE=Ethernet
UUID=440ae27d-54d3-49be-b4a8-48768085a31e
ONBOOT=yes
NM_CONTROLLED=no              # 不使用 NetworkManager 控制此网卡，通常只需要修改这一项
BOOTPROTO=none
HWADDR=00:0C:29:14:BE:68
IPADDR=192.168.8.33
PREFIX=24
GATEWAY=192.168.8.2
DNS1=8.8.8.8
DEFROUTE=yes
IPV4_FAILURE_FATAL=yes
IPV6INIT=no
NAME="System eth0"
```

```
[root@block ~]# service network restart
Shutting down interface eth0:                              [   OK   ]
Shutting down loopback interface:                          [   OK   ]
Bringing up loopback interface:                            [   OK   ]
Bringing up interface eth0:   Determining if ip address 192.168.8.33 is already in use for device eth0...
[   OK   ]
```

2）配置本地名称解析，实现 controller、compute 和 block 节点的本地地址解析。

```
[root@block ~]# vi /etc/hosts
192.168.8.11        controller
192.168.8.22        compute
192.168.8.33        block
```

3. 在块存储节点上配置防火墙和 SELinux

1）关闭 iptables 防火墙。

```
[root@block ~]# service iptables stop
[root@block ~]# chkconfig iptables off
```

2）将 SELinux 配置为允许模式。

```
[root@block ~]# vi /etc/sysconfig/selinux

# This file controls the state of SELinux on the system.
# SELINUX= can take one of these three values:
#       enforcing - SELinux security policy is enforced.
#       permissive - SELinux prints warnings instead of enforcing.
#       disabled - No SELinux policy is loaded.
SELINUX=permissive          # 将 SELinux 配置为允许模式
# SELINUXTYPE= can take one of these two values:
#       targeted - Targeted processes are protected,
#       mls - Multi Level Security protection.
SELINUXTYPE=targeted
```

3）重启系统。

```
[root@block ~]# reboot
```

4. 在块存储节点上配置 NTP 服务

1）安装 NTP 服务器。

```
[root@block ~]# yum install ntp
```

2）编辑 NTP 服务器的主配置文件。

```
[root@block ~]# vi /etc/ntp.conf
编辑以下配置：
restrict 192.168.8.11                      # 放行 NTP 服务器来源
#server 0.centos.pool.ntp.org iburst       # 去掉默认的 Internet 上层 NTP 服务器
#server 1.centos.pool.ntp.org iburst
```

```
#server 2.centos.pool.ntp.org iburst
server 192.168.8.11                              # 将上层 NTP 服务器配置为 controller 的 IP 地址
```

3）启动 NTP 服务器并将服务配置为开机自动启动。

```
[root@block ~]# service ntpd start
Starting ntpd:                                                    [   OK   ]
[root@block ~]# chkconfig ntpd on
```

4）检查 NTP 服务的配置结果。

等待 5~15min，检查 block 是否已经与 controller 的 NTP 服务器同步。

```
[root@block ~]# ntpstat
synchronised to NTP server (192.168.8.11) at stratum 4
time correct to within 197 ms
polling server every 128 s

[root@block ~]# ntpq -p
remote          refid          st t when poll reach   delay   offset   jitter
===============================================================================
*controller     202.112.29.82   3 u   39  128  377    0.470   7.401    19.945
```

5. 在块存储节点上安装 MySQL-python

```
[root@block ~]# yum install MySQL-python
```

6. 在块存储节点上配置 OpenStack 软件源

1）安装 yum-plugin-priorities 插件。

```
[root@block ~]# yum install yum-plugin-priorities
```

2）配置 OpenStack 软件源。

从 http://dl.fedoraproject.org/pub/epel/6/x86_64/epel-release-6-8.noarch.rpm 下载，将文件通过 SFTP 或其他方式传输到 CentOS 的/root 目录中。

使用浏览器打开网站 https://repos.fedorapeople.org/repos/openstack/openstack-icehouse，下载 rpm 文件 rdo-release-icehouse-4.noarch.rpm，将文件通过 SFTP 或其他方式传输到 CentOS 的 /root 目录中。

使用浏览器打开网站 http://mirrors.aliyun.com，单击文件列表中 epel 右边的"help"，查看帮助信息。

使用浏览器打开网站 http://mirrors.aliyun.com/repo，下载 epel-6.repo，将文件通过 SFTP 或其他方式传输到 CentOS 的/root 目录中。

```
[root@block ~]# rpm -ivh rdo-release-icehouse-4.noarch.rpm
warning: rdo-release-icehouse-4.noarch.rpm: Header V4 RSA/SHA1 Signature, key ID 0e4fbd28: NOKEY
Preparing...                        ########################################## [100%]
   1:rdo-release                     ########################################## [100%]

[root@block ~]# rpm -ivh epel-release-6-8.noarch.rpm
warning: epel-release-6-8.noarch.rpm: Header V3 RSA/SHA256 Signature, key ID 0608b895: NOKEY
```

```
Preparing...                        ############################################ [100%]
    1:epel-release                   ############################################ [100%]
```

```
[root@block ~]# cd /etc/yum.repos.d/
```

```
[root@block yum.repos.d]# mv epel.repo epel.repo.bak
```

```
[root@block yum.repos.d]# cp /root/epel-6.repo
```

```
[root@block yum.repos.d]# ls
CentOS-Base.repo        CentOS-fasttrack.repo    CentOS-Vault.repo    epel.repo.bak      foreman.repo  rdo-
release.repo
CentOS-Debuginfo.repo  CentOS-Media.repo        epel-6.repo      epel-testing.repo  puppetlabs.repo
```

3）更新软件包列表。

```
[root@block yum.repos.d]# yum makecache
```

4）安装 openstack-utils 软件包。

```
[root@block yum.repos.d]# yum install openstack-utils
```

5）安装 openstack-selinux 软件包。

```
[root@block yum.repos.d]# yum install openstack-selinux
```

6）升级系统软件包，升级完毕后重新启动系统。

```
[root@block yum.repos.d]# yum upgrade
```

7. 在控制节点上安装 Cinder

```
[root@controller ~]# yum install openstack-cinder
```

6.8.3　配置数据库连接

1）配置块存储服务使用控制节点的 MySQL 数据库，将 CINDER_DBPASS 替换为 MySQL 数据库用户 cinder 的密码。

```
[root@controller     ~]#    openstack-config  --set   /etc/cinder/cinder.conf   database   connection
mysql://cinder:CINDER_DBPASS@controller/cinder
```

2）在 MySQL 数据库中创建用户 cinder。

```
[root@controller ~]# mysql -u root -p
Enter password:   # 输入 MySQL 数据库用户 root 的密码 000000

mysql> CREATE DATABASE cinder;
mysql> GRANT ALL PRIVILEGES ON cinder.* TO 'cinder'@'localhost' IDENTIFIED BY
'CINDER_DBPASS';
mysql> GRANT ALL PRIVILEGES ON cinder.* TO 'cinder'@'%' IDENTIFIED BY 'CINDER_DBPASS';
mysql> exit
```

3）为块存储服务创建数据库表。

```
[root@controller ~]# su -s /bin/sh -c "cinder-manage db sync" cinder
/usr/lib64/python2.6/site-packages/Crypto/Util/number.py:57: PowmInsecureWarning: Not using mpz_
powm_sec.   You should rebuild using libgmp >= 5 to avoid timing attack vulnerability.
     _warn("Not using mpz_powm_sec.   You should rebuild using libgmp >= 5 to avoid timing attack
vulnerability.", PowmInsecureWarning)    # 安全风险提示，暂忽略
```

6.8.4 配置块存储服务

1）应用 admin 用户的环境变量。

```
[root@controller ~]# source admin-openrc.sh
```

2）在 keystone 中创建用户 cinder，并将用户关联到 service 租户和 admin 角色。将 CINDER_PASS 替换为用户 cinder 的密码。

```
[root@controller ~]# keystone user-create --name=cinder --pass=CINDER_PASS --email=cinder@localhost

[root@controller ~]# keystone user-role-add --user=cinder --tenant=service --role=admin
```

3）配置 cinder 使用 keystone 认证，将 CINDER_PASS 替换为用户 cinder 的密码，这里配置 CINDER_PASS 为 000000。

```
# openstack-config --set /etc/cinder/cinder.conf DEFAULT auth_strategy keystone
# openstack-config --set /etc/cinder/cinder.conf keystone_authtoken auth_uri http://controller:5000
# openstack-config --set /etc/cinder/cinder.conf keystone_authtoken auth_host controller
# openstack-config --set /etc/cinder/cinder.conf keystone_authtoken auth_protocol http
# openstack-config --set /etc/cinder/cinder.conf keystone_authtoken auth_port 35357
# openstack-config --set /etc/cinder/cinder.conf keystone_authtoken admin_user cinder
# openstack-config --set /etc/cinder/cinder.conf keystone_authtoken admin_tenant_name service
# openstack-config --set /etc/cinder/cinder.conf keystone_authtoken admin_password 000000
```

4）配置块存储服务使用 Qpid 消息代理。

```
[root@controller ~]# openstack-config --set /etc/cinder/cinder.conf DEFAULT rpc_backend qpid
[root@controller ~]# openstack-config --set /etc/cinder/cinder.conf DEFAULT qpid_hostname controller
```

6.8.5 注册服务和 API 端点

1）向 keystone 注册块存储服务 cinder，创建 API Endpoint，包括 v1 和 v2 两个版本。

```
[root@controller ~]# keystone service-create --name=cinder --type=volume --description="OpenStack
Block Storage"

[root@controller ~]# keystone endpoint-create \
    --service-id=$(keystone service-list | awk '/ volume / {print $2}') \
    --publicurl=http://controller:8776/v1/%\(tenant_id\)s \
    --internalurl=http://controller:8776/v1/%\(tenant_id\)s \
    --adminurl=http://controller:8776/v1/%\(tenant_id\)s
```

[root@controller ~]# keystone service-create --name=cinderv2 --type=volumev2 --description="OpenStack Block Storage v2"

```
[root@controller ~]# keystone endpoint-create \
   --service-id=$(keystone service-list | awk '/ volumev2 / {print $2}') \
   --publicurl=http://controller:8776/v2/%\(tenant_id\)s \
   --internalurl=http://controller:8776/v2/%\(tenant_id\)s \
   --adminurl=http://controller:8776/v2/%\(tenant_id\)s
```

2）启动块存储服务，并将服务配置为开机自动启动。

```
[root@controller ~]# service openstack-cinder-api start
[root@controller ~]# service openstack-cinder-scheduler start

[root@controller ~]# chkconfig openstack-cinder-api on
[root@controller ~]# chkconfig openstack-cinder-scheduler on
```

6.8.6 在块存储节点上安装配置 cinder

1）使用 fdisk 对磁盘分区，创建一个 LVM 类型分区，在本次测试中将使用/dev/sda3。

```
[root@block ~]# fdisk /dev/sda

WARNING: DOS-compatible mode is deprecated. It's strongly recommended to
switch off the mode (command 'c') and change display units to
sectors (command 'u').

Command (m for help): p        # 显示当前分区

Disk /dev/sda: 107.4 GB, 107374182400 bytes
255 heads, 63 sectors/track, 13054 cylinders
Units = cylinders of 16065 * 512 = 8225280 bytes
Sector size (logical/physical): 512 bytes / 512 bytes
I/O size (minimum/optimal): 512 bytes / 512 bytes
Disk identifier: 0x000c1bda

    Device Boot      Start         End      Blocks   Id  System
/dev/sda1   *           1          64      512000   83  Linux
Partition 1 does not end on cylinder boundary.
/dev/sda2              64        6591    52428800   8e  Linux LVM

Command (m for help): n        # 创建新分区
Command action
e   extended
p   primary partition (1-4)
p      # 主分区
Partition number (1-4): 3      # 分区编号为 3
First cylinder (6591-13054, default 6591):        # 起始柱面直接按〈Enter〉键
```

276

Using default value 6591
Last cylinder, +cylinders or +size{K,M,G} (6591-13054, default 13054): # 结束柱面直接按〈Enter〉键
Using default value 13054

Command (m for help): t   # 转换分区类型
Partition number (1-4): 3   # 分区编号为 3
Hex code (type L to list codes): 8e   # 转换为 Linux LVM 分区
Changed system type of partition 3 to 8e (Linux LVM)

Command (m for help): w   # 保存退出
The partition table has been altered!

Calling ioctl() to re-read partition table.

WARNING: Re-reading the partition table failed with error 16: Device or resource busy.
The kernel still uses the old table. The new table will be used at
the next reboot or after you run partprobe(8) or kpartx(8)
Syncing disks.

[root@block ~]# partx -a /dev/sda   # 使内核重新读取分区表
BLKPG: Device or resource busy
error adding partition 1
BLKPG: Device or resource busy
error adding partition 2

[root@block ~]# fdisk -l

Disk /dev/sda: 107.4 GB, 107374182400 bytes
255 heads, 63 sectors/track, 13054 cylinders
Units = cylinders of 16065 * 512 = 8225280 bytes
Sector size (logical/physical): 512 bytes / 512 bytes
I/O size (minimum/optimal): 512 bytes / 512 bytes
Disk identifier: 0x000c1bda

Device Boot	Start	End	Blocks	Id	System
/dev/sda1 *	1	64	512000	83	Linux
Partition 1 does not end on cylinder boundary.					
/dev/sda2	64	6591	52428800	8e	Linux LVM
/dev/sda3	6591	13054	51914431	8e	Linux LVM

2）创建物理卷，将物理卷配置为卷组“cinder-volumes”。

[root@block ~]# pvcreate /dev/sda3
    Physical volume "/dev/sda3" successfully created

[root@block ~]# vgcreate cinder-volumes /dev/sda3
    Volume group "cinder-volumes" successfully created

3）编辑文件"/etc/lvm/lvm.conf"，在 devices 部分配置 LVM 将持续扫描的虚拟机实例所使用的设备。

```
devices {
...
filter = [ "a/sda2/", "a/sda3/", "r/.*/"]         # 修改这一行
...
}
"a/.*/""a/sda2/","a/sda4/","r/.*/"
```

在配置文件中，a 开头的为允许扫描的设备，r 开头的为拒绝扫描的设备。在这里，"a/sda2/""a/sda3/"分别表示扫描/dev/sda2 和/dev/sda3，"r/.*/"表示不扫描所有其他设备。其中 sda2 为操作系统所在的物理卷设备，sda3 为 cinder 卷所使用的物理卷设备。

4）安装 cinder 和 iSCSI 目标服务器。

```
[root@block ~]# yum install openstack-cinder scsi-target-utils
```

5）配置 cinder 使用 keystone 认证，将 CINDER_PASS 替换为用户 cinder 的密码，此处 CINDER_PASS 为 000000。

```
# openstack-config --set /etc/cinder/cinder.conf DEFAULT auth_strategy keystone
# openstack-config --set /etc/cinder/cinder.conf keystone_authtoken auth_uri http://controller:5000
# openstack-config --set /etc/cinder/cinder.conf keystone_authtoken auth_host controller
# openstack-config --set /etc/cinder/cinder.conf keystone_authtoken auth_protocol http
# openstack-config --set /etc/cinder/cinder.conf keystone_authtoken auth_port 35357
# openstack-config --set /etc/cinder/cinder.conf keystone_authtoken admin_user cinder
# openstack-config --set /etc/cinder/cinder.conf keystone_authtoken admin_tenant_name service
# openstack-config --set /etc/cinder/cinder.conf keystone_authtoken admin_password 000000
```

6）配置 cinder 使用 Qpid 消息代理。

```
[root@block ~]# openstack-config --set /etc/cinder/cinder.conf DEFAULT rpc_backend qpid
[root@block ~]# openstack-config --set /etc/cinder/cinder.conf DEFAULT qpid_hostname controller
```

7）配置块存储服务使用控制节点的 MySQL 数据库，将 CINDER_DBPASS 替换为 MySQL 数据库用户 cinder 的密码，这里配置 CINDER_DBPASS 为 000000。

```
[root@block ~]# openstack-config --set /etc/cinder/cinder.conf database connection mysql://cinder:000000@controller/cinder
```

8）配置块存储节点的管理 IP 地址，在本案例中为 192.168.8.33。

```
[root@block ~]# openstack-config --set /etc/cinder/cinder.conf DEFAULT my_ip 192.168.8.33
```

9）配置 cinder 使用控制节点的 glance 映像服务。

```
[root@block ~]# openstack-config --set /etc/cinder/cinder.conf DEFAULT glance_host controller
```

10）配置 cinder 使用 tgtadm iSCSI 服务。

```
[root@block ~]# openstack-config --set /etc/cinder/cinder.conf DEFAULT iscsi_helper tgtadm
```

11）编辑 iSCSI 目标服务器的配置文件"/etc/tgt/targets.conf"，添加以下配置，使 iSCSI 目

标服务能够发现 cinder 块存储卷。

    include /etc/cinder/volumes/*

12）启动块存储服务并将服务配置为开机自动启动。

    [root@block ~]# service openstack-cinder-volume start
    [root@block ~]# service tgtd start

    [root@block ~]# chkconfig openstack-cinder-volume on
    [root@block ~]# chkconfig tgtd on

6.8.7　管理云硬盘

1. 查询云主机硬盘情况

在 Dashboard 实例中选择 cirros 镜像，启动云主机，使用 fdisk -l 查看云主机的硬盘和分区情况。此时可以看到目前云主机有一块硬盘/dev/vda，大小为 1 GB。

    $ sudo fdisk -l

    Disk /dev/vda: 1073 MB, 1073741824 bytes
    255 heads, 63 sectors/track, 130 cylinders, total 2097152 sectors
    Units = sectors of 1 * 512 = 512 bytes
    Sector size (logical/physical): 512 bytes / 512 bytes
    I/O size (minimum/optimal): 512 bytes / 512 bytes
    Disk identifier: 0x00000000

        Device Boot   Start   End   Blocks   Id System
    /dev/vda1   *   16065   2088449   1036192+ 83 Linux

2. 创建云硬盘

1）选择"项目"→"Compute"→"云硬盘"，单击右上方的"创建云硬盘"按钮，如图 6-40 所示。

图 6-40　云硬盘界面

2）输入云硬盘名称"cloud-disk"，描述为"vdb for cirros"，大小为 1 GB，可用域为"nova"，如图 6-41 所示。稍等片刻，当云硬盘的状态变成 Available 时，云硬盘就创建好了，如图 6-42 所示。

图 6-41　创建云硬盘　　　　　　　　　　　　图 6-42　云硬盘创建成功

3. 将云硬盘挂载到云主机

1）选择"项目"→"Compute"→"云硬盘"，单击动作中的"编辑挂载"按钮，如图 6-43 所示。设置云硬盘连接到的云主机为"cirros"，单击"连接云硬盘"按钮，如图 6-44 所示。

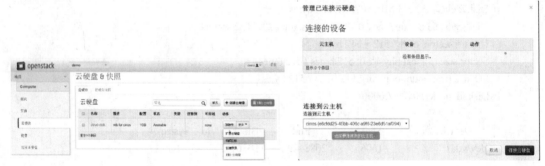

图 6-43　云硬盘编辑挂载　　　　　　　　　　图 6-44　连接云硬盘到云主机

2）稍等片刻，云硬盘的状态变成 In-Use，"连接到"为"在设备/dev/vdb 上连接到 cirros"，如图 6-45 所示。

图 6-45　云硬盘连接成功

3）在云主机 cirros 中使用 fdisk -l 查看硬盘和分区情况。此时可以看到云主机 cirros 多了一块硬盘/dev/vdb，且不包含任何分区。

```
$ sudo fdisk -l

Disk /dev/vda: 1073 MB, 1073741824 bytes
255 heads, 63 sectors/track, 130 cylinders, total 2097152 sectors
Units = sectors of 1 * 512 = 512 bytes
Sector size (logical/physical): 512 bytes / 512 bytes
I/O size (minimum/optimal): 512 bytes / 512 bytes
Disk identifier: 0x00000000

   Device Boot      Start         End      Blocks   Id  System
/dev/vda1   *        16065     2088449     1036192+  83  Linux

Disk /dev/vdb: 1073 MB, 1073741824 bytes
16 heads, 63 sectors/track, 2080 cylinders, total 2097152 sectors
Units = sectors of 1 * 512 = 512 bytes
Sector size (logical/physical): 512 bytes / 512 bytes
I/O size (minimum/optimal): 512 bytes / 512 bytes
Disk identifier: 0x00000000

Disk /dev/vdb doesn't contain a valid partition table
```

4）可以像操作本地硬盘一样，使用 fdisk 对云硬盘进行分区。下面将在云硬盘/dev/vbd 上创建 1 个分区，使用所有空间。

```
$ sudo fdisk /dev/vdb
Device contains neither a valid DOS partition table, nor Sun, SGI or OSF disklabel
Building a new DOS disklabel with disk identifier 0x7df570ca.
Changes will remain in memory only, until you decide to write them.
After that, of course, the previous content won't be recoverable.

Warning: invalid flag 0x0000 of partition table 4 will be corrected by w(rite)

Command (m for help): n
Partition type:
p   primary (0 primary, 0 extended, 4 free)
e   extended
Select (default p): p
Partition number (1-4, default 1): 1
First sector (2048-2097151, default 2048):
Using default value 2048
Last sector, +sectors or +size{K,M,G} (2048-2097151, default 2097151):
Using default value 2097151

Command (m for help): w
The partition table has been altered!
```

```
Calling ioctl() to re-read partition table.
Syncing disks.

$ sudo fdisk -l /dev/vdb

Disk /dev/vdb: 1073 MB, 1073741824 bytes
9 heads, 8 sectors/track, 29127 cylinders, total 2097152 sectors
Units = sectors of 1 * 512 = 512 bytes
Sector size (logical/physical): 512 bytes / 512 bytes
I/O size (minimum/optimal): 512 bytes / 512 bytes
Disk identifier: 0x7df570ca

   Device Boot      Start         End      Blocks   Id  System
/dev/vdb1            2048     2097151     1047552   83  Linux
```

5）将分区格式化为 EXT4 文件系统并挂载。

```
$ sudo mkfs -t ext4 /dev/vdb1
$ sudo mkdir /media/vdb1
$ sudo mount -t ext4 /dev/vdb1 /media/vdb1/
$ mount
rootfs on / type rootfs (rw)
/dev on /dev type devtmpfs (rw,relatime,size=248160k,nr_inodes=62040,mode=755)
/dev/vda1 on / type ext3 (rw,relatime,errors=continue,user_xattr,acl,barrier=1,data=ordered)
/proc on /proc type proc (rw,relatime)
sysfs on /sys type sysfs (rw,relatime)
devpts on /dev/pts type devpts (rw,relatime,gid=5,mode=620,ptmxmode=000)
tmpfs on /dev/shm type tmpfs (rw,relatime,mode=777)
tmpfs on /run type tmpfs (rw,nosuid,relatime,size=200k,mode=755)
/dev/vdb1 on /media/vdb1 type ext4 (rw,relatime,user_xattr,barrier=1,data=ordered)
```

6）解除挂载分区/dev/vdb1。

```
$ cd
$ sudo umount /dev/vdb1
$ mount
rootfs on / type rootfs (rw)
/dev on /dev type devtmpfs (rw,relatime,size=248160k,nr_inodes=62040,mode=755)
/dev/vda1 on / type ext3 (rw,relatime,errors=continue,user_xattr,acl,barrier=1,data=ordered)
/proc on /proc type proc (rw,relatime)
sysfs on /sys type sysfs (rw,relatime)
devpts on /dev/pts type devpts (rw,relatime,gid=5,mode=620,ptmxmode=000)
tmpfs on /dev/shm type tmpfs (rw,relatime,mode=777)
tmpfs on /run type tmpfs (rw,nosuid,relatime,size=200k,mode=755)
```

7）选择"项目"→"Compute"→"云硬盘"，单击动作中的"编辑挂载"按钮，单击"断开云硬盘"。确认断开，云硬盘 cloud-disk 的状态转换为"Available"。同时可以选择"项目"→"Compute"→"云硬盘",单击动作中的"删除云硬盘"。如图 6-46～图 6-49 所示。

图 6-46　云硬盘编辑挂载　　　　　　　　　　　　图 6-47　断开云硬盘

图 6-48　云硬盘确认断开　　　　　　　　　　　　图 6-49　删除云硬盘

任务 6.9　使用命令行管理 OpenStack

在任务 6.9 中,我们将在控制节点上使用 OpenStack 提供的命令行客户端管理云主机和云硬盘。

6.9.1　编辑用户环境变量文件

（1）编辑 admin 用户的环境变量文件

```
[root@controller ~]# vi admin-openrc.sh
export OS_USERNAME=admin
export OS_PASSWORD=000000
export OS_TENANT_NAME=admin
export OS_AUTH_URL=http://controller:35357/v2.0
```

（2）编辑 demo 用户的环境变量文件

```
[root@controller ~]# vi demo-openrc.sh
export OS_USERNAME=demo
export OS_PASSWORD=000000
export OS_TENANT_NAME=demo
export OS_AUTH_URL=http://controller:35357/v2.0
```

6.9.2　产生和导入密钥对

（1）应用 demo 用户的环境变量

```
[root@controller ~]# source demo-openrc.sh
```

（2）产生密钥对

```
[root@controller ~]# ssh-keygen
Generating public/private rsa key pair.
Enter file in which to save the key (/root/.ssh/id_rsa):    # 密钥对存放位置
Created directory '/root/.ssh'.
Enter passphrase (empty for no passphrase):       # 直接按〈Enter〉键，不配置密钥保护密码
Enter same passphrase again:                      # 再次按〈Enter〉键确认
Your identification has been saved in /root/.ssh/id_rsa.   # 私钥文件
Your public key has been saved in /root/.ssh/id_rsa.pub.     # 公钥文件
The key fingerprint is:          # 数字签名
46:3a:31:eb:29:84:20:49:b1:bf:c0:29:9e:60:2b:4e root@controller
…

[root@controller .ssh]# cd /root/.ssh  # 进入存放密钥对的目录
[root@controller .ssh]# ls       # 查看私钥和公钥文件
id_rsa    id_rsa.pub
```

（3）将公钥添加到 OpenStack 环境中

```
[root@controller .ssh]# nova keypair-add --pub-key ~/.ssh/id_rsa.pub demo-key
```

（4）显示 demo 用户的密钥对

```
[root@controller .ssh]# nova keypair-list
```

6.9.3 显示可用的云主机类型

使用 nova flavor-list 命令可以查看所有的云主机类型，如图 6-50 所示。

```
[root@controller .ssh]# nova flavor-list
```

```
+----+-----------+-----------+------+-----------+------+-------+-------------+-----------+
| ID | Name      | Memory_MB | Disk | Ephemeral | Swap | VCPUs | RXTX_Factor | Is_Public |
+----+-----------+-----------+------+-----------+------+-------+-------------+-----------+
| 1  | m1.tiny   | 512       | 1    | 0         |      | 1     | 1.0         | True      |
| 2  | m1.small  | 2048      | 20   | 0         |      | 1     | 1.0         | True      |
| 3  | m1.medium | 4096      | 40   | 0         |      | 2     | 1.0         | True      |
| 4  | m1.large  | 8192      | 80   | 0         |      | 4     | 1.0         | True      |
| 5  | m1.xlarge | 16384     | 160  | 0         |      | 8     | 1.0         | True      |
+----+-----------+-----------+------+-----------+------+-------+-------------+-----------+
```

图 6-50 云主机类型

要运行 CentOS，m1.tiny 不能满足云主机要求，需要使用 m1.small 或自己创建新的云主机类型。

6.9.4 显示可用的镜像列表

使用 nova image-list 命令可以查看所有可用的镜像列表，如图 6-51 所示。

```
[root@controller .ssh]# nova image-list
```

```
+--------------------------------------+--------------------+--------+--------+
| ID                                   | Name               | Status | Server |
+--------------------------------------+--------------------+--------+--------+
| 1cad5d95-e71a-47d8-bd50-a905d08a5b38 | CentOS6            | ACTIVE |        |
| 6a207e4d-2948-494c-b269-d1b865ff7d50 | cirros-0.3.3-x86_64 | ACTIVE |        |
+--------------------------------------+--------------------+--------+--------+
```

图 6-51 可用镜像列表

6.9.5 显示可用的网络

使用 nova net-list 命令可以查看所有可用的网络列表，如图 6-52 所示。

[root@controller ~]# nova net-list

图 6-52　可用网络列表

6.9.6 配置安全组规则

（1）显示可用的安全组

使用 nova secgroup-list 命令可以查看所有可用的安全组，如图 6-53 所示。目前，该用户存在一个安全组，名称为 default。

　　　[root@controller ~]# nova secgroup-list

（2）显示安全组规则

使用 nova secgroup-list-rules default 命令可以查看 default 安全组中的所有规则，如图 6-54 所示。

[root@controller ~]# nova secgroup-list-rules default

图 6-53　安全组列表　　　　　　　　图 6-54　安全组 default 的规则

（3）配置安全组规则

如果安全组 default 的规则为空，可以运行以下两个命令添加规则，分别允许来自 0.0.0.0/0 的 ICMP 和 SSH 连接。

```
# nova secgroup-add-rule default icmp -1 -1 0.0.0.0/0
# nova secgroup-add-rule default tcp 22 22 0.0.0.0/0
```

6.9.7 启动云主机实例

使用 nova 命令启动云主机，设置云主机类型为"m1.small"，镜像为"CentOS6"，安全组为"default"，密钥对为"demo-key"，云主机名称为"CentOS-1"。

[root@controller ~]# nova boot --flavor m1.small --image CentOS6 --nic net-id=98a9c02e-b603-4d4c-88be-09319f738f93 --security-group default --key-name demo-key CentOS-1

其中，"98a9c02e-b603-4d4c-88be-09319f738f93"是 nova net-list 显示的网络 ID。

6.9.8 使用公钥认证登录云主机

CentOS 云主机默认不允许控制台登录，需要使用 SSH 的公钥认证登录系统。在这里，将在控制节点使用 SSH 登录到 CentOS 云主机。

（1）安装 SSH 客户端软件

```
[root@controller ~]# yum install openssh-clients
```

（2）使用 SSH 公钥认证登录 CentOS 云主机

```
[root@controller ~]# ssh -i ~/.ssh/id_rsa centos@192.168.1.2
The authenticity of host '192.168.1.2 (192.168.1.2)' can't be established.
RSA key fingerprint is 46:83:b0:9c:28:37:48:c1:90:af:dd:7d:9f:ae:44:1f.
Are you sure you want to continue connecting (yes/no)? yes  # 输入 yes 确认
Warning: Permanently added '192.168.1.2' (RSA) to the list of known hosts.
```

6.9.9　创建和管理云硬盘

1. 创建云硬盘

1）使用 cinder create 创建云硬盘，指定名称为"cinder-disk"，大小为 1 GB。

```
[root@controller ~]# cinder create --display-name cinder-disk 1
```

2）查看云硬盘。

使用 cinder list 命令可以查看云硬盘列表，如图 6-55 所示。

```
[root@controller ~]# cinder list
```

```
+--------------------------------------+-----------+--------------+------+-------------+----------+-------------+
|                  ID                  |   Status  | Display Name | Size | Volume Type | Bootable | Attached to |
+--------------------------------------+-----------+--------------+------+-------------+----------+-------------+
| f4dcfa82-f280-4e5f-8ca3-cc891402042a | available |  cinder-disk |  1   |     None    |   false  |             |
+--------------------------------------+-----------+--------------+------+-------------+----------+-------------+
```

图 6-55　云硬盘列表

2. 将云硬盘挂载到云主机

（1）显示云主机

首先使用 nova list 命令查看当前用户的云主机列表，如图 6-56 所示。目前，该用户拥有一个名为 cirros 的云主机。

```
[root@controller ~]# nova list
```

```
+--------------------------------------+--------+--------+------------+-------------+-----------------------+
| ID                                   | Name   | Status | Task State | Power State | Networks              |
+--------------------------------------+--------+--------+------------+-------------+-----------------------+
| e8cfdd25-45bb-406c-a9f6-23e6d51af094 | cirros | ACTIVE | -          | Running     | demo-net=192.168.1.2  |
+--------------------------------------+--------+--------+------------+-------------+-----------------------+
```

图 6-56　云主机列表

（2）将云硬盘挂载到云主机

然后使用 nova volume-attach 命令将云硬盘挂载到云主机，其中 cirros 为云主机名称（或使用云主机 ID：e8cfdd25-45bb-406c-a9f6-23e6d51af094），f4dcfa82-f280-4e5f-8ca3-cc891402042a 为 cinder list 所显示的云硬盘 ID。

```
[root@controller ~]# nova volume-attach cirros f4dcfa82-f280-4e5f-8ca3-cc891402042a /dev/vdb
```

（3）显示云硬盘的状态

最后使用 cinder list 命令查看云硬盘列表，可以看到云硬盘 cinder-disk 已经挂载到云主机，如图6-57 所示。

```
[root@controller ~]# cinder list
```

```
+--------------------------------------+--------+--------------+------+-------------+----------+--------------------------------------+
|                  ID                ~ | Status | Display Name | Size | Volume Type | Bootable |              Attached to             |
+--------------------------------------+--------+--------------+------+-------------+----------+--------------------------------------+
| f4dcfa82-f280-4e5f-8ca3-cc891402042a | in-use | cinder-disk  |  1   |     None    |  false   | e8cfdd25-45bb-406c-a9f6-23e6d51af094 |
+--------------------------------------+--------+--------------+------+-------------+----------+--------------------------------------+
```

图6-57　云硬盘已挂载

（4）查看云硬盘

在云主机中可以看到云硬盘/dev/vdb。

```
$ sudo fdisk -l

Disk /dev/vda: 1073 MB, 1073741824 bytes
255 heads, 63 sectors/track, 130 cylinders, total 2097152 sectors
Units = sectors of 1 * 512 = 512 bytes
Sector size (logical/physical): 512 bytes / 512 bytes
I/O size (minimum/optimal): 512 bytes / 512 bytes
Disk identifier: 0x00000000

   Device Boot      Start         End      Blocks   Id  System
/dev/vda1    *      16065     2088449     1036192+   83  Linux

Disk /dev/vdb: 1073 MB, 1073741824 bytes
16 heads, 63 sectors/track, 2080 cylinders, total 2097152 sectors
Units = sectors of 1 * 512 = 512 bytes
Sector size (logical/physical): 512 bytes / 512 bytes
I/O size (minimum/optimal): 512 bytes / 512 bytes
Disk identifier: 0x00000000

Disk /dev/vdb doesn't contain a valid partition table
```

3. 扩展云硬盘

1）使用 nova volume-detach 命令断开云硬盘，其中 cirros 为云主机名称（或使用云主机 ID：e8cfdd25-45bb-406c-a9f6-23e6d51af094），f4dcfa82-f280-4e5f-8ca3-cc891402042a 为 cinder list 所显示的云硬盘 ID。

```
[root@controller ~]# nova volume-detach cirros f4dcfa82-f280-4e5f-8ca3-cc891402042a
```

2）显示云硬盘的状态。

使用 cinder list 命令查看云硬盘列表，可以看到云硬盘 cinder-disk 已经从云主机断开，如图6-58 所示。

```
[root@controller ~]# cinder list
```

ID	Status	Display Name	Size	Volume Type	Bootable	Attached to
f4dcfa82-f280-4e5f-8ca3-cc891402042a	available	cinder-disk	1	None	false	

图 6-58　云硬盘已断开

3）将云硬盘 cinder-disk 扩展为 2 GB。

> [root@controller ~]# cinder extend cinder-disk 2

4）显示云硬盘的状态。

使用 cinder list 命令查看云硬盘列表，可以看到云硬盘 cinder-dist 的容量已经变成 2 GB，如图 6-59 所示。

> [root@controller ~]# cinder list

ID	Status	Display Name	Size	Volume Type	Bootable	Attached to
f4dcfa82-f280-4e5f-8ca3-cc891402042a	available	cinder-disk	2	None	false	

图 6-59　云硬盘已扩容

5）可以将云硬盘挂载到云主机，确认云硬盘已扩展为 2 GB。

> [root@controller ~]# nova volume-attach cirros f4dcfa82-f280-4e5f-8ca3-cc891402042a /dev/vdb
>
> $ sudo fdisk -l /dev/vdb
>
> Disk /dev/vdb: 2147 MB, 2147483648 bytes
> 16 heads, 63 sectors/track, 4161 cylinders, total 4194304 sectors
> Units = sectors of 1 * 512 = 512 bytes
> Sector size (logical/physical): 512 bytes / 512 bytes
> I/O size (minimum/optimal): 512 bytes / 512 bytes
> Disk identifier: 0x00000000
>
> Disk /dev/vdb doesn't contain a valid partition table

6）断开并删除云硬盘。

> [root@controller ~]# nova volume-detach cirros f4dcfa82-f280-4e5f-8ca3-cc891402042a

使用 cinder delete cinder-disk 命令删除云硬盘 cinder-disk，然后使用 cinder list 命令查看云硬盘列表，如图 6-60 所示。

> [root@controller ~]# cinder delete cinder-disk
> [root@controller ~]# cinder list

ID	Status	Display Name	Size	Volume Type	Bootable	Attached to

图 6-60　云硬盘已删除

项目总结

利用 CentOS 搭建和运维 OpenStack 多节点云计算系统，需要合理安装控制节点、计算节点、块存储节点的系统，正确进行网络配置和环境准备。云计算系统部署的关键点是 MySQL 数据库和 Keystone 服务的正确安装和配置，前者是所有服务依赖的数据库基础，后者是所有服务能够认证和交互的基础。一名合格的云计算系统运维人员不但能够利用 Dashboard 可视化界面进行云计算系统的管理，还需要掌握利用命令行模式管理和维护云计算系统。

练习题

1. 在多节点云计算系统的部署中，如何进行网络规划？
2. 在多节点云计算系统的部署中，每个节点的防火墙和 Selinux 一般如何进行设置？
3. 在配置 Keystone 服务时，我们使用什么命令来创建随机令牌？
4. Glance 镜像服务，镜像格式一般为什么类型？
5. 综合实战。

在 VMware Workstation 中安装 3 台 Centos 64 位系统，合理进行网络规划，分别配置成控制节点、计算节点、块存储节点，通过 Dashboard 进行 Web 管理，创建合适的云主机，完成云主机的公钥认证登录。

参 考 文 献

[1] Scott Lowe，等. 精通 VMware vSphere 5.5[M]. 赵俐，曾少宁，译. 北京：人民邮电出版社，2015.

[2] 何坤源. VMware vSphere 5.0 虚拟化架构实战指南[M]. 北京：人民邮电出版社，2014.

[3] 何坤源. 构建高可用 VMware vSphere 5.X 虚拟化架构[M]. 北京：人民邮电出版社，2014.

[4] 王春海. VMware 虚拟化与云计算应用案例详解[M]. 北京：中国铁道出版社，2013.

[5] 王春海. VMware vSphere 企业运维实战[M]. 北京：人民邮电出版社，2014.

[6] 何坤源. Linux KVM 虚拟化架构实战指南[M]. 北京：人民邮电出版社，2015.

[7] 张小斌. OpenStack 企业云平台架构与实践[M]. 北京：电子工业出版社，2015.

[8] 陈伯龙，等.云计算与 OpenStack 虚拟机 Nova 篇[M]. 北京：电子工业出版社，2013.

[9] OpenStack Installation Guide(Icehouse)[OL]. http://docs.openstack.org，2015.

[10] OpenStack End User Guide[OL]. http://docs.openstack.org，2015.